VERSUS

Dr. Jürg Honegger

Vernetztes Denken und Handeln in der Praxis

Mit Netmapping und Erfolgslogik schrittweise von der Vision zur Aktion

2. Auflage

Komplexität verstehen –

Ziele erreichen –

Hebel wirksam nutzen

Versus · Zürich

Die Begriffe «Erfolgslogik», «Netmap» und «Netmapping» sind
geschützte Marken der Netmap AG.

Auf der Website zum Buch www.netmap.ch finden Sie ein vollständiges
Glossar, das laufend erweitert wird und unentgeltlich abgefragt werden kann.
Der Autor freut sich über Ihre Fragen, Ideen oder Anmerkungen:
Juerg.Honegger@netmap.ch

Bibliografische Information der Deutschen Nationalbibliothek

Die Deutsche Nationalbibliothek verzeichnet diese Publikation in der
Deutschen Nationalbibliografie; detaillierte bibliografische Daten
sind im Internet über http://dnb.d-nb.de abrufbar.

Weitere Informationen zu Büchern aus dem Versus Verlag unter
http://www.versus.ch

© 2011 Versus Verlag AG, Zürich
© Fotos: Blancpain SA (S. 32), Team Alinghi (S. 34)
© Paranoisches Gesicht: Salvador Dalí, Gala-Salvador Dalí Foundation/
   Pro Litteris, Zürich 2003

Umschlagbild und Kapitelillustrationen: Patricia de Zutter
Satz und Herstellung: Versus Verlag · Zürich
Druck: Comunecazione · Bra
Printed in Italy

ISBN 978-3-03909-112-6

Vorwort des Autors

Seit 18 Jahren beschäftige ich mich in Theorie und Praxis mit der Frage, wie man komplexe Managementherausforderungen besser verstehen, managen und bewältigen kann; und wie man mit möglichst geringem und geschicktem Mitteleinsatz viel bewirken und seine Ziele erreichen kann. In diesen Jahren ist die Komplexität von Managementherausforderungen weiter angestiegen – was Manager und Führungskräfte zunehmend überfordert und verunsichert.

In meinen Beratungsprojekten habe ich erlebt, dass viele Menschen auf Überforderung falsch reagieren: Komplexe Zusammenhänge werden nicht wahrgenommen und zu stark reduziert; oder man verfällt in Aktionismus und «probiert spontan herum». Andere wiederum gehen mit komplexen Zusammenhängen intuitiv um. Gegen Intuition habe ich nichts einzuwenden – ausser dass es schwierig ist, intuitiv verstandene Zusammenhänge sowie intuitive Entscheidungen nachvollziehbar zu machen, zu kommunizieren und aus ihnen zu lernen.

Netmapping

Die von mir entwickelte Methode Netmapping ist ein Versuch, Komplexität zu reduzieren, ohne sie zu verfälschen, künstlich zu simplifizieren oder überzukomplizieren. Idealerweise wird Netmapping mit Intuition kombiniert. Ziel ist es, komplexe Zusammenhänge zu verstehen und Sicherheit im Umgang mit ihnen zu gewinnen, um alleine oder im Team komplexe Herausforderungen zu managen.

Die Methode Netmapping baut einerseits auf meiner Praxiserfahrung auf, andererseits auf den theoretischen Grundlagen des systemischen Managements, wie es im Managementmodell der Universität St. Gallen (HSG) entwickelt wurde. Netmapping verknüpft die Methode des vernetzten Denkens, wie sie von Peter Gomez und Gilbert Probst vorgestellt wurde, mit weiteren Managementinstrumenten und wird so zu einer umfassenden Managementmethode. Leserinnen und Leser, die eine vertiefte wissenschaftliche Auseinandersetzung mit den einzelnen Themen suchen, finden im Literaturverzeichnis die entsprechenden Quellen.

Netmapping verwendet eine einfache und klare Sprache, mit der man sich fach- und bereichsübergreifend über alle Ebenen schnell und unproblematisch verständigen kann, ohne komplizierte Fachtermini verwenden oder erst erlernen zu müssen. Damit wird dem Wunsch vieler Führungskräfte Rechnung getragen.

Die Anwendung von Netmapping führt nicht automatisch zu einer einzigen «richtigen» Lösung; vielmehr wird die Entscheidungsfreiheit des Managements gewahrt. Die Entscheidungsqualität wird hingegen positiv beeinflusst, indem die Prozesse strukturiert werden und somit effektiver und effizienter ablaufen können. In moderierten Workshops wirken die Netmap-Berater als Sparringspartner, Prozessbegleiter und Katalysatoren, um die Entscheidungsprozesse zu unterstützen. In zahlreichen Workshops haben wir Führungskräften geholfen, sich im Managementdschungel zu orientieren, gemeinsam Erfahrungen zu reflektieren sowie neue Ideen zu entwickeln und zu verwirklichen.

Als Methode hilft Netmapping, eine Balance herzustellen zwischen dem mangelnden Verständnis komplexer Zusammenhänge und zu ausgeprägtem Systemdenken, zwischen völliger Offenheit und zu starker Einschränkung, zwischen einer zu kleinen Datenbasis und zu viel Datensammelei als Entscheidungsgrundlage. Andererseits liefert Netmapping aber weder ein Patentrezept noch eine Musterlösung für komplexe Probleme. Diese kann es nicht geben, weil die Lösung komplexer Herausforderungen nach genauer Abstimmung unter den Beteiligten und permanenter Weiterentwicklung verlangt.

Leserinnen und Leser des Buches

Dieses Buch wendet sich an Fach- und Führungskräfte aller Hierarchieebenen in Institutionen und Unternehmen aller Branchen, die vor komplexen Herausforderungen stehen und konkrete Handlungsempfehlungen suchen. Daneben ist es für Studierende geeignet, die sich für eine praxisorientierte Einführung ins Komplexitätsmanagement interessieren. Netmapping wurde bisher sowohl in Profit- als auch in Nonprofit-Organisationen sowie bei Behörden und staatlichen Stellen eingesetzt. Die Anwendung *top-down,* also von der Geschäftsleitungs- und Vorstandsebene aus zu untergeordneten Ebenen, ist ideal, aber nicht Voraussetzung. Durch das ebenenkonzentrierte Verfahren bei der Aufschlüsselung komplexer Herausforderungen ist eine *bottom-up*-orientierte Vorgehensweise ebenso möglich und schon vielfach praktiziert worden. Das Buch konzentriert sich auf Managementfragen in Unternehmen und Organisationen; allerdings sind die Erkenntnisse auch auf die gesellschaftliche oder die persönliche Ebene übertragbar.

Aufbau des Buches

Der erste Teil des Buches gibt eine Einführung in vernetztes Denken, Handeln und Problemlösen. Es werden Begriffe und Systemtypen unterschieden, und es werden typische Fehler im Umgang mit komplexen Herausforderungen aufgezeigt (Kapitel 1 bis 3). Anschliessend wird ein Überblick über den Aufbau der Methode des Netmappings gegeben und gezeigt, wie damit ein stringenter, durchgehender Weg von der Vision bis zur Aktion geschaffen wird (Kapitel 4). Eventuell bevorzugt die Leserin/der Leser, zuerst das Praxisbeispiel oder danach nochmals die Einführung zu lesen. Die Ausführungen zum Thema Komplexität, die Forderungen, die an ein gutes Komplexitätsmanagement gestellt werden, sowie die aufgezeigten Lösungsmöglichkeiten werden dann noch verständlicher.

Der zweite Teil des Buches behandelt Schritt für Schritt die Anwendung der Methode. Die jeweilige Idee und das Vorgehen werden ebenso erläutert wie der Nutzen; zahlreiche Beispiele aus der Beratungspraxis zeigen, wie es funktioniert. Die Phasen sind im Einzelnen:

- die Erstellung der sogenannten «Erfolgslogik», welche als «Landkarte» die komplexen Zusammenhänge der Erfolgsfaktoren visualisiert, und deren Kategorisierung (Kapitel 5);

- die Arbeit mit der Erfolgslogik (Kapitel 6), indem
  □ Szenarien als mögliche Zukunftsbilder entwickelt werden,
  □ die Erfolgslogik um ein Management-Cockpit ergänzt wird (Ziele formulieren, Soll-Ist-Vergleich durchführen, Signalfarben vergeben) und
  □ Aktionen (Massnahmen, Projekte und Handlungsanweisungen) hergeleitet werden;

- die periodische Überprüfung des Erarbeiteten in Form von Reviews (Kapitel 7) und zuletzt

- die Integration von Netmapping in die Gesamtheit der Managementaufgaben und in die Vielfalt der in den Unternehmen vorhandenen Managementinstrumente (Kapitel 8).

Glossar

Ein wesentlicher Bestandteil von Netmapping ist die Erstellung eines Glossars zur Unterstützung der Kommunikation und des gegenseitigen Verständnisses im Team. Angeregt von dieser methodischen Idee befindet sich im Anhang des Buches auch ein Glossar zu den wichtigsten im Buch verwendeten Begriffen.

Segelmetapher

Netmapping soll Unternehmern und Managern helfen, in unterschiedlichen Situationen erfolgreich zu navigieren. Zur Illustration des Navigationsgedankens und zur Auflockerung werden im Buch Analogien und Bilder aus der Welt des Segelns eingesetzt. Segeln, insbesondere auf hoher See, hat mit Komplexitätsmanagement erstaunlich viele Gemeinsamkeiten. Deshalb sind diese bildhaften Analogien hervorragend geeignet, das Verständnis für Komplexität und Netmapping zu verstärken.

Jonglieren macht Komplexitätsmanagement «begreifbar»

Seit Jahren setze ich in inner- und überbetrieblichen Workshops das Jonglieren zur Verstärkung der Netmapping-Idee ein. Inspiriert von Olaf Hartmann (www.touchmore.de) nutze ich das Jonglieren, um den Umgang mit komplexen Herausforderungen spielerisch «begreifbar» zu machen. Und es macht Spass!

Einige der faszinierenden Analogien zwischen Netmapping und Jonglieren sind im Anhang aufgeführt – inkl. einer Anleitung zum Erlernen der Dreiball-jonglage!

Der besseren Lesbarkeit halber wird im Buch bei Nomen ausschliesslich die männliche Form verwendet, auch wenn natürlich Unternehmerinnen, Managerinnen und weibliche Fach- und Führungskräfte als Leserinnen genauso angesprochen sind.

Interessierte Leserinnen und Leser finden auf der Homepage *www.netmap.ch* weitere Informationen zum Thema, die ständig aktualisiert werden. Ich freue mich über Ihre Fragen, Ideen oder Anmerkungen an Juerg.Honegger@netmap.ch.

Viel Erfolg und Spass bei der Bearbeitung komplexer Herausforderungen wünscht der Autor.

Jürg Honegger   St. Gallen und Zürich, Juni 2008

Geleitwort von Prof. Dr. Peter Gomez

Ganzheitliches Denken und Handeln wird heute als Voraussetzung einer erfolgreichen Unternehmensführung angesehen. Dabei wird aber oft unterschätzt, was dies in der Umsetzung bedeutet. Das vorliegende Buch ist eine hervorragende ebenso praxisnahe wie verständliche Einführung in den Umgang mit komplexen Fragestellungen in Unternehmen und anderen Organisationen.

Brücke zwischen Theorie und Praxis

Jürg Honegger hat sich über fast zwei Jahrzehnte hinweg in Theorie und Praxis intensiv mit dem «vernetzten Denken» beschäftigt. Entstanden ist dabei eine spezielle, auf dem ganzheitlichen Managementansatz beruhende Methode, die er zum heutigen «Netmapping» konsequent weiterentwickelt hat. Der Autor schlägt damit dank seines theoretischen Wissens sowie seiner Praxis- und Beratungserfahrung eine Brücke zwischen Theorie und Praxis. Die Anwendung von «Netmapping» fordert Führungskräfte und Manager, ohne sie aus dem Praxiskontext zu reissen. Sie verwendet eine einfache, klare Sprache sowie logische Abläufe, die leicht nachvollziehbar sind.

Jürg Honegger ist es darüber hinaus gelungen, Netmapping auch mit weiteren Managementinstrumenten (Szenariotechnik, Früherkennung, SWOT-Analyse, Gap-Analyse, EDV-Simulation, Balanced Scorecard usw.) zu «vernetzen», was angesichts der heutigen Methodenvielfalt in Unternehmen und Organisationen ein echter Vorteil und dringend erforderlich ist. So wird sichergestellt, dass nicht diverse Methoden nebeneinanderher existieren, sondern sich wiederum sinnstiftend in eine Ganzheit einfügen.

Viele Praxisbeispiele

Besonders hervorzuheben sind die vielen konkreten Beispiele, die der Autor aus seiner Beratungs- und Workshop-Praxis ins Buch einfliessen lässt. Sie sprechen nicht nur für seine fundierte Erfahrung im Umgang mit Komplexität, sondern zeigen dem Leser auch, wie vielfältig das Anwendungsspektrum der Methode ist.

Zur Zeit ist die Managementlehre in Gefahr, durch ihre starke Fokussierung auf messbare Resultate einen Rückschritt zu machen. Dieses Buch ist ein wertvoller Beitrag, ganzheitlich an das Thema Management heranzugehen und Zusammenhänge sichtbar zu machen.

Ich wünsche dem Buch eine wohlwollende Aufnahme und hoffe, es möge in dem sehr anspruchsvollen Gebiet der Komplexität zu einer weiteren Verständigung zwischen Theorie und Praxis beitragen.

Prof. Dr. Peter Gomez
Dean Executive School of Management, Technology and Law (ES-HSG)
Präsident der Schweizer Börse

Inhaltsverzeichnis

Teil II | Netmapping in der Praxis

Teil III	Anhang

Teil I

Einführung ins vernetzte Denken, Handeln und Problemlösen

1
Eine typische Situation – Ordnungs-
bedarf in der Management-Toolbox

Beispiel

Vielfalt der Instrumente

Der CEO eines Unternehmens mit 350 Mitarbeitern ruft den Autor an und schildert folgende Situation: «Im Unternehmen setzen wir eine ganze Reihe von Management- und Führungsinstrumenten ein. Angefangen hat alles mit der Balanced Scorecard (vgl. Abschnitt 6.5), die wir zu Beginn auch zur Darstellung einzelner Zusammenhänge der Unternehmensstrategie verwendet haben. Daneben wurde vor Jahren in einem Workshop mal ein Leitbild erarbeitet. Ausserdem verfügen wir über diverse Führungsinstrumente, zum Beispiel über Führung durch Zielvereinbarung – also Management by Objectives – und über Anreizsysteme für die Mitarbeiter. Alle diese Instrumente wurden vor meiner Zeit als Firmenchef eingeführt. Mein Bedürfnis ist es», so schloss der Firmenchef sein Anliegen, «Ordnung zu schaffen in dem Durcheinander. Wir brauchen eine gute Strategie und ein auf unser Unternehmen abgestimmtes und handhabbares Controlling. Falls nötig, sollten die Instrumente aktualisiert und ergänzt, vor allem aber aufeinander abgestimmt und in einer Art Dokumentenhierarchie vernetzt werden. Wenn wir in Zukunft sogar – ohne einen Informationsverlust zu erleiden – auf gewisse heute mit beträchtlichem Aufwand erstellte Managementberichte verzichten könnten, wäre dies ganz hervorragend. Können Sie uns dabei unterstützen?»

Um die vorhandenen Managementinstrumente und die Kundenbedürfnisse genauer kennen zu lernen, wurde ein Treffen vereinbart. Dabei vertiefte der CEO seine Ausführungen: «Für unsere Firma wurde vor einiger Zeit eine Vision und eine Mission schriftlich fixiert, deren Inhalte aber nicht mehr mit unserer heutigen Sicht übereinstimmen. Im Rahmen einer anstehenden Investitionsentscheidung wurden Unternehmensziele und diverse Massnahmen festgelegt. Dies geschah aber leider etwas losgelöst von den anderen Bereichen im Unternehmen.»

Fast schon amüsiert fügte er hinzu: «Und seit der Teilnahme an einem Qualitätswettbewerb haben wir nun auch noch SEPs, SGF, SEFs und KEFs[1].»

Vielfalt der Ziele

Bei der Analyse des Zielfindungsprozesses fiel auf, dass in den verschiedenen Bereichen jährlich zwar Zielsetzungsworkshops stattfanden, aber nicht sichergestellt wurde, dass die Ziele aufeinander abgestimmt waren, ob zum Beispiel die Personalziele mit den Marketingzielen harmonierten. Die Bereichsziele waren auch nicht mit den Zielen in der Balanced Scorecard (BSC) verknüpft. Generell herrschte ein unterschiedlicher Kenntnisstand über die Ziele in den verschiedenen Abteilungen.

Der Geschäftsleiter erläuterte: «In einem Workshop wurden vor einiger Zeit mit der Geschäftsleitung wichtige Trends hinsichtlich Konjunkturentwicklung, Nachfrageverhalten und Investitionsbereitschaft der Kunden analysiert. Diese Erkenntnisse flossen aber kaum in den Managementalltag ein. Auch eine SWOT-Analyse haben wir übrigens mal durchgeführt.

Beispiel (Forts.)

Wir besprechen monatlich die Verkaufs- und Finanzzahlen. Dazu verwenden wir aktuelle Kennzahlen und vergleichen sie mit dem Forecast aus dem Management-Informationssystem (MIS). Ein Bezug zur BSC besteht allerdings nicht, denn die Kennzahlen sind dort zum Teil nicht enthalten. In der BSC sind die Verkaufs- und Finanzzahlen auch anders zusammengestellt, so dass der Abgleich schwierig oder manchmal sogar unmöglich wird. Die BSC wird einmal im Jahr vom Controlling an das Managementteam abgegeben, aber nicht besprochen, da eine zu grosse Lücke klafft zwischen ihr und den Massnahmen, die wir im Verlaufe des Jahres beschliessen und umsetzen müssen.

Der Zeithorizont der verschiedenen Instrumente und ihr Abstraktionsgrad stimmen auch nicht überein: Die Ziele in der BSC umfassen die Jahre bis 2011, die Abteilungsziele laufen über ein Jahr, und unsere anstehende Entscheidung über die Investition in neue Maschinen beläuft sich auf fünf Jahre. Manche unserer Instrumente haben strategischen Charakter, andere sind operativer Art.»

---

1 strategische Erfolgspositionen, strategische Geschäftsfelder, strategische Erfolgsfaktoren und kritische Erfolgsfaktoren

Wir haben hier eine ganz typische Situation vor uns: Den meisten Unternehmen und Institutionen mangelt es nicht an Managementinstrumenten und Strategiedokumenten. Visionen, Missionen, Werte, Leitbilder, Ziele, Szenarien, Massnahmen und Projekte, Balanced Scorecards oder Key Performance Indicators (KPI) und weitere Führungsinstrumente sind weit verbreitet und existieren häufig nebeneinander. Sie wurden zu unterschiedlichen Zeitpunkten unter verschiedenen Voraussetzungen eingeführt, wobei jeweils verschiedene Fragen relevant waren. Die Instrumente sind weder im Hinblick auf ihren zeitlichen Horizont noch inhaltlich untereinander abgestimmt. Und sie erlauben es oft auch nicht, das Handeln verschiedener Unternehmensbereiche und -ebenen kongruent aufeinander abzustimmen oder das operative Tagesgeschäft an der Strategie auszurichten.

Kommunikationsprobleme

Sind mehrere Abteilungen von einer bestimmten Frage, einem Problem oder einer Entscheidung betroffen, so können zusätzlich Kommunikationsprobleme entstehen. Denn die unterschiedlichen Sichtweisen auf die jeweilige Situation können zu unterschiedlichen Interpretationen und Missverständnissen führen. Dies wiederum hat zur Folge, dass die Abteilungen für sich zwar plausible Ziele verfolgen, diese innerhalb des Unternehmens aber nicht zusammenpassen. Hoher Zeitdruck kann ausserdem dazu beitragen, dass Chancen und Gefahren nicht erkannt und besprochen werden. Im vorgestellten Fall beurteilt der Produktionschef die Einführung der neuen Produktionsanlage anders als die Marketing- und die Personalabteilung: Während er darin die Chance für eine effizientere, qualitativ bessere Produktion sieht, ist für das Marketing die flexiblere Reaktion auf

Kundenwünsche entscheidend; für die Mitarbeiter wiederum stehen höhere Jobanforderungen, flexiblere Arbeitszeiten und eine grössere Arbeitsplatzsicherheit im Vordergrund.

Die Erwartungen und Bedürfnisse der verschiedenen Abteilungen können ineinander greifen und möglicherweise unvollständig erkannt werden. Die Produktionskosten sinken nämlich nur, wenn die neuen Maschinen ausgelastet sind. Um dies zu erreichen, muss möglicherweise mehr produziert werden. Damit aber die Produkte im Markt in grösserer Stückzahl abgesetzt werden können, müssen eventuell die Preise gesenkt werden – und damit geht womöglich auch die Rentabilität zurück. Nun bestimmt plötzlich die Produktionskapazität die Preispolitik und Strategie des Unternehmens und nicht mehr umgekehrt.

Überforderung

Häufig fühlt sich das Management ob all der Abhängigkeiten überfordert. Man erkennt zwar wichtige Zusammenhänge, kann aber kaum das Ganze überblicken und gerät (oder flüchtet sich) ins Lamentieren und Diskutieren über die verschiedenen Perspektiven der einzelnen Abteilungen und Verantwortlichen sowie darüber, welche Sichtweise die «richtige» ist. Die Erläuterungen und die Gegenargumente verbrauchen Stunden und viel Energie. Und plötzlich merkt das Management, dass die Zeit davonrennt, dass man sich nur auf dem kleinsten gemeinsamen Nenner finden kann oder dass sich ein grösserer Konflikt anbahnt, den man vermeiden möchte. Unter dem Primat des Dringlichen gewinnt nun schnelles operatives Handeln die Oberhand über die Analyse des wirklichen, ursächlichen Problems. Damit sinkt die Chance, am «richtigen» Ort anzusetzen und effektive[1], das heisst wirksame und zielorientierte Massnahmen zu finden. Dazu kommt, dass in solchen Situationen häufig Ziele und Massnahmen miteinander verwechselt werden und die Resultate die Ziele verfehlen oder sich sogar kontraproduktiv auswirken. Oder es kommt zu «Quick Fixes», die nicht selten den Charakter von Symptombekämpfung haben und nicht bei den Ursachen der Probleme ansetzen. Das Resultat ist Misserfolg. Manager werden entlassen, Methoden und Berater ausgetauscht.

Perfektion der Mittel und Konfusion der Ziele kennzeichnen
meiner Ansicht nach unsere Zeit.   *Albert Einstein*

Zentrale Fragen

Wie können Führungskräfte in einem solchen Umfeld gezielt entscheiden und angemessen handeln, damit sich ihr Unternehmen oder ihre Institution erfolgreich entwickelt? Wie können sie ein gemeinsames Verständnis darüber entwickeln, wie ihr Geschäft funktioniert und was erfolgsrelevant ist? An welchen Zielsetzun-

---

1 Vgl. zu den Begriffen «Effektivität» und «Effizienz» auch das Glossar im Anhang.

gen sollen sie sich orientieren? Wie erkennen sie die inhaltliche und zeitliche Wirkung und Nicht-Wirkung ihrer Entscheidungen und Handlungen auf die Erreichung ihrer Ziele? Wie erkennen sie rechtzeitig die Veränderung externer Einflüsse, damit sie frühzeitig korrigierend eingreifen können? Wie kommunizieren sie die wichtigsten Zusammenhänge und Entscheidungen an die relevanten Anspruchsgruppen (Verwaltungsrat, Mitarbeiter, Investoren etc.)? Können sie auf das Verständnis der Mitarbeiter zählen, und wie lässt sich deren Mitwirkung garantieren?

Wie wird überprüft und sichergestellt, dass die verschiedenen Management- und Führungsinstrumente zusammenpassen? Lässt sich inhaltlich überhaupt eine «Durchgängigkeit», eine Stringenz, herstellen, und zwar von der Entwicklung einer Vision im Unternehmen bis zur Aktion, also bis zur Durchführung beschlossener Massnahmen und Projekte. Lässt sich darüber hinaus überprüfen, ob die Ziele mit der Umsetzung der Massnahmen tatsächlich erreicht wurden (Rückkopplung)? Wie kann all dies mit weniger Aufwand als bisher erreicht werden? Dies sind die zentralen Fragen, die viele Unternehmer und Manager heute beschäftigen.

Der Nutzen von Netmapping

Die in diesem Buch vorgestellte Methode des *Netmappings* basiert auf einem ganzheitlichen Managementansatz. Sie verknüpft die Methode des vernetzten Denkens (von Gomez und Probst) mit weiteren Managementinstrumenten und wird so zu einer umfassenden Managementmethode. Sie erlaubt es, Antworten auf die oben gestellten zentralen Fragen zu finden. Mit Hilfe von Netmapping ist es unter anderem möglich,

- komplexe Systemzusammenhänge in Institutionen und Unternehmen zu erkennen,
- einen gemeinsamen Orientierungsrahmen für komplexe Fragen zu entwickeln,
- die Zusammenhänge zwischen verschiedenen Elementen – Zielen, Lenkbarkeiten und externen Einflüssen – zu erkennen, zu verstehen und visuell anschaulich aufzuzeigen,
- methodisch vorzugehen und trotzdem Veränderungen zu beachten und periodisch und diszipliniert «einzupflegen»,
- zielorientierte, massgeschneiderte Aktionen (Massnahmen, Projekte und Handlungsanweisungen) abzuleiten und umzusetzen,
- Entscheidungen mit grösserer Treffsicherheit im Hinblick auf die angestrebten Ziele zu fällen – auch im Hinblick auf die inhaltliche und zeitliche Wirksamkeit der Massnahmen,
- im Team der Verantwortlichen ein gemeinsames Problembewusstsein zu schaffen und damit eine gemeinsame Sicht und Sprache im Management zu finden, so dass Einigkeit über Wirkungen, Ziele und Vorgehen besteht,

- das Tagesgeschäft zu reflektieren und beim Auftreten von Problemen die gemeinsame Ursachenanalyse und Lösungssuche zu erleichtern und zu beschleunigen,
- den Prozess eines ganzheitlichen und effektiven, das heisst wirksamen und zielorientierten Managements zu institutionalisieren und somit weiter zu entwickeln,
- verschiedene Management- und Führungsinstrumente so zu integrieren, dass diese inhaltlich zusammenpassen und eine «durchgängige» Anwendung möglich ist,
- den Aufwand für Erstellung, Verwendung und Pflege der Managementinstrumente auf ein Minimum zu beschränken,
- die Kommunikation über wichtige Zusammenhänge und Entscheidungen nach innen, aussen, unten und oben zu erleichtern.

Ein wichtiges Element des Netmappings ist die Visualisierung von Zusammenhängen mit Hilfe der sogenannten *Erfolgslogik*, die noch im Detail vorgestellt wird (vgl. Kapitel 5). Erfolgreiche Führungskräfte handeln zwar intuitiv oft richtig, haben aber manchmal Mühe, relevante Zusammenhänge an Dritte zu vermitteln und somit die Bedeutung getroffener Entscheidungen zu kommunizieren, so dass es an der «Basis» an Nachvollziehbarkeit und Sinnhaftigkeit fehlt. Hierbei hilft die Visualisierung – denn ein Bild sagt mehr als tausend Worte.

Die Methode Netmapping liefert jedoch keine Patentrezepte zur Lösung von Unternehmensproblemen. Solche Rezepte gibt es nur vermeintlich.

Beispiel

Integration der Instrumente

Im eingangs beschriebenen Fall des Produktionsunternehmens wurde zunächst in einem interdisziplinären Managementteam (erweiterte Geschäftsleitung) in einem ersten Workshop eine sogenannte «Erfolgslogik» für die Firma erarbeitet, um eine «Management-Landkarte» zu entwickeln und eine gemeinsame Sichtweise und Sprache zu finden. Der Geschäftsleiter (CEO) sowie die unterschiedlichen Abteilungen und Funktionsbereiche – Marketing, Personal, Produktion, Controlling, Qualitätsmanagement – hatten Gelegenheit, ihre jeweiligen Sichtweisen untereinander kennenzulernen und aufeinander abzustimmen. In der Erfolgslogik wurden die Erfolgsindikatoren, die relevanten externen Einflüsse sowie die Hebel[1] identifiziert. Somit wurde schnell klar, wo sinnvollerweise mit Massnahmen angesetzt werden sollte.

Die Kommunikationsschwierigkeiten zwischen einzelnen Abteilungen wurden mit Hilfe von klaren Begriffsdefinitionen abgebaut, die in einem Glossar festgehalten wurden. Es ist immer wieder erstaunlich, wie unterschiedlich Begriffe im Management verstanden und verwendet werden, und dies nicht nur bei solchen von qualitativer Natur (wie zum Beispiel «Kundenzufriedenheit»), sondern auch bei solchen von klarer, quantitativer Natur (wie zum Beispiel «Deckungsbeitrag»). Sind Begriffe nicht einheitlich geregelt, führt dies

---

Beispiel (Forts.)

zu Missverständnissen und Zeitverschwendung. Oft sind wir uns im Alltag gar nicht so häufig über Massnahmen uneinig, sondern die Uneinigkeit beginnt schon viel früher, nämlich bei den Begriffsdefinitionen. Das Glossar ist darum wesentlicher Bestandteil der Methode Netmapping.

In einem weiteren Schritt wurden früher ermittelte Zukunftstrends hinterfragt, indem für externe Einflüsse Szenarien erstellt wurden.

Für die in der Erfolgslogik identifizierten Erfolgsindikatoren wurden konkrete Ziele formuliert (vgl. Abschnitt 6.3) und überprüft, ob und inwieweit sie in der Balanced Scorecard mit Kennzahlen hinterlegt und gemessen wurden. Teile der BSC mussten überarbeitet werden, damit sie zu einem brauchbaren Management-Cockpit wurde[2]. Nun konnte die BSC unter Einsatz der Erfolgslogik und der identifizierten Hebel von der Geschäftsleitung erstmals gemeinsam interpretiert werden, um zielorientierte Massnahmen abzuleiten (vgl. Abschnitt 6.4). Anschliessend wurde das monatliche Berichtswesen angeglichen (welches nun auch auf gemeinsame Quellen zugreift); die Ziele für die untergeordneten Bereiche wurden neu definiert. Die Führung durch Zielvereinbarung wurde ebenfalls angepasst. Die Massnahmen wurden auf deren Beitrag zur Zielerreichung überprüft und ergänzt sowie mittels Planungswänden auf der Zeitachse visualisiert (vgl. Abschnitt 6.5). Somit wurde eine Durchgängigkeit sichergestellt: Von den Szenarien, über die Unternehmensziele und das Management-Cockpit bis zu den Massnahmen wurden alle Managementinstrumente integriert. Dadurch wurden zwei bisher erstellte Managementberichte überflüssig. Dies half, wertvolle Zeit zu sparen (zum Beispiel für die Pflege redundanter Dokumente und Quellen), und baute Unsicherheiten darüber ab, ob die ausgewiesenen Werte stimmen[3].

Review-Workshops

Zweimal jährlich wird nun in strategisch ausgerichteten Review-Workshops überprüft, ob und inwiefern die einzelnen Managementinstrumente noch aktuell sind, die Ziele erreicht und die Massnahmen umgesetzt wurden. Diese Reviews, welche sowohl methodischer als auch inhaltlicher Art sind, sollen sicherstellen, dass das Unternehmen ständig «auf Kurs» bleibt und eventuelle Abweichungen früh genug erkannt werden, so dass sich gegebenenfalls rechtzeitig gegensteuern lässt. Neben dem rein sachlichen Überprüfen der Zielerreichung dienen diese Review-Workshops auch dem Austausch und dem Lernen im Managementteam. Zusätzlich finden im Rahmen einer monatlichen Geschäftsleitungssitzung Kurz-Reviews vor den Planungswänden statt (vgl. Kapitel 7).

---

1 Vgl. zu diesen Begriffen das Glossar im Anhang.
2 Vgl. auch Abschnitt 6.3 zur Idee des Management-Cockpits und Abschnitt 6.7 zum Zusammenhang zwischen Netmapping und BSC.
3 Vgl. auch Abschnitt 6.8 zum Dokumenten-Management.

2
Komplexität und Ganzheitlichkeit: reine Schlagworte?

Wir haben es in dem geschilderten Beispiel gesehen: Viele Probleme in Unternehmen, Institutionen und anderen Systemen greifen heute in unüberschaubarer Weise ineinander – sie sind «komplex». Um sie zu lösen, ist ein «ganzheitliches» Management oder «vernetztes» Denken und Handeln erforderlich. Doch was bedeuten Schlagworte wie «Komplexität», «Ganzheitlichkeit» und «Vernetzung»?[1]

2.1 Einige wichtige Begriffe[2] – kurze Einführung und erste Begriffsklärung

2.1.1 Komplexität

In unzähligen Publikationen ist heute von der «zunehmenden Komplexität» die Rede (eine Abgrenzung des Begriffs «Komplexität» folgt im Abschnitt 2.3). Meist umfasst der Begriff die Aspekte Unüberschaubarkeit, Eigendynamik und beschränkte Kontrollierbarkeit. *Komplexität* bezieht sich auf Systeme wie Unternehmen, Märkte, Volkswirtschaften, Staatengemeinschaften und Ökosysteme.

Oft wird darauf hingewiesen, dass traditionelle Denk- und Lösungsansätze zur Bearbeitung komplexer Fragestellungen nicht geeignet seien und versagen. Doch welche Anforderungen müssen Denk- und Lösungsansätze erfüllen, um komplexen Fragestellungen gerecht zu werden?

2.1.2 Ganzheitliches Denken und Handeln

Im Zusammenhang mit Komplexität wird ein weiterer wichtiger Begriff ins Spiel gebracht: das *ganzheitliche, vernetzte oder systemische Denken* (Englisch: *Systems Thinking*). Dieser Begriff ist vielerorts leider zu einer hohlen Phrase verkommen. Manchmal löst er nur noch ein müdes Lächeln oder sogar Ablehnung aus. Trotzdem wurde und wird zum Beispiel in Stellenausschreibungen häufig die Fähigkeit zu ganzheitlichem Denken gefordert. Der Begriff wird auch gerne in der Werbung verwendet:

Was unterscheidet einen Jaguar von anderen Automobilen der Oberklasse?
Ganz einfach. Jaguar war schon immer Oberklasse. Das hat nichts mit Arroganz zu tun,
sondern mit ganzheitlichem Denken … Abschliessend sei gesagt, dass ganzheitliches
Denken auch ganzheitliche Ausstattung heisst – ohne Aufpreislisten.

Aus einem Zeitungsinserat

---

1   Vgl. für eine Übersicht über die wichtigsten verwendeten Begriffe auch das Glossar im Anhang.

2   Die Ausführungen in diesem Kapitel basieren unter anderem auf dem 2003 im gleichen Verlag erschienenen Buch «Ganzheitliches Management in der Praxis» von Jürg Honegger und Hans Vettiger.

In diesem Buch wird unter ganzheitlichem Denken die Fähigkeit verstanden,

- auf einer bestimmten Betrachtungsebene in Zusammenhängen zu denken,
- relevante externe Einflüsse zu berücksichtigen,
- Zielkonflikte zu erkennen und bewusst zu optimieren sowie
- zielorientiert zu handeln.

Sicher denken viele Menschen intuitiv ganzheitlich, sind allerdings oft nicht in der Lage, ihre Überlegungen anderen mitzuteilen, zu dokumentieren und später nachzuvollziehen.

Ganzheitliches Denken und Handeln ist für Führungskräfte von Unternehmen, Organisationen, Staaten und Lebensräumen besonders wichtig, weil hohe Erwartungen an sie gestellt werden. Zum Beispiel sollen sie den Unternehmenswert nachhaltig erhöhen, den technologischen Wandel nicht «verschlafen» und keine Stellen abbauen. Politiker und Regierungen sollten dafür sorgen, dass Städte attraktiv sind, die Umweltverschmutzung unter Kontrolle gebracht werden kann, dass sich die Bürger nicht vor terroristischen Anschlägen fürchten müssen und dass die Arbeitslosigkeit und die Inflationsrate tief sind.

2.1.3 | Management

Ein dritter wichtiger Begriff ist deshalb *Management.* In Anlehnung an Hans Ulrich wird in diesem Buch unter Management das Gestalten und Regeln komplexer Systeme verstanden. Das Management hat dafür zu sorgen, dass Ziele gesetzt und diese mit den verfügbaren Hebeln (Lenkbarkeiten) unter Berücksichtigung der externen Einflüsse erreicht werden.[1] Die Gesamtheit der Hebel soll quasi auf der Basis einer laufenden Überprüfung der Zielerreichung richtig «eingestellt werden». Management kann in die vier Teilaufgaben Planung, Organisation, Mitarbeiterführung und Controlling unterteilt werden.[2]

Damit Entscheidungen im Sinne eines ganzheitlichen Managements wirksam und schnell getroffen werden können, braucht es ein geeignetes Werkzeug, eine *Methode,* also eine Vorgehensweise. Die Methode *Netmapping* hilft Praktikern, komplexe Fragestellungen zu lösen, ihre Managementaufgaben besser zu erfüllen sowie in komplexen Systemen erfolgreich zu agieren.

Ganzheitliche Managemententscheidungen, die der Komplexität der Systeme gerecht werden, müssen oft von mehreren Menschen gemeinsam getroffen sowie

---

1   Vgl. zu den Begriffen das Glossar im Anhang.
2   Die Begriffe «Manager» und «Führungskräfte» werden in diesem Buch synonym verwendet. Die Führung eines Systems beschränkt sich in diesem Verständnis also nicht auf Fragen der Mitarbeiterführung sondern ist umfassender.

von den wichtigsten internen und externen Involvierten verstanden, akzeptiert und mitgetragen werden. Da es nicht genügt, dass jeder Manager für sich allein intuitiv ganzheitlich denkt, wird Netmapping idealerweise im Managementteam angewandt.

| 2.1.4 | **System** |

Ein System ist eine Einheit von mehreren Elementen, die je eine spezifische Funktion für das Ganze übernehmen und miteinander in Beziehung stehen. Das System grenzt sich als Ganzes von seiner Umwelt ab, steht aber mit ihr in Austauschbeziehungen (Input und Output). Eine besondere Funktion ist die Steuerfunktion, welche die Elemente intern und das Zusammenspiel des Systems mit der Umwelt koordiniert. Systemische Überlegungen sind wertvoll beim Erfassen und Beurteilung vieler Fragestellungen (vgl. ▶ Abb. 1).

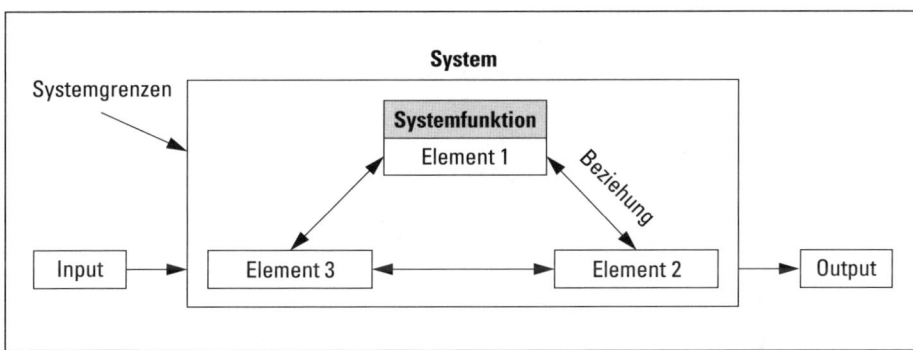

▲ Abb. 1   Aufbau von Systemen

| **2.2** | **Was haben eine Kaffeemaschine und eine Familie gemeinsam?** |

Was ein System ist, wird im Folgenden anhand von Beispielen erläutert, die trivial wirken mögen, aber das grundlegende Systemverständnis fördern sollen. Dazu bedarf es einer Identifikation der Systemelemente und deren Funktion, eine Klärung der Zusammenhänge innerhalb des Systems sowie der Austauschbeziehungen mit der Umwelt. Besonders wichtig ist die Identifikation der Systemsteuerung. Sowohl eine Kaffeemaschine als auch eine Familie können als System bezeichnet werden, sie unterscheiden sich aber ganz offensichtlich in einigen Punkten …

- *Kaffeemaschine:* Die Kaffeemaschine ist ein technisches System, in dem verschiedene Elemente (Heizung, Pumpe, Anzeige, Bedienungsfeld) eine spezifische Funktion haben. Die Kaffeemaschine nimmt Wasser, Strom und Kaffeepulver aus der Umwelt auf und gibt Kaffee ab. Eine elektronische Steuerung sorgt für die Koordination der verschiedenen Elemente untereinander und der Koordination des Gesamtsystems mit der Umwelt.

- *Menschlicher Körper:* Der menschliche Körper ist ein lebendes System, das heisst, er ist im Gegensatz zu einem technischen System einer permanenten Veränderung unterworfen. Jedem Teil (Herz, Lunge, Muskulatur etc.) kommt eine spezifische Funktion zu. Der menschliche Körper steht mit seiner Umwelt in Austauschbeziehungen, sichtbar beispielsweise an der Nahrungsaufnahme oder der physischen Arbeit. Damit der menschliche Körper als Ganzes funktioniert, sorgt das Hirn für den nötigen internen Informationsaustausch zwischen den Organen und den externen Informationsaustausch mit der Umwelt.

- *Familie:* Die Familie ist ein soziales System, das verschiedene Menschen verbindet. Zwischen den Familienmitgliedern wie Mutter, Vater, Kindern besteht eine Rollenteilung (Erziehung, Versorgung, Sinnstiftung, Unterhaltung etc.). Die Familie grenzt sich von der Umwelt ab – erlebbar beispielsweise bei der Einführung von neuen Lebenspartnern in eine bestehende Familie – und steht mit ihr in Beziehung – sichtbar beispielsweise am Schulbesuch der Kinder. Damit die Familie als Ganzes funktioniert, braucht es tragfähige Kommunikations- und Führungsstrukturen.

- *Unternehmen:* Das Unternehmen ist ein produktives soziales System, das heisst, es nimmt Ressourcen von der Umwelt auf, transformiert diese in Leistungen und gibt die Leistungen wieder an die Umwelt ab. Wie wichtig die Austauschbeziehungen zwischen Unternehmen und Umwelt sind, lässt sich an einer Verschiebung der Kundenbedürfnisse oder an einem Rohstoffversorgungsengpass erkennen. Die Managementfunktion sorgt dafür, dass die betrieblichen Funktionen wie Beschaffung, Produktion, Absatz optimal zusammenwirken und sich das System laufend am Markt ausrichtet.

- *Nationale Volkswirtschaft:* Die Volkswirtschaft ist ebenfalls ein produktives soziales System. Unternehmen setzen menschliche Arbeitskraft ein, um Produkte und Dienstleistungen zu erzeugen. Private Haushalte stellen ihre Arbeitskraft zur Verfügung und beziehen im Gegenzug Produkte und Dienstleistungen von Unternehmen. Der Staat stellt dafür notwendige öffentliche Dienstleistungen zur Verfügung. Die Volkswirtschaft grenzt sich von der Weltwirtschaft ab und steht mit dieser in vielfältigen Austauschbeziehungen (über Güter und Dienstleistungen, Arbeitskräfte etc.). Die Volkswirtschaft wird von der Politik und Verwaltung einerseits sowie von Verbänden und Unternehmen andererseits gesteuert. Es es erkennbar, wie anspruchsvoll diese Aufgabe ist.

■ *Ökosystem See:* Ein See stellt ein natürliches System dar. Algen, Fische, fischfressende Vögel etc. übernehmen bestimmte Funktionen und stellen die Lebensfähigkeit des gesamten Systems sicher. Der See hat einen Zu- und einen Abfluss, nimmt von der Umwelt Nährstoffe auf und bringt Nahrungsmittel sowie einen Freizeitwert hervor. Ein gesundes Ökosystem kann sich selbst regulieren. Versagt diese Eigensteuerung, muss eventuell das Amt für Wasser und Umwelt versuchen, die «Steuerung» übernehmen …

Systemstörungen

In den genannten Beispielen wird bereits sichtbar, wo Systemstörungen auftreten könnten, die mit Unterstützung des ganzheitlichen Denkens erkannt und gelöst werden können:

■ Einzelne Systemelemente funktionieren nicht (zu tiefe Temperatur der Heizung, Nierenunterfunktion, Kinder lernen nicht, unwirksames Marketing, mangelnder Konsum der privaten Haushalte, zu hohes Algenwachstum);
■ das Zusammenspiel der Systemelemente ist ungenügend (defekte Wasserleitung, Blutkreislauf ist beeinträchtigt, mangelnder Dialog zwischen Eltern und Kindern, schlechte Kommunikation zwischen Abteilungen, fehlendes Vertrauen der Konsumenten in Wirtschaft und Staat etc.);
■ die Beziehungen (Material, Information) zur Umwelt sind gestört (Wassertankanzeige funktioniert nicht, zu hohe Ozonwerte in der Atemluft, keine Absprache zwischen Eltern und Lehrern in der Schule, Kundenwünsche sind nicht bekannt, weltweite Nachfrageschwäche oder Rezession, zu viel Dünger wird dem See zugeführt und das langsame Sterben des Sees wird nicht wahrgenommen etc.) oder
■ die Systemsteuerung funktioniert nicht (der Prozessor in der Kaffeemaschine ist defekt, das Nervensystem arbeitet eingeschränkt, die Eltern führen die Kinder nicht, das Management nimmt seine Verantwortung nicht wahr, stabilisierende Kreisläufe sind zerstört etc.).

2.3 Einfache, komplizierte und komplexe Systeme

In der Umgangssprache werden die Begriffe «kompliziert» und «komplex» sehr breit und oft austauschbar eingesetzt. Es ist jedoch sinnvoll, für jeden Begriff einen bestimmten Systemtypus zu reservieren und die Typen klar voneinander abzugrenzen: Je nach Art des Systems braucht es andere Instrumente für dessen Management.

| 2.3.1 | **Einfache Systeme** |

Zunächst gibt es *einfache Systeme* und Fragen. Sie sind dadurch charakterisiert, dass wenige Einflussfaktoren schwach verknüpft sind. Einfach ist zum Beispiel die Bedienung einer Kaffeemaschine oder das Aufräumen des Schlafzimmers. Einfache Probleme können durchaus isoliert von der Umwelt und mit Hilfe vorhandener Mittel oder leicht zu erlernender Routinen erfolgreich bearbeitet werden.

«Einfach» = wenige Einflussgrössen; geringe Verknüpfung

| 2.3.2 | **Komplizierte Systeme** |

Bei *komplizierten Systemen* und Fragen sind viele Einflussfaktoren eng miteinander verknüpft. Die Beziehung zwischen diesen Faktoren bleibt aber im Zeitablauf stabil. Daraus ergibt sich eine spezifische Situation für deren Steuerung: Das Verhalten eines komplizierten Systems ist mit genügend Ressourceneinsatz verstehbar, berechenbar und vorhersehbar.

Von den oben genannten Beispielen kann die Kaffeemaschine zu den komplizierten Systemen gerechnet werden. Weitere Beispiele für komplizierte Aufgaben sind das Erstellen eines umfassenden Kundenangebots, die Programmierung einer Software, das Ausfüllen der Steuererklärung und die Konstruktion einer Uhr (vgl. ▶ Abb. 2).

Zur Lösung komplizierter Probleme ist Spezialistenwissen erforderlich, aber es gibt eine technisch beste Lösung. Hier lässt sich das sogenannte Descartes'sche Prinzip anwenden: «Ein grosses Problem löst man, indem man es in Teilprobleme zerlegt und diese einzeln bearbeitet.» Komplizierte Probleme können mit hohem Managementaufwand kontrolliert gesteuert und «beherrscht» werden.

«Kompliziert» = viele, stark verknüpfte Einflussgrössen; stabile Zusammenhänge

La Grande Complication, die komplizierteste aller komplizierten Uhren – ein Meisterwerk der Schweizer Uhrmachertradition aus dem Hause Blancpain. Ein Uhrmacher braucht für die Montage einer einzigen Uhr mindestens ein Jahr.

▲ Abb. 2   La Grande Complication

2.3.3 | Komplexe Systeme

Komplexe Systeme[1] zeichnen sich ebenfalls durch viele, stark verknüpfte Systemelemente und eine starke Verknüpfung mit der Umwelt aus. Aber der wesentliche Unterschied zu komplizierten Systemen liegt darin, dass die Systemelemente und ihre Beziehungen sich untereinander und zur Umwelt im Zeitablauf ändern können. Das System hat gewissermassen ein «Eigenleben» und kann dynamisch auf Veränderungen in der Umwelt reagieren.

Nichts ist beständiger als der Wandel.   *Heraklit, etwa 500 v. Chr.*

Meist ist ein System komplex, wenn «lebende Materie» – also die Natur, der Mensch oder soziale Beziehungen innerhalb von oder zwischen Organisationen eine Rolle spielen. Von den oben erwähnten Beispielen sind der menschliche Körper, die Familie, das Unternehmen, die nationale Volkswirtschaft und ein See komplexe Systeme. In «lediglich» komplizierten Systemen ist hingegen meist vorwiegend «tote Materie», also Maschinen, Programmier-Algorithmen etc., enthalten.

Viele praktische Fragestellungen umfassen sowohl einen komplizierten als auch einen komplexen Aspekt. Das Ausfüllen einer Steuererklärung ist überaus kompliziert, das Aushandeln der Abzüge mit den Steuerbehörden hingegen komplex. Die Entwicklung einer Software ist für sich genommen zwar kompliziert, ihre Einführung in einem Unternehmen jedoch komplex, denn hier spielen viele Faktoren mit dynamischen Veränderungen im Zeitablauf hinein: die Lernbereitschaft und -fähigkeit der Mitarbeiter, die aktuelle Auftragslage und der Auslastungsgrad der Produktion, der unterschiedliche Nutzen verschiedener Abteilungen von der Software und damit ihr unterschiedliches Interesse daran sowie viele andere Faktoren mehr. Somit besteht Komplexität nicht einfach aus der Summe der komplizierten Bestandteile, sondern aus deren Interaktion. Es genügt deshalb nicht, die komplizierten Aspekte im Griff zu haben und zu meinen, man manage damit auch Komplexität erfolgreich. Vielmehr braucht es auch ein Verständnis für Zusammenhänge, Eigendynamik und Zielkonflikte.

«Komplex» = viele, stark verknüpfte Einflussgrössen; grosse Dynamik der Zusammenhänge; Eigenleben

---

1 Im weiteren Verlauf des Buches wird der Begriff «System» ausschliesslich für komplexe Systeme verwendet und als Synonym für eine zu managende Einheit (ein Unternehmen, eine staatliche Institution, eine Non-Profit-Organisation, ein Grossprojekt etc. oder Bereiche derselben).

Einfaches, Kompliziertes und Komplexes beim Segeln

Mag die Bedienung der Segel oder das Abstecken des richtigen Kurses auf der Seekarte auch einfach oder «nur» kompliziert sein, so ist die Fragestellung, was alles beachtet werden muss, um ein Segelschiff über die hohe See sicher in den Zielhafen zu bringen, ganz sicher von komplexer Natur. Denn ob das Schiff das Ziel erreicht, hängt nicht nur von gutem Material und zuverlässiger Technik ab, sondern auch von der Führung der Segelcrew, den Fähigkeiten und Fertigkeiten der einzelnen Crewmitglieder sowie von den stark veränderlichen Wetter- und Seerevierbedingungen (vgl. ▶ Abb. 3).

Komplexe Fragestellungen können nicht auf gleiche Weise gelöst werden wie einfache und komplizierte. Es bestehen Zielkonflikte, und das System ist nicht vollständig beherrschbar, nicht zuletzt wegen den sich ändernden äusseren Einflüssen. Es gibt auch keine berechenbar beste Lösung. Obwohl das Verhalten des Systems nicht kalkulierbar ist, bedeutet dies jedoch nicht, dass es «unberechenbar» im Sinne von völlig willkürlich wäre. Vielmehr können wir das System durch gezielte Eingriffe in die gewünschte Richtung beeinflussen.

Obwohl die Schweiz keine ausgeprägte Tradition als Segelnation hat, gelang dem Schweizer Team Alinghi 2003 und 2007 der Sieg des America's Cup.

▲ Abb. 3   Team Alinghi

Art des Systems oder der Fragestellung	Merkmal	Beispiel
Einfach	Wenige Einflussgrössen mit geringer Verknüpfung	Fenster reinigen, Zimmer aufräumen, Flasche öffnen, Distanz mit dem Navigationszirkel von der Seekarte abnehmen
Kompliziert	Viele Einflussgrössen mit starker Verknüpfung, stabile Zusammenhänge	Technische Systeme wie Kaffeemaschinen oder Uhren, Software, Konstruktion eines Segelschiffs
Komplex	Viele Einflussgrössen mit starker Verknüpfung, Eigenleben und Dynamik der Zusammenhänge	Erfolg sozialer und natürlicher Systeme (Unternehmen, Staatsbetriebe, Non-Profit-Organisationen, Familie), Natur, Segeln

2.4 Die Management-Toolbox richtig nutzen

Komplexe Probleme können auch mit unendlich grossem Managementaufwand und besten Methoden nie zu hundert Prozent gelöst werden. Das heisst aber nicht, dass man es gleich bleiben lassen oder sich auf das Steuern von Teilaspekten des Systems beschränken sollte. Vielmehr kommt es darauf an, die richtigen Managementinstrumente und -methoden zu wählen, die der jeweiligen Fragestellung angemessen sind. Gerade in diesem Bereich werden häufig Fehler begangen (falsche Methoden oder diese falsch angewandt, falsch kombiniert), was dazu führt, dass mit unangemessenen Methoden gearbeitet und demzufolge kein Erfolg erzielt wird beziehungsweise die angestrebten Ziele verfehlt werden. Gleichzeitig ist es wichtig, «am Ball» zu bleiben und durch Controlling in regelmässigen Abschnitten immer wieder einen Abgleich zwischen Soll und Ist vorzunehmen.

Im Alltag ist es uns unmittelbar einsichtig, dass es verschiedene Werkzeuge für verschiedene Arten von Aufgaben gibt: Einen Hammer verwenden wir, um Nägel einzuschlagen, einen Schwamm, um Geschirr zu reinigen oder das Auto zu waschen. Wer versucht, mit dem Schwamm einen Nagel einzuschlagen oder mit dem Hammer die Fenster reinigt, wird zu Recht als verrückt angesehen und erreicht mit seiner Wahl nicht oder nur höchst mühsam das Ziel. Möglicherweise richtet er hohen Schaden an.

Die richtige(n) Methode(n) wählen

Im Managementalltag scheint dies nicht so klar zu sein. So kann man immer wieder beobachten, wie an sich gute Instrumente und Methoden auf die falschen Probleme angewandt werden. Dies ist nicht nur ineffektiv und ineffizient, sondern kann häufig auch zu unvorhergesehenen und nicht beabsichtigten Wirkungen führen. Es gibt Methoden,

- die zur Lösung *einfacher* Fragen geeignet sind, zum Beispiel Checklisten, die Routineabläufe vollständig erfassen,

- die für *komplizierte* Fragen taugen, zum Beispiel Netzplantechnik, Operations Research, Mindmapping, Entscheidungsbäume oder Ursache-Wirkungs-Bäume (Root Cause Analysis, Fishbone-Diagramme),

- die bei *komplexen* Fragen angewendet werden können, wie Netmapping:
  □ Die Erfolgslogik als Visualisierung der relevanten Zusammenhänge wird kombiniert und abgestimmt mit
  □ Szenarioarbeit,
  □ Zielen,
  □ Soll-Ist-Vergleichen inkl. der Vergabe von Signalfarben und
  □ zielorientierter Hebelnutzung sowie
  □ periodischen methodischen und inhaltlichen Reviews.

Mit Hilfe von Netmapping lassen sich komplexe Zusammenhänge mitsamt ihrer Veränderungsdynamik im Zeitablauf erfassen; ausserdem lassen sich mit dieser Methode verschiedene Managementwerkzeuge kombinieren und integrieren.

Die Unterscheidung zwischen komplizierten und komplexen Fragestellungen hilft, Ordnung in der Management-Toolbox zu schaffen und die jeweils passende(n) Methode(n) auszuwählen und richtig anzuwenden.

Wird diese Unterscheidung nicht gemacht, so entwickelt sich ein mangelndes Verständnis für Komplexität, so dass anstehende Fragen und Probleme mit den falschen Werkzeugen und daher unzureichend oder gar nicht gelöst werden oder Schäden verursachen. Immer wieder sind Barrieren festzustellen, die entstehen, wenn man sich der Komplexität zu entziehen sucht, weil sie sich scheinbar nicht «greifbar» machen lässt:

- Ein Problem wird nur mangelhaft erkannt, weil «zu kurz» gedacht wird. Die subjektiv eingeschränkte Sicht wird bezüglich der spezifischen Situation für ausreichend gehalten.
- Obwohl man die Zusammenhänge zwischen den Einflussfaktoren richtig erkennt und herstellt, wird das Ziel verfehlt, weil Nebenwirkungen von Aktionen sowie Rückkopplungen zwischen verschiedenen Faktoren oder mit der Um-

welt nicht bedacht werden. In der Folge entsteht ein Sicherheitsdenken: Lieber unternimmt man gar nichts, als etwas Falsches zu tun. Oder man «schützt» sich im Gegenteil mit zu vielen Analysen, zu vielen Managementreports und zu hektischem Aktionismus.

- Wenn es an Überblick über die Gesamtsituation und die Zusammenhänge zwischen den einzelnen Einflussfaktoren fehlt, redet man in bereichs- und funktionsübergreifenden Teams häufig aneinander vorbei. Kommunikationsbarrieren erschweren die Zusammenarbeit oder machen sie unmöglich.

- Weil man die Zusammenhänge in ihrer Ganzheit nicht überblickt und kennt, versucht man, Komplexität künstlich zu «reduzieren», indem man wesentliche Variablen oder Systemelemente einfach unter den Tisch fallen lässt und sie nicht berücksichtigt. Das geschieht zum Beispiel, indem man Unternehmen auf ihre ökonomischen Aspekte reduziert und dabei menschliche und organisatorische Aspekte oder Marktgegebenheiten ausser Betracht lässt. Systeme haben jedoch ihre Eigengesetzlichkeiten und ihr Eigenverhalten, ob man sie nun kennt oder nicht. Aber nur wenn man sie kennt, kann man sie auch nutzen; ansonsten kann es passieren, dass aus der Betrachtung ausgeschlossene Einflussfaktoren so wirken, dass Ziele nicht oder nur scheinbar erreicht werden.

Outsourcing als Beispiel für die Verwechslung von kompliziert und komplex

Um Kosten zu sparen, werden Unternehmensfunktionen in Billiglohnländer ausgelagert. Dabei wird ein einzelner Aspekt des Systems, nämlich die Verringerung der Kosten der Arbeitszeit, als entscheidend angesehen. Ausgegrenzt werden jedoch wichtige Einflussfaktoren, wie die unterschiedliche Arbeitsmoral in anderen Ländern, Verständigungsprobleme aufgrund unterschiedlicher Sprachen im Mutterbetrieb und im Outsourcing-Land, allgemeine Kommunikationsprobleme, die sich aufgrund unterschiedlicher Zeitzonen und Arbeitszeiten ergeben, organisatorische Probleme. So kommt es, dass die erhoffte Kostensenkung zwar kurzfristig eintritt, dafür aber vielfältige weitere Probleme entstehen, bis hin zu einer unerwarteten Abhängigkeit von den Outsourcing-Partnern. Outsourcing ist eine komplexe Herausforderung und bedarf deshalb einer sorgfältigen Analyse der angestrebten Ziele sowie eines bewussten Umgangs mit den möglichen Zielkonflikten.

3
Ganzheitliches Management – mehr als ein Schlagwort!

3.1 Verbreitete Denkfehler und Lösungsmöglichkeiten

Sicher gibt es für jede komplexe Problemstellung eine einfache Lösung … und diese ist meistens falsch. Hinter den «einfachen Lösungen» stehen typische Denkfehler, die beim Umgang mit komplexen Fragestellungen immer wieder gemacht werden. Diese Denkfehler wurden bereits 1987 auf der Basis von Beobachtungen von Entscheidungsprozessen in komplexen Situationen von Peter Gomez und Gilbert Probst formuliert und gelten noch heute. Menschen neigen dazu, in bestimmte Denkmuster zu verfallen und somit die ganzheitliche Lösung von Problemsituationen zu verhindern. Erstaunlicherweise geschieht dies zumeist nicht in «böser Absicht», sondern die Problemlöser verfolgen im Gegenteil positive Ziele bei ihren Eingriffen.

Wenn es gelingt, sich der typischen Fehler beim Umgang mit Komplexität bewusst zu werden und ihnen gezielt entgegenzuwirken, ist der erste Schritt in Richtung einer ganzheitlichen Denkweise getan. Durch die Anwendung der Methode Netmapping können die Denkfehler bewusst abgebaut oder sogar verhindert werden.

3.1.1 Erster Denkfehler

Probleme sind objektiv gegeben und müssen nur noch klar formuliert werden.

Dieser Fehler beruht auf der irrigen Annahme, dass die Wirklichkeit sich in ihren Strukturen und Abläufen klar und eindeutig und somit «objektiv» abbilden lässt. Dem ist zu entgegnen, dass wir es nicht immer mit Fakten, sondern häufig mit Interpretationen von Fakten zu tun haben. Was auch immer als Problem dargestellt wird und wie auch immer dies geschieht, stets ist es die Interpretation eines Menschen mit seiner individuellen Erfahrung, seiner Einstellung, seinen Wertvorstellungen, seiner sozialen Stellung, seinen Plänen, Wünschen etc.

Betrachten wir zum Beispiel einen Flughafen aus der Perspektive des Piloten, Verwalters, Politikers, Anwohners, Stimmbürgers oder Passagiers, so ergibt sich jeweils ein völlig anderer Zweck. Ein Flughafen ist:

- ein Arbeitsplatz
- ein Ladenzentrum
- ein Lärm- und Abgasverursacher
- ein Befriediger von Transport- und Mobilitätsbedürfnissen
- ein Treffpunkt
- ein Wartungszentrum für eine Flugzeugflotte
- ein Umsteigeort bei Zwischenlandungen

- eine Militäreinrichtung
- ein Grenzübergang
- ein Warenumschlagplatz
- ein potenzielles Terrorismusziel
- ein Dienstleistungsbetrieb

Probleme wegdefinieren

Gelegentlich lassen sich Führungskräfte dazu verleiten, Probleme so sehr von ihrer Formulierung abhängig zu machen, dass das ganze Problem durch geschickte Neuformulierung regelrecht «weginterpretiert» wird: Mit der Pünktlichkeit der Züge in Australien war es nicht gut bestellt. Nur 25 Prozent aller Züge kamen wirklich pünktlich an. Diesem Problem begegnete der zuständige australische Minister, indem er einfach den Begriff «Pünktlichkeit» neu definierte. «Pünktlich» war ein Zug fortan, wenn er bis zu fünf Minuten Verspätung hatte; ergänzend hiess es, dass auch eine Toleranzgrenze von zehn Minuten «eigentlich noch akzeptabel» sei. Nun sah die Pünktlichkeits-Statistik wesentlich besser aus – freilich nur diese. Denn die verärgerten Fahrgäste liessen sich dadurch nicht beruhigen! Durch manipulatives «Schönreden und -rechnen» von Fakten und durch Absenken des Ziels lässt sich die Realität eben nicht nach Wunsch zurechtbiegen. Komplexe Probleme werden so nicht gelöst. Das betreffende System muss ganzheitlich (inkl. externer Einflüsse) ins Denken und Handeln einbezogen werden.

Fazit aus dem ersten Denkfehler

Komplexe Situationen sind nicht etwas objektiv Gegebenes, das eindeutig und ein für allemal richtig definiert werden kann. Es ist einseitig und nicht zielführend, sich nur mit einer einzigen Situationsdarstellung aus der Sicht einer einzelnen Perspektive zufrieden zu geben. Vielmehr müssen verschiedene Sichtweisen berücksichtigt werden. Somit folgt:

- Wir müssen den Standpunkt des Systembeobachters mit berücksichtigen.
- Wir sollten versuchen, verschiedene Standpunkte oder Sichtweisen einzunehmen.
- Wir müssen eine Situation immer wieder überdenken und auf möglichst unterschiedliche Arten zu erfassen versuchen.

| 3.1.2 | **Zweiter Denkfehler** |

Jedem Problem liegt eine einzige Ursache zugrunde.

Der Mensch findet sich mitten unter Wirkungen und kann sich nicht enthalten, nach den Ursachen zu fragen; als ein bequemes Wesen greift er nach der nächsten als der besten und beruhigt sich dabei; besonders ist dies die Art des allgemeinen Menschenverstandes.

Johann Wolfgang von Goethe

Zu oft erliegen wir der Versuchung, uns zufrieden zu geben, sobald wir für ein Problem irgendeine Ursache gefunden haben. Nach möglichen anderen – und eventuell wichtigeren – internen und externen Ursachen wird gar nicht mehr gesucht. Dieser Denkfehler führt häufig zu einem völlig falschen Schwerpunkt im Entscheidungsprozess und kann Schaden anrichten. Stattdessen sollten die verschiedenen internen und externen Einflüsse eines Gesamtzusammenhangs auf ihre gegenseitige Wirkung hin untersucht werden. Auf diese Weise ist schnell zu erkennen,

- dass ein Problem meist mehr als eine einzige Ursache hat,
- welche inhaltliche und zeitliche Wirkung verschiedene Faktoren aufeinander ausüben,
- welches die im konkreten Zusammenhang wichtigen Faktoren sind, das heisst welchen Ausschnitt des Netzwerkes «Welt» wir betrachten wollen.

Fazit aus dem zweiten Denkfehler

- Wir müssen eine Methode haben, welche die komplexe Fragestellung ganzheitlich abbildet, und dürfen uns nicht auf Teilausschnitte (lineare Ursache-Wirkungs-Verknüpfungen) beschränken.
- Eine ganzheitliche Betrachtung ist nur möglich, wenn wir auch wechselseitige Beziehungen sowie selbstverstärkende und stabilisierende Kreisläufe erfassen und berücksichtigen.

| 3.1.3 | **Dritter Denkfehler** |

Um eine Situation zu verstehen, genügt eine Aufnahme des momentanen Zustandes.

Wenn wir uns auf eine Momentaufnahme des heutigen Zustandes beschränken, vernachlässigen wir die der Situation innewohnende Dynamik und die Art der Wechselwirkungen. Die besondere Berücksichtigung der zeitlichen Entwicklung und der Intensität der Beziehungen steht hier im Mittelpunkt.

Beim Zeitaspekt interessiert, wie schnell ein Zusammenhang zwischen Ursache und Wirkung entsteht. Man kann zwischen sofortigen, kurz-, mittel- und langfristigen Wirkungen unterscheiden. Ebenso wichtig wie die Berücksichtigung des Zeitaspektes ist die Frage, wie stark (Intensität) die Wirkungen sind. Nur wenn diese Abläufe genügend durchschaut werden, ist ein Eingreifen überhaupt sinnvoll und möglich.

Fazit aus dem dritten Denkfehler

- Der Zeitaspekt der Wirkungen muss analysiert werden.
- Die Berücksichtigung der Intensität der Zusammenhänge ist unerlässlich.

3.1.4	Vierter Denkfehler
	Verhalten ist prognostizierbar, wir brauchen nur genügend Informationen.

Wie bei einer einfachen Maschine glauben wir häufig, «aus Erfahrung» beurteilen zu können, wie sich eine bestimmte Situation entwickelt, wenn sie auf eine bestimmte Art und Weise beeinflusst wird. Dabei vergessen wir nur allzu gern, dass sich bei komplexen Sachverhalten jede Änderung in vielen Teilbereichen auswirken und auch auf sich selbst zurückwirken kann. Vollständige Information besteht bei komplexen Fragestellungen nie. Gerade weil sich die relevanten Informationen erst aus der Beziehung zwischen den Komponenten ableiten lassen, können niemals sämtliche Informationen komplett vorliegen. So verspricht eine Visualisierung und ein Verständnis der Zusammenhänge in groben Zügen mehr als eine unüberschaubare Menge aneinandergereihter Detailinformationen. Denn die Analyse der einzelnen Teile bringt so lange nichts, wie wir nichts von deren inhaltlichen und zeitlichen Beziehung zueinander wissen.

▶ Abb. 4 veranschaulicht das: Aus den einzelnen Teilen lässt sich die Gesamtheit nicht erkennen und ihr Sinn nicht verstehen. Erst durch die Verbindung der

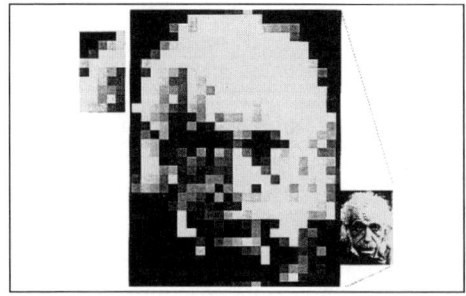

▲ Abb. 4　Die Teile und das Ganze (Gomez/Probst 1999, S. 67)

Teile zu einem Ganzen ergibt sich ein klares Bild. Und nur durch eine Verbindung der Teile ist das Ganze zu verstehen. Die Verbindung geschieht in diesem Falle durch ein Zusammenkneifen der Augen.

Fazit aus dem vierten Denkfehler

- Wir müssen darauf achten, welche Verhaltensmöglichkeiten sich für das System als Gesamtheit der Einzelteile ergeben.
- Es ist sinnvoll, mögliche «Muster» und Szenarien zu entwerfen, wie sich das Ganze durch das Zusammenwirken seiner Teile entwickeln könnte.

3.1.5	**Fünfter Denkfehler**

Problemsituationen lassen sich mit genügend Anstrengung beherrschen.

*Nachdem wir unser Ziel endgültig aus den Augen verloren hatten,
verdoppelten wir unsere Anstrengungen.*   *Mark Twain*

Auch hier erliegen wir oft einer mechanistischen Vorstellung: Wir tun so, als ob sich alles – sogar die externen Einflüsse – steuern und kontrollieren liesse, wenn wir nur wollten.

Fussball

Das Beispiel eines Fussballspiels belegt das Gegenteil: Obwohl jedes Spiel, abstrakt gesehen, genau die gleiche Struktur – die gleichen Abläufe, die gleichen Regeln – aufweist, lassen sich das konkrete Verhalten der Spieler und die Aktionen zwischen ihnen sowie externe Einflüsse (Publikum) auf keine Weise vorherbestimmen oder «beherrschen». Zum Glück – sonst wären Spiele nicht mehr spannend! Jedes Spiel ist ein einmaliges und unwiederholbares Ereignis und auch mit grösstem Aufwand trotz klarer Spielregeln nicht im Einzelnen steuerbar. Für komplexe Fragestellungen gilt dasselbe.

Was wir dennoch tun können, ist, zu versuchen, die Regeln festzuhalten, die einer solchen Ordnung (als Resultat vieler vernetzter Handlungen) zugrunde liegen.

Fazit aus dem fünften Denkfehler

- Wir müssen deutlich trennen zwischen lenkbaren und nicht lenkbaren Aspekten und ihren Zusammenhang zu anderen Systemelementen aufzeigen.
- Es sind Massnahmen zu entwerfen, die im Gesamtzusammenhang sinnvoll, das heisst zeitlich und inhaltlich wirkungsvoll sind.

| 3.1.6 | **Sechster Denkfehler** |

Ein Macher kann jede Problemlösung in die Praxis umsetzen.

Gerade bei Managern findet sich häufig eine falsch verstandene «Macher-Mentalität». Selbsthinterfragung gilt gelegentlich als Schwäche, aggressives Handeln und Risikobereitschaft als Stärke. Dabei besteht die Gefahr, dass durch vorschnelles «Machen» nur Symptome bekämpft werden. Vielmehr muss versucht werden, die Dynamik, die in komplexen Fragestellungen liegt, zu verstehen und zu nutzen.

Eine Führungskraft sagte einmal: «Ich will keine Zeit damit verlieren, über Zusammenhänge und Ziele nachzudenken. ‹Doing› ist gefragt. Die Mitarbeiter sollen nicht über Ziele reden, sondern handeln.»

Segeln ohne Ziele

Sich keine Gedanken über Ziele zu machen, ist so, als ob man sich beim Segeln keine Zeit nimmt, den Zielhafen zu bestimmen. Dafür wird dann ein doppelt so grosses Segel gesetzt, um anzukommen – die Frage ist nur, wo.

Fazit aus dem sechsten Denkfehler

- Die Gesetzmässigkeiten des Systems, in das wir eingreifen wollen, müssen berücksichtigt werden.
- Wir können Kräfte und spezifische Eigenschaften des Systems selbst nutzen und so im richtigen Moment am richtigen Ort tätig werden.

| 3.1.7 | **Siebter Denkfehler** |

Mit der Umsetzung einer einmal festgelegten Lösung kann das Problem

endgültig ad acta gelegt werden.

Gerne «haken» wir ein Problem ab, wenn wir die gefundene Lösung umgesetzt haben. Weil alle Handlungen und Eingriffe wiederum zu Veränderungen führen, ist eine definitive, letztgültige Problemlösung bei komplexen Herausforderungen gar nicht möglich: Immer wieder entstehen aufgrund der Änderungen neue Fragen, Möglichkeiten, Ideen, Einstellungen etc.

Diese Veränderungen erfordern ebenso wie die zeitliche Dynamik von Situationen eine periodische Neubeurteilung, Weiterentwicklung und Anpassung einmal erarbeiteter Problemlösungen. Grundvoraussetzung hierfür ist eine gewisse Flexibilität, Sensibilität und Offenheit für neue Fragestellungen.

Fazit aus dem siebten Denkfehler

- Wir müssen eine Situation in ihrer Entwicklung überwachen.
- Wir sollten stets nach möglichen neuen Aspekten der problematischen Situation und nach neuen Ansprüchen aus der Umwelt Ausschau halten.
- Einzelne Schritte der Methode Netmapping müssen eventuell mehrmals durchlaufen werden, um eine komplexe Herausforderung erfolgreich managen zu können.
- Mittels periodischer Reviews sollten wir Methoden und Inhalte der Managementinstrumente pflegen.

3.1.8	Die Komplexitätsfalle

Wer einen (oder mehrere) der sieben Denkfehler begeht und somit komplizierte mit komplexen Fragestellungen verwechselt, hat zudem ein weiteres Problem: Er tappt in die Komplexitätsfalle. Das bedeutet, wenn in einer unerwarteten Situation die Dynamik wächst, nimmt die verfügbare Zeit, um die richtigen Entscheidungen zu treffen, ab, während gleichzeitig die für die Entscheidungsfindung benötigte Zeit zunimmt, weil auch die Komplexität wächst. Wer sich in dieser Falle zwischen steigender Komplexität der Situation einerseits und abnehmender verfügbarer Zeit bzw. sinkenden Handlungsspielräumen andererseits bewegt, unterliegt leicht der Gefahr, hektisch und zu wenig überlegt zu handeln – nach dem Motto: «Es wird schon irgendwie klappen.» Nebenfolgen werden unter Zeitdruck bewusst oder unbewusst in Kauf genommen. Statt zu agieren verfällt man immer mehr ins Reagieren, so dass einem die Kontrolle zusehends entgleitet.

Um der Komplexitätsfalle zu entgehen, empfiehlt es sich, die Methode Netmapping möglichst früh einzusetzen – idealerweise zur Initialisierung eines neuen Projekts sowie *vor* strategischen Weichenstellungen und grossen Veränderungen. Oder zur Standortbestimmung, solange es noch gut läuft. So hat man genügend Zeit und Handlungsspielraum. Wenn ein Projekt schon weit fortgeschritten ist, dann ist auch der Handlungsspielraum eingeschränkt, da ein Teil der Massnahmen nicht mehr innert nützlicher Frist greift.

| 3.1.9 | **Zusammenfassung** |

Zusammenfassend lässt sich festhalten: Wird eine komplexe Fragestellung nicht adäquat mit Hilfe einer geeigneten ganzheitlichen Methode bearbeitet, so führt dies dazu, dass

- alles Handeln oberflächlich «Symptome» bekämpft, anstatt dass die Ursachen von Problemen bearbeitet werden,
- Probleme nie gelöst werden, sondern an verschiedenen Orten in unterschiedlichen «Verkleidungen» immer wieder auftauchen, möglicherweise sogar verstärkt,
- von oben immer wieder neue Analysen («2. Analyse», «3. Analyse») desselben Problems verlangt werden, was Ressourcen bindet,
- hektische Reaktionen eintreten, weil keine Transparenz über die Zusammenhänge der Faktoren, die die vorliegende Fragestellung beeinflussen, herrscht,
- falsche Anschuldigungen ausgesprochen werden,
- sich Frustration, Unzufriedenheit und schlechte Stimmung ausbreiten sowie Mitarbeiter innerlich kündigen, was zu Produktivitätseinbussen, Know-how-Verlust und auch zu höheren Kosten führt,
- man sich im Umgang mit schwierigen problembehafteten Situationen unsicher fühlt,
- die verschiedenen Abteilungen oder Bereiche eines Unternehmens oder einer Institution Probleme unterschiedlich wahrnehmen und dadurch heterogene Ziele verfolgen.

Komplexe Probleme frühzeitig angehen

Es ist daher für ein erfolgreiches Management von entscheidender Bedeutung, sich frühzeitig methodisch mit dem Erkennen, der Erfassung und Bewältigung komplexer Situationen zu beschäftigen, bevor sich die Wolken am Himmel zu einem düsteren Gewitter zusammengezogen haben und es «eng» wird. Wird die Komplexität einer Situation rechtzeitig erkannt, ist es noch möglich, die richtigen – nämlich zielführenden – Massnahmen zu ergreifen, anstatt in operative Hektik und zielloses Handeln mit Alibi-Charakter zu verfallen.

Proper prior planning prevents poor performance.   *Englische Redensart*

Netmapping trägt als Methode dazu bei, komplexe Situationen, Probleme und Fragestellungen adäquat zu verstehen und zu kommunizieren, externe Einflüsse richtig zuzuordnen, die zeitliche Dynamik und die Stärke von Zusammenhängen zu erkennen, Ziele korrekt zu setzen und diese nicht mit Massnahmen zu verwechseln, sinnvolle Massnahmen zu ergreifen und durch Controlling Ursachen zu finden, falls die gesetzten Ziele nicht erreicht wurden.

Daher lohnt sich der anfängliche Zeitaufwand, der investiert werden muss, um komplexe Fragestellungen in ihrer ganzen Tragweite zu erfassen. Denn die Energie wird in die richtigen Aktionen gesteckt und somit effektiv eingesetzt. Dadurch wird es leichter, sich zu fokussieren, sich nicht zu verzetteln und mit vernünftigem ökonomischem Energieeinsatz – also effizient – seine Ziele zu erreichen. Somit gelingt es, Effektivität *und* Effizienz zu steigern, ohne dass zu früh nur auf die Effizienz geschaut wird.

Wie bei jedem Neu- oder Umbau eines Hauses ist die Investition in ein tragfähiges Fundament und eine gute Infrastruktur lohnend, weil dadurch der spätere Betrieb einfacher, effizienter und günstiger wird.

3.2 Grundregeln für einen erfolgreichen Umgang mit Komplexität

Aus den aufgezeigten Eigenschaften komplexer Systeme und den häufigsten Denkfehlern (vgl. Abschnitt 2.3 und 3.1) lassen sich fünf Grundregeln für ein erfolgreiches Komplexitätsmanagement ableiten:

1. Öffnung des Blickwinkels
2. Verständnis für Zusammenhänge
3. Verständnis für Eigendynamik
4. Geduld und langfristiges Denken
5. Verständnis für begrenzte Planbarkeit und Machbarkeit

3.2.1 Öffnung des Blickwinkels

Bei komplexen Fragestellungen gibt es in der Regel unterschiedliche Sichtweisen auf ein Problem. Wir haben eine gewisse Tendenz zum Ausschnittdenken, nämlich dazu, nur jeweils denjenigen Bereich zu betrachten, der uns am stärksten betrifft oder einfacher erfassbar und lösbar ist. Die jeweiligen individuellen Perspektiven sind nicht falsch, oft sogar vernünftig und in sich logisch, aber einseitig und daher unvollständig.

Beispiel

In einem Unternehmen geht der Quartalsgewinn zurück. Es wird sofort eine Krisensitzung einberufen. Der Verkaufschef behauptet, die Qualität stimme nicht, der Produktionschef äussert, der Aussendienst könne nicht verkaufen, was produziert wird, der Finanzchef meint, die Kosten liefen aus dem Ruder. Was ist wirklich los? Wer hat Recht?

▲ Abb. 5   Dalí: Paranoisches Gesicht (1935)

Kipp- oder Vexierbilder wie in ◄ Abb. 5 zeigen spielerisch, dass wir spontan Dinge nur aus einer Perspektive wahrnehmen. Je nachdem, wie wir das Bild von Salvador Dalí betrachten, sehen wir ein Gesicht oder ein Wüstendorf, aber nie beides gleichzeitig. Dieses optische Umschalten zwischen den zwei Sichtweisen kann geübt werden, da es für das ganzheitliche Erkennen einer Situation sehr wertvoll ist. Real existierende Situationen sind meist noch wesentlich komplexer und facettenreicher als dieses Vexierbild und lassen auch weit mehr als nur zwei Sichtweisen der gleichen Sachlage zu.

> *Es ist schwieriger, eine vorgefasste Meinung zu zertrümmern als ein Atom.*
>
> *Albert Einstein*

Wer sich darin übt, seinen Blickwinkel zu öffnen, erkennt bald, dass es nicht darum geht, wer «Recht hat», sondern darum, verschiedene Sichtweisen und Perspektiven so miteinander zu verbinden, dass die Situation vollständig erfasst, in der Kommunikation Übereinstimmung und im Handeln Kongruenz erzielt wird. Dies ist einer der ersten Schritte des Netmappings, um die verschiedenen Sichtweisen zu identifizieren.

Grundregel 1

Ganzheitliches Denken heisst, verschiedene Sichtweisen und Interpretationen zu verstehen und ernst zu nehmen.

3.2.2	Verständnis für Zusammenhänge

Da die Elemente komplexer Systeme stark verknüpft sind, hat ein Problem in der Regel mehrere Ursachen und eine Veränderung im System oder im Umfeld vielfältige Auswirkungen. Einfache (im Sinne von simplen) Lösungen sind – wenn die vielfältigen Auswirkungen der Eingriffe bei komplexen Fragestellungen nicht beachtet werden – oft wenig oder nur sehr kurzfristig erfolgreich, weisen schwerwiegende Nebenwirkungen auf oder dienen bloss der Symptombekämpfung.

Wir können der Tatsache nicht ausweichen, dass jede einzelne Handlung, die wir tun, ihre Auswirkung auf das Ganze hat.
Albert Einstein

Löst ein «Megaprojekt» Indiens Wasserprobleme?

Mit der Umsetzung eines gigantischen Projekts wollen Indiens Politiker die grössten Flüsse des Landes mit Kanälen und Reservoirs vernetzen. Ziel dieser Anstrengungen ist es, dem Wassernotstand auf dem Subkontinent zu Leibe zu rücken. 32 Damm-Reservoirs und zahllose Pumpwerke sollen helfen, das Wasser des Ganges über Hügelketten zu hieven. Laut Angaben der Regierung wird der Nettogewinn aus Wasserkraftwerken immer noch 24 000 MW betragen, und der zusätzliche Wassersegen wird zu einer Ausweitung der Ackerflächen und einer Verdoppelung der Nahrungsmittelproduktion führen.

Kritiker rechnen aber vor, dass bei solchen Ausgaben alle übrigen sozial- und wirtschaftspolitischen Programme auf Jahre hinaus vom Tisch gewischt würden. Kritisiert wird vor allem der Ansatz, den wachsenden Bedarf durch ein Hinaufschrauben des Wasserangebotes zu decken, statt Wasser endlich als ökonomische Ressource zu akzeptieren. Als Beispiel wird erklärt, dass die Wüstenbewohner von Rajasthan so einfallsreich mit der knappen Ressource umgehen, dass sie das ganze Jahr über genug Wasser haben, die Bewohner der regenreichsten Gebiete des Landes hingegen in der regenarmen Jahreszeit häufig den Notstand verhängen müssen. (Imhasly 2003)

Oft schaden gut gemeinte Eingriffe dem System sogar langfristig, wie das Beispiel der Umleitung des Ganges-Wassers zeigt. Wir Menschen machen im Umgang mit Komplexität immer wieder dieselben Denkfehler – trotz bester Absichten und reicher Erfahrung aus der Vergangenheit. Gute Absichten allein genügen aber nicht. Es geht vielmehr darum, die guten Absichten mit Wissen um die relevanten Zusammenhänge anzureichern.

Grundregel 2
Ganzheitliches Denken heisst, Zusammenhänge zu kennen und zu nutzen – und somit wirksam einzugreifen.

| 3.2.3 | **Verständnis für Eigendynamik** |

Wir sind es gewohnt, in linearen Ursache-Wirkungs-Ketten zu denken, was häufig auch Sinn macht. Weil A eingetreten ist (zum Beispiel der Laptop fällt auf den Boden), tritt B ein (der Laptop ist kaputt). Das erste Ereignis ist die Ursache, das zweite die Wirkung. In einfachen und komplizierten Systemen führt das in der Regel auch zu richtigen Schlüssen und Massnahmen.

Bei komplexen Systemen hingegen ist die Unterscheidung zwischen Ursache und Wirkung nicht mehr so einfach. Das lineare Denken in Ursache-Wirkungs-Ketten hilft uns hier nicht weiter, wenn wir das Problem bearbeiten wollen; dazu ist ein Denken in kreisförmigen Kausalketten notwendig. Unerreicht an Illustrationskraft sind die Beispiele von Watzlawick (1985) über menschliche Kommunikation: Wenn die Ehefrau nörgelt, zieht sich der Ehemann zurück, die Ehefrau reagiert darauf mit Nörgeln, der Ehemann mit Rückzug ... (vgl. ▶ Abb. 6). Die Rollen Ehefrau und Ehemann können ohne Weiteres ausgetauscht werden.

Das Beispiel illustriert, wie ein Element im System auf sich selbst zurückwirkt. Die Kreisläufe sind selbstverstärkend. Die gleiche Dynamik kann aber auch in die positive Richtung angestossen werden.

Probleme kann man niemals mit derselben Denkweise lösen,
durch die sie entstanden sind.   *Albert Einstein*

Selbstverstärkende Kreisläufe

Andere Beispiele für selbstverstärkende Kreisläufe sind Produkte, die sich «wie von selbst» verkaufen, so jahrelang der VW Golf, oder ein ruinöser Preiskampf, wie ihn die Schweizer Bierbrauer in den 1980er-Jahren führten: Der Anbieter Pickpay hatte damals mit dem Slogan «Wir sind immer billiger» für Bier geworben.

Selbstverstärkende Ursache-Wirkungs-Kreisläufe entwickeln sich häufig zu Spiralen und zeigen damit eine Tendenz zur «Aufschaukelung» der Situation im Guten wie im Schlechten: Bei einem «Selbstläufer»-Produkt steigt die Nachfrage an, weil die hohen Verkäufe und der Marktanteil der letzten Periode das Image

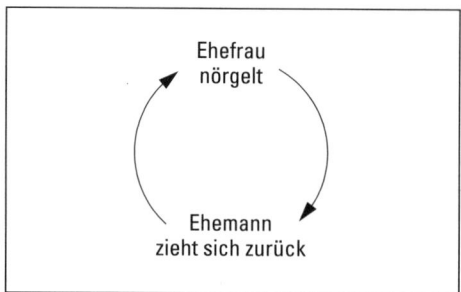

▲ Abb. 6   Selbstverstärkender Kausalkreislauf

und den Bekanntheitsgrad fördern (Engelskreis); bei einem Preisdumping verstärkt sich die Tendenz zu weiteren Preissenkungen bei allen Anbietern (Teufelskreis). Bei einer Vertrauenskrise im Bankensystem (zum Beispiel wegen Problemen mit Hypothekarkrediten in den USA) ziehen die Anleger ihr Geld zurück, und die Banken bekommen erst recht Probleme, was das Vertrauen weiter senkt.

Eine besondere Art von Rückkopplungen lässt sich bei der Bildung von Erwartungen beobachten: Befürchten Menschen beispielsweise aufgrund eines Gerüchts eine Verknappung des Benzins, so fahren alle sofort zu den Tankstellen und tätigen Hamsterkäufe. Eine Versorgungsknappheit ist die Folge, was die Hamsterkäufe weiter anheizt.

Grundregel 3
Ganzheitliches Denken heisst, relevante Wirkungskreisläufe zu berücksichtigen und zu nutzen.

3.2.4 Geduld und langfristiges Denken

Es fällt zwar oft schwer, im Umgang mit Komplexität langfristig zu denken und die nötige Geduld aufzubringen. Es ist aber wichtig, die Entwicklung eines Systems über die Zeit sorgfältig zu analysieren und mit den entsprechenden Wirkungsverzögerungen zu rechnen, wie das folgende Beispiel für Übersteuerung zeigt.

Beispiel

Für ein bestimmtes Produkt wird eine Marketingkampagne lanciert. Als nach einem Monat keinerlei Reaktion registriert wird, entscheiden sich die Verantwortlichen, die Marketinganstrengungen zu intensivieren und führen eine zweite Kampagne durch. Wiederum steigt die Nachfrage nicht an. Dies führt im Unternehmen zu Nervosität und man beschliesst, eine dritte, viel umfassendere Kampagne zu starten. Und siehe da, einen Monat später erhöht sich die Nachfrage merklich und im Unternehmen freut man sich: Zum Glück hat man nochmals eine Kampagne gestartet, endlich hat sie (die dritte Kampagne) etwas gebracht. In Wahrheit aber war sie die – folglich mit zeitlicher Verzögerung eingetretene – Reaktion auf die *ersten* Anstrengungen.

Einen Monat später wird die *zweite* Kampagne wirksam, die Nachfrage steigt erneut an und die Produktion muss bis an die Kapazitätsgrenzen erhöht werden. Im Unternehmen ist man verblüfft, freut sich aber, auch wenn man an die Grenzen der Lieferfähigkeit stösst. Als wiederum einen Monat später die dritte Kampagne effektiv – und für alle Beteiligten völlig unerwartet – wirksam wird, ist die Produktionsabteilung völlig überfordert. Dem Unternehmen entsteht durch die überlangen Lieferfristen erheblicher materieller Schaden und auch ein Image-Verlust. Die fehlende Geduld bzw. die falsche Einschätzung der zeitlichen Wirkungsverzögerungen kommen die Firma teuer zu stehen, verursachen unnötige Hektik und schlechte Stimmung in der ganzen Belegschaft wie im Management.

Auch das Gegenteil, die Untersteuerung, ist zu beobachten: Man investiert zu wenig Energie oder Zeit zur Erreichung eines bestimmten Ziels, zum Beispiel die Werbung für ein neues Produkt. Weil die Reaktion ausbleibt, glaubt man, für das Produkt gebe es keine Nachfrage. In Wirklichkeit jedoch wäre die Nachfrage bei stärkeren Werbeanstrengungen «angesprungen», blieb jedoch fürs Erste unterhalb der Wahrnehmungsschwelle der Käufer.

Komplexe Systeme reagieren in der Regel träge. Problematisch ist es beispielsweise, für strategische Weichenstellungen nur einen einjährigen Zeithorizont vorzusehen. Diese Zeitspanne genügt häufig nicht, um nachhaltig Wettbewerbsvorteile aufzubauen und die Wirkung zu beurteilen.

Holzhacken ist deshalb so beliebt,
weil man bei dieser Tätigkeit den Erfolg sofort sieht.   *Albert Einstein*

Grundregel 4

Ganzheitliches Denken heisst, Stärke und Geschwindigkeit der Zusammenhänge zu kennen und zu nutzen.

| 3.2.5 | **Verständnis für begrenzte Plan- und Machbarkeit** |

Auf nicht abzusehende Zeit wird die Fähigkeit,
Ungewissheit zu ertragen, zum Schlüssel des Erfolges.   *Tom Peters 1995*

Häufig verfallen wir dem Irrglauben, wenn man nur genügend Informationen sammle und zur Verfügung habe, dann sei jedes System berechenbar. Bei komplexen Systemen verliert man sich dabei aber in Scheinpräzision. Auch die genaueste Kenntnis interner und externer Einflussfaktoren und deren Zusammenhänge reicht nicht aus, um das Verhalten des Systems vorauszusehen.

Wenn komplexe Situationen nicht hundertprozentig berechenbar sind, lassen sie sich auch nicht «beherrschen». Es bleibt immer ein Rest an Unsicherheit und Eigendynamik.

Grundregel 5

Ganzheitliches Denken heisst, Unsicherheit aushalten und auf Überraschungen vorbereitet sein.

3.3 Ganzheitliches Management in der Praxis

Wie werden komplizierte und komplexe Systeme gesteuert?

Die Kaffeemaschine verfügt als kompliziertes System je nach Ausführung über eine mechanische, elektrische oder elektronische Steuerung. Diese nimmt die über Tasteneingaben von der Umwelt eingegebenen Weisungen auf und koordiniert die entsprechenden internen Prozesse (Wasser erhitzen, Kaffeepulver einfüllen etc.). Die Steuerung technischer Systeme ist Gegenstand der Ingenieurwissenschaften.

Der menschliche Körper wird als komplexes System über das Nervensystem gesteuert. Sinnesorgane nehmen Informationen auf, das Hirn filtert diese und steuert die entsprechenden internen Prozesse (Bewegung, Verdauung etc.). Die medizinische Forschung, vor allem die Neurologie, ist immer noch dabei, mehr über die Steuerung des menschlichen Körpers zu erfahren. Mittlerweile hat sich auch in der Medizin ein ganzheitlicher Ansatz etabliert, der anerkennt, dass der menschliche Körper keine Maschine ist und der Medizin Grenzen gesetzt sind.

Schwieriger und abstrakter ist es, die Lenkung sozialer Systeme wie Familien, Unternehmen oder Volkswirtschaften zu erfassen. Zur Frage der Lenkung spezifischer sozialer Systeme haben verschiedene Disziplinen einleuchtende und nützliche Ansätze erarbeitet: Die Sozialpsychologie hat sich der Entwicklung der Familie angenommen, die systemische Managementlehre zeigt Ansätze der Unternehmensführung auf, und die Volkswirtschaftslehre kümmert sich um die Entwicklung der nationalen Volkswirtschaften.

Im deutschsprachigen Raum haben die Pioniere Frederic Vester (1990) und Dietrich Dörner (2000) – ausgehend von biologischen und wahrnehmungspsychologischen Überlegungen – die Denkansätze zur Lenkung komplexer Systeme mitgeprägt.

Wenn im Folgenden über ganzheitliches Management gesprochen wird, bedeutet dies eine Beschränkung auf die Gestaltung und Lenkung sozialer Systeme wie Unternehmen und Organisationen. Grundlage sind dabei die Forschungen der Universität St. Gallen (HSG), wo im Bereich des systemischen Managements Pionierarbeit geleistet wurde. Im Umfeld von Hans Ulrich (1968) haben Peter Gomez (1981), Walter Krieg (1971), Fredmund Malik (1977) und Gilbert Probst (1981) sowie Knut Bleicher (1992) und Johannes Rüegg-Stürm (2002) die Grundlagen des systemischen Managements entwickelt.

Ganzheitliches Management lässt sich generalisiert wie folgt charakterisieren: Es ist idealerweise

1. breit abgestützt und mitverantwortet,
2. effektiv und effizient,
3. rechtzeitig und beharrlich,
4. verantwortungsvoll und «bescheiden»,
5. achtsam und flexibel.

3.3.1   Breit abgestütztes und mitverantwortetes Management

Der Blickwinkel des ganzheitlichen Managements ist breit, das heisst, das Unternehmen oder die Institution und ihre Umwelt werden als ganzes System erfasst. Problemlösungen werden abteilungsübergreifend und unter Einbezug der Interessen wichtiger interner und externer Anspruchsgruppen wie Inhaber, Kunden, Mitarbeiter, Kapitalgeber, Lieferanten oder sogar Konkurrenten entwickelt. Wenn die wichtigsten Anspruchsgruppen in den Entscheidungsprozess einbezogen und somit in die Verantwortung genommen werden, wirkt sich dies in der Regel positiv auf die Zusammenarbeit aus.

Am Beispiel eines Tuches, welches auf einer ebenen Unterlage liegt, soll dies anhand von ▶ Abb. 7 verdeutlicht werden: Wenn wir das Tuch nur an einer Stelle hochheben, wird – auch wenn wir das kräftig tun – in weiten Bereichen nicht viel geschehen. Wenn wir aber an vielen Stellen gleichzeitig ansetzen, gelingt es uns, das Tuch insgesamt auf eine höhere Ebene zu heben. Da in den meisten Organisationen die Aufgaben auf mehrere Entscheidungsträger verteilt sind, wird die Bedeutung eines koordinierten, auf gemeinsame Ziele ausgerichteten Handelns ersichtlich.

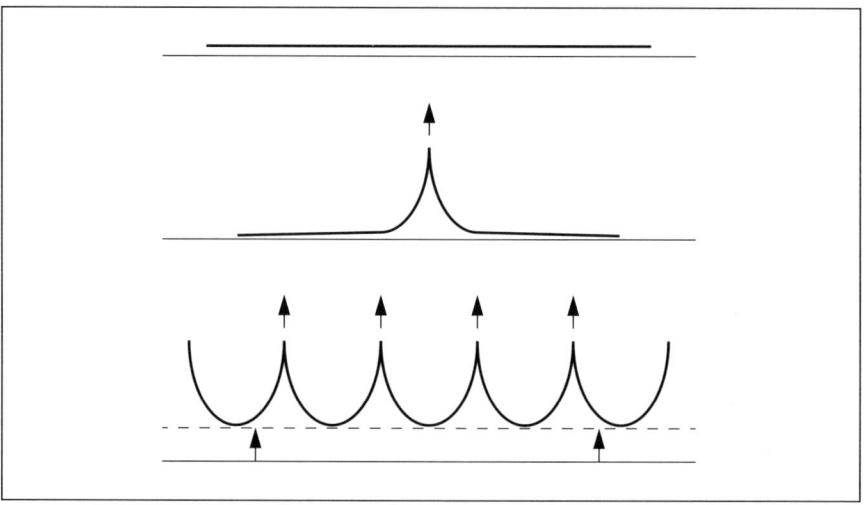

▲ Abb. 7   Abgestimmtes Eingreifen

3.3.2 | Effektives und effizientes Management

Ganzheitliches Management hilft Unternehmen und Organisationen, dank einem guten Verständnis für Zusammenhänge und Machbarkeit sinnvolle Ziele zu setzen und sie mit dem geringsten Aufwand zu erreichen. Dies ist dann möglich, wenn die Führungskräfte die Wirkungen, die von ihren Handlungen, aber auch von internen und externen Einflüssen ausgehen, richtig abschätzen können. Sie müssen ihr Geschäft verstehen, damit sie die Mittel dort einsetzen können, wo aufgrund der Erfolgslogik die stärksten Wirkungen zu erwarten sind. Ganzheitliches Management ist sowohl effektiv – das heisst, die Massnahmen sind zielorientiert – als auch effizient – das heisst, die Massnahmen werden so ökonomisch und sparsam wie möglich umgesetzt. Manchmal hilft dabei auch die Eigendynamik des Systems (Engelskreise), mit geringem Aufwand einen hohen Ertrag zu erzielen.

3.3.3 | Rechtzeitiges und beharrliches Management

Ganzheitliches Management erfordert ein gutes Gefühl für die Zeit. Unternehmen, Organisationen, Märkte und Kulturen verhalten sich oft träger, als man es vermuten oder sich wünschen würde. Bis die Auswirkungen von Eingriffen auf die Systemziele sichtbar werden, braucht es Zeit. Napoleons Führungsverständnis *«Gouverner, c'est prévoir»* (Führen ist Vorhersehen) drückt die Einsicht aus, dass ganzheitliches Management stark vorausschauend das System steuert und nicht «hau-ruck-ad-hoc» immer der aktuellen Entwicklung hinterherrennt.

Bei grossem Zeitdruck hingegen sind die Mittel dort einzusetzen, wo ein schneller Erfolg zu erreichen ist. Rechtzeitig heisst also, wichtige langfristige Wirkungen mit Geduld abzuwarten, aber auch «Quick Wins» zu realisieren, wo dies möglich ist (vgl. dazu auch Abschnitt 5.5).

Willst du im laufenden Jahr ein Ergebnis sehen, so säe Samenkörner.
Willst du in zehn Jahren ein Ergebnis sehen, so setze Bäume.
Willst du das ganze Leben lang ein Ergebnis sehen, so entwickle die Menschen.
Kuan Chung Tzu

| 3.3.4 | **Verantwortungsvolles und «bescheidenes» Management** |

Ganzheitliches Management erfordert Klarheit darüber, welche Ziele zu verfolgen sind, wo Eingriffe überhaupt möglich sind und welche externen Einflüsse die Zielerreichung beeinflussen. Gerade bei der Lenkung von Unternehmen und Organisationen stellt sich die Situation mit verschiedenen Betrachtungsebenen (Holding, Töchter, Divisionen, Abteilungen, Mitarbeiter) und vielfältigen Verflechtungen mit der Umwelt (Absatzmärkte, Beschaffungsmärkte, Finanzmärkte, Arbeitsmärkte) relativ verwirrend dar. Damit die Lösung einer komplexen Managementaufgabe angegangen werden kann, muss zuerst das «Management-Cockpit» der Verantwortlichen geklärt werden.

Für die Entscheidungsträger, die ganzheitliches Management umsetzen möchten, sind drei Typen von Erfolgsfaktoren zu klären und streng auseinanderzuhalten:

- Ziele,
- Hebel/Lenkbarkeiten und
- externe Einflüsse.

Beispiel

Für einen Expeditionsleiter, der die Erforschung eines riesigen Höhlensystems «managt», heisst dies beispielsweise, möglichst die Ziele, die sich die Teilnehmer bezüglich Erkenntnisgewinn, Spass und Sicherheit gesetzt haben, zu erreichen. Durch die Wahl der Route, die Grösse der Erkundungsteams und die Aufrechterhaltung des Kontaktes zu den Teilnehmenden kann er dies beeinflussen. Er muss auf Wetterveränderungen, auf Materialbeschädigungen durch Steinschlag und auf unbekannte neue Höhlengänge ständig reagieren.

Die Einschätzung der Entwicklung der externen Einflüsse hilft uns beim Finden realistischer Ziele. An den Zielen messen wir den Erfolg unseres Handelns. Mit den Hebeln greifen wir in das System ein. Die permanente Beobachtung der externen Einflüsse ermöglicht uns, auf allfällige Änderungen zu reagieren. Oft führt ganzheitliches Management auch zu einer Bescheidenheit bezüglich Erkenntnis und Machbarkeit, die in der philosophischen Tradition schon lange bekannt ist.

Herr, gib mir die Gelassenheit, Dinge hinzunehmen, die ich nicht ändern kann,
gib mir den Mut, Dinge zu ändern, die ich ändern kann,
und gib mir die Weisheit, das eine vom anderen zu unterscheiden.

Friedrich Christoph Oetinger

In vielen komplexen Situationen stehen den Verantwortlichen nur relativ schwache Hebel zur Verfügung, hingegen sind die externen Einflüsse auf die erfolgsrelevanten Ziele stark. Umso wichtiger ist es, die Hebel zu kennen und zu nutzen.

| 3.3.5 | **Achtsames und flexibles Management** |

Ganzheitliches Management ist nicht ein einmaliges und abgeschlossenes Ereignis, sondern ein permanenter Prozess. Wie der Steuermann während eines Segelturns ständig die Segelstellung und das Ruder den Umweltveränderungen anpasst, müssen die Verantwortlichen bei komplexen Managementaufgaben stets achtsam sein: Je früher sie Abweichungen vom Zielkurs erkennen, desto mehr Zeit bleibt ihnen für Korrekturen. Einmal festgelegte Entscheidungen müssen laufend auf dem sich verändernden Hintergrund überprüft werden. Unter Umständen müssen Entscheidungen und Denkmuster flexibel angepasst werden können. Das heisst nicht, dass grundlegende Entscheidungen permanent zu überarbeiten sind. Ein Steuermann wird nur im Notfall seinen Zielhafen wechseln, hingegen wird er bezüglich der Stellung der Hebel (Segelgrösse, Ruder etc.) auf die Wetterbedingungen reagieren. Für die Geschäftsleitung eines Unternehmens macht es beispielsweise wenig Sinn, bei einem leichten Umsatzrückgang die Bemühungen für den Eintritt in den chinesischen Markt abzubrechen; unter Umständen wird sie aber ihre Marketingmassnahmen modifizieren. Während es beim Segeln die Einrichtung eines Autopiloten für die Übernahme der meisten Lenkungsfunktionen gibt, müssen wir im Management darauf verzichten.

Damit Führungskräfte ihre Aufgaben ganzheitlich angehen können, brauchen sie ein praktisches Werkzeug. Die Methode Netmapping wurde dafür entwickelt. Im nächsten Kapitel wird ein Überblick über die Vorgehensweise gegeben.

4
Von der Vision zur Aktion – Überblick über die Methode Netmapping

4.1　Die Funktionsweise von Netmapping

Die Methode Netmapping stützt sich auf die Grundlagen des vernetzten Denkens und des systemischen Managements. Sie baut insbesondere auf den methodischen Arbeiten von Peter Gomez und Gilbert Probst (Gomez/Probst 1987 und Gomez et al. 1975) auf und kombiniert und verknüpft sie mit weiteren Managementinstrumenten. Netmapping wurde, ausgehend von jahrelanger Erfahrung in Beratung und Schulung in Unternehmen und anderen Institutionen, entwickelt, verfeinert und vervollständigt, wobei insbesondere konkrete Erfahrungen und Bedürfnisse von Praktikern eingeflossen sind. ▶ Abb. 8 zeigt den inhaltlichen Zusammenhang zwischen der Erfolgslogik und weiteren Managementinstrumenten.

4.1.1　Netmapping – inhaltliche Zusammenhänge

1. Im Zentrum des Netmappings steht die Erfolgslogik. Sie visualisiert, welche Zusammenhänge zwischen den relevanten Erfolgsfaktoren auf der gewählten Betrachtungsebene bestehen. In der Erfolgslogik sind externe Einflüsse, Erfolgsindikatoren und Hebel identifiziert. Sie bilden die «Andocksstellen» für die weiteren Netmapping-Phasen.

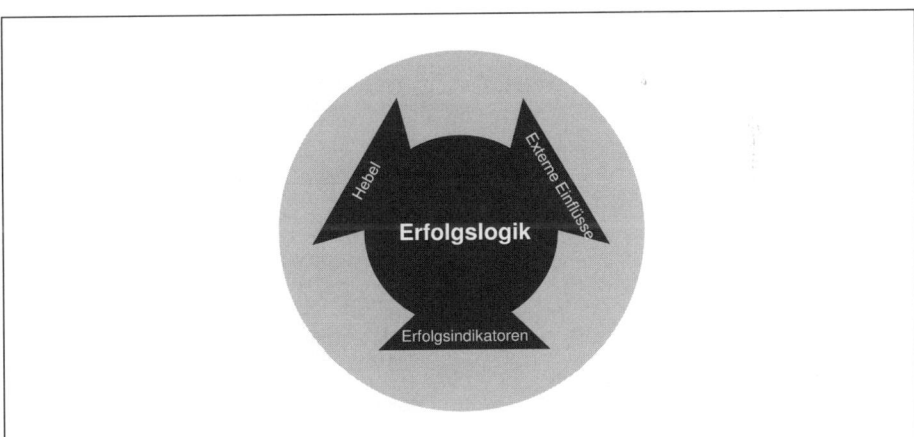

▲　Abb. 8　Erfolgslogik erstellen

2. Externe Einflüsse und Szenarien: Für alle relevanten externen Einflussfaktoren werden Szenarien erarbeitet bzw. bestehende Szenarien überprüft und ergänzt.

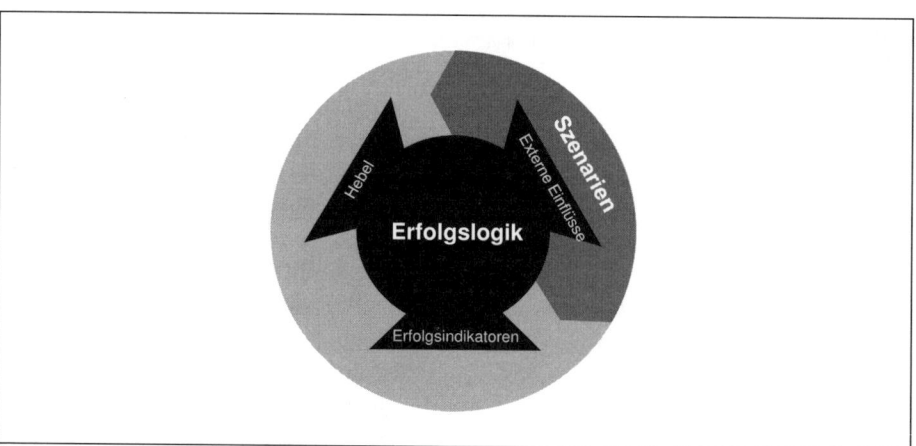

▲ Abb. 9   Szenarien erarbeiten

3. Erfolgsindikatoren, Ziele und (Management-)Cockpit: Für jeden Erfolgsindikator werden neue Ziele formuliert oder bestehende auf Vollständigkeit und Sinnhaftigkeit überprüft. Ein ganzheitliches Management-Cockpit wird eingeführt oder vorhandene Instrumente (Balanced Scorecard, Key Performance Indicator usw.) und Vorgehensweisen werden auf Vollständigkeit und Sinnhaftigkeit überprüft.

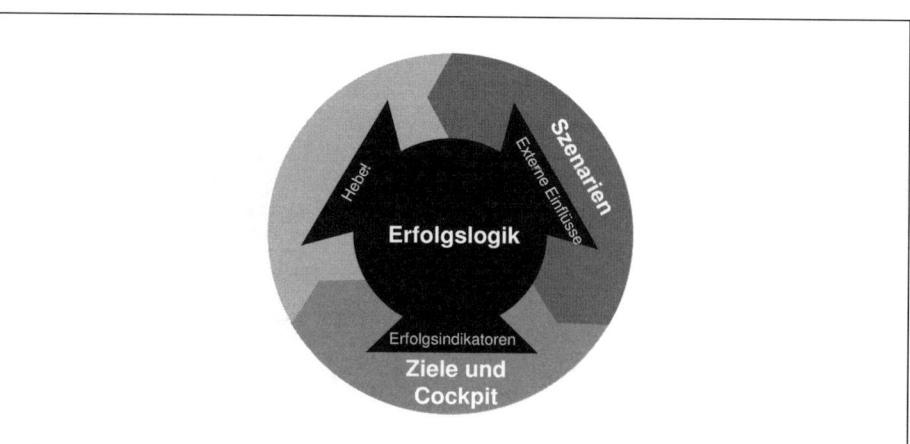

▲ Abb. 10   Ziele formulieren und Management-Cockpit erstellen

4. Hebel und Massnahmen: Um die Ziele zu erreichen, werden bei den Hebeln Projekte und Massnahmen definiert. Bestehende oder beschlossene Projekte und Massnahmen werden auf Vollständigkeit und Sinnhaftigkeit überprüft.

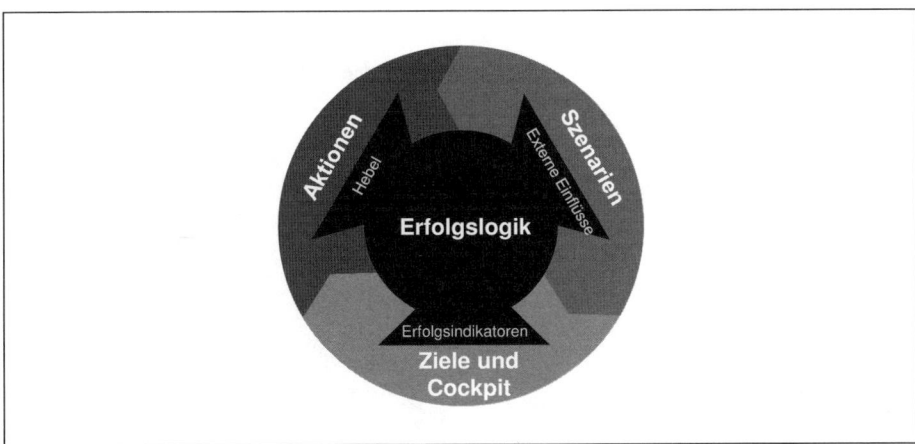

▲ Abb. 11   Aktionen beschliessen

5. Methodische und inhaltliche Reviews: Periodisch wird ein methodisches und ein inhaltliches Review durchgeführt, um die Zielerreichung zu überprüfen und, wenn nötig, Korrekturen vorzunehmen.

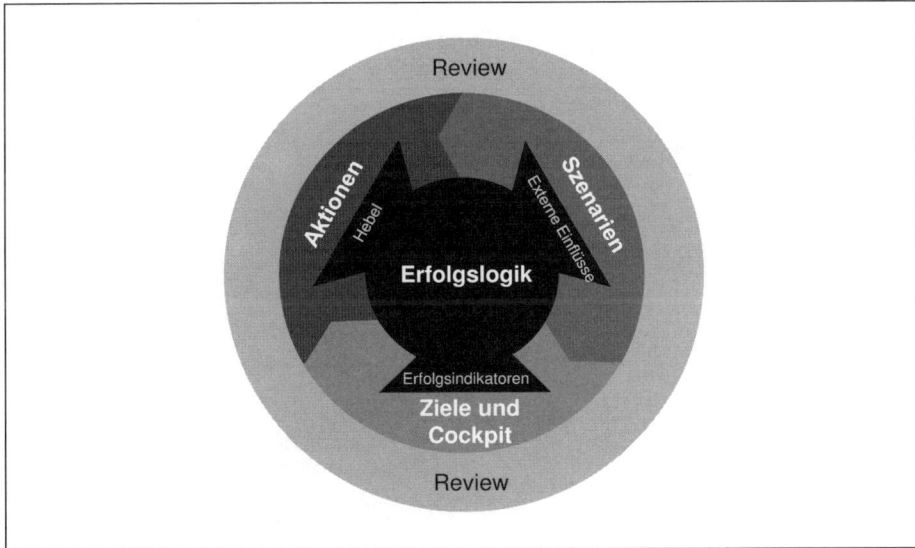

▲ Abb. 12   Reviews durchführen

6. Integration weiterer Managementinstrumente: Die aus den Schritten 1 bis 5 abgeleiteten Ergebnisse sind eine hervorragende Basis, um weitere Managementinstrumente zu integrieren und deren effektiven Einsatz sicherzustellen.

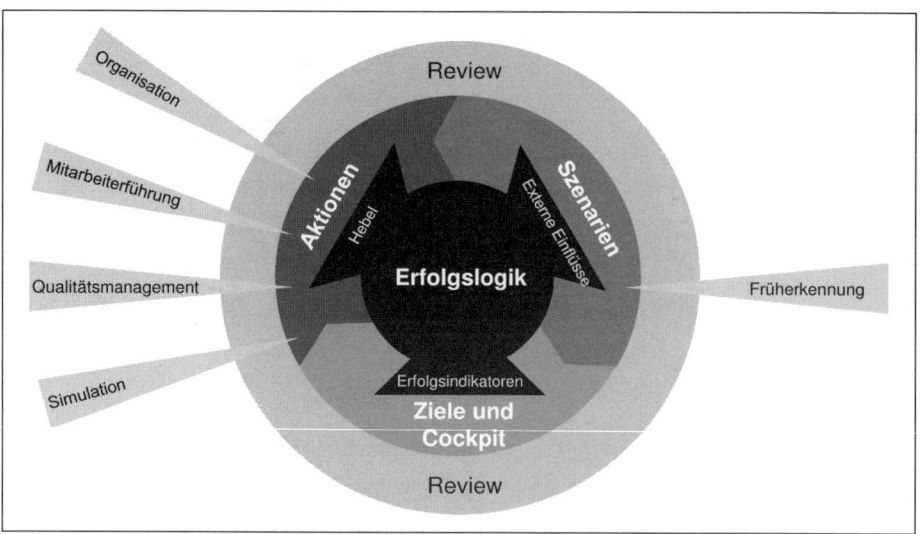

▲ Abb. 13   Weitere Managementinstrumente integrieren

7. ▶ Abb. 14 zeigt auf, dass allfällige vorhandene Visionen, Missionen, Wertvorstellungen, Leitbilder, Strategien, Zielvorgaben oder Resultate aus Marktfor-
schungen bei der Anwendung der Methode Netmapping berücksichtigt werden.

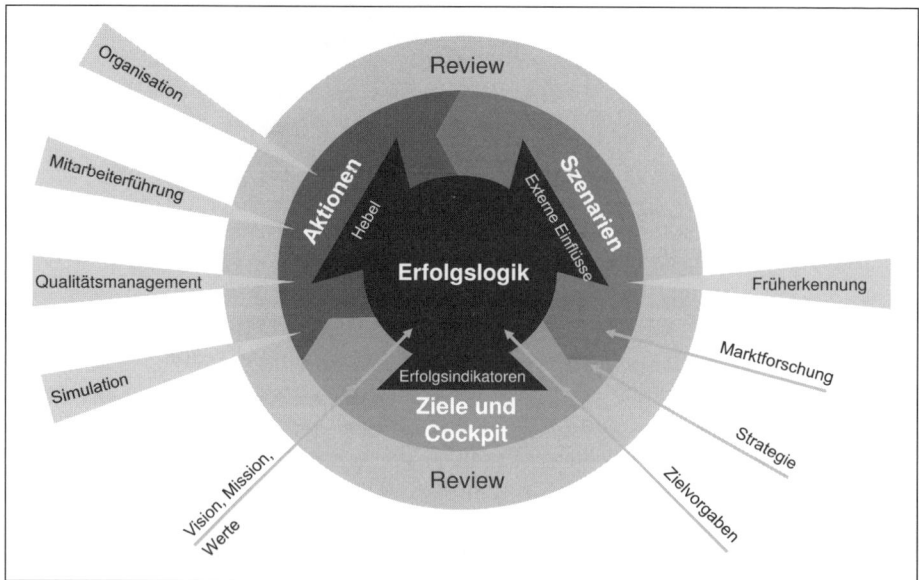

▲ Abb. 14   Die vorhandenen Informationen fliessen in die entsprechenden Phasen der Methode Netmapping ein
(vgl. auch Umschlagklappe vorne)

| 4.1.2 | **Was leistet Netmapping?** |

Netmapping leistet Folgendes:

1. Komplexe Fragestellungen werden ganzheitlich – nämlich unter Berücksichtigung aller relevanten Einflussfaktoren und Zusammenhänge – bearbeitet.
2. Teams können komplexe Herausforderungen systematisch – durch strukturiertes schrittweises Vorgehen – analysieren und visualisieren.
3. Es entsteht eine «Helikoptersicht» auf die Zusammenhänge innerhalb des Systems sowie zwischen System und Umwelt, so dass alle Beteiligten jederzeit – auch bei schwierigen Fragen – den Überblick über das Ganze behalten.
4. Das Team entwickelt ein gemeinsames Verständnis und eine gemeinsame Sprache (unterstützt durch das Glossar) für die komplexe Herausforderung.
5. Sinnvolle Erfolgsindikatoren und klar messbare Ziele werden erarbeitet und ihr Erreichen wird überprüfbar. Zielkonflikte werden optimiert.
6. Ungewollte Neben-, Rück- und Fernwirkungen interner und externer Einflüsse werden durch ganzheitliches und vernetztes Denken und Handeln vermieden.
7. Dank der Szenarien ist das Unternehmen besser auf zukünftige Entwicklungen vorbereitet und kann auch Unvorhergesehenem so begegnen, dass die relevanten Unternehmensziele erreicht werden.
8. Das Management-Cockpit wird durch die Visualisierung in der Erfolgslogik interpretierbar.
9. Es wird deutlich, wo der Hebel in einer komplexen Situation anzusetzen ist und welche Massnahmen oder Projekte wirklich zielführend, welche hingegen überflüssig oder sogar kontraproduktiv sind.
10. Entscheidungen sind im Gesamtzusammenhang kommunizierbar und somit für Dritte nachvollziehbar.

Bewältigung von Teamkonflikten

Netmapping hilft, systemgerechte, ganzheitliche Lösungen für komplexe Fragestellungen zu finden, die nachhaltig wirksam sind. Auf den Prozess innerhalb des Teams wird genauso viel Wert gelegt wie auf das Ergebnis. Durch die Moderation des Managementprozesses im Team können auch Konfliktsituationen gemeistert werden: Netmapping wirkt integrierend, vermittelnd und neutral.

Mit Hilfe von Netmapping, insbesondere durch die Visualisierung in der Erfolgslogik, lässt sich implizit Gedachtes explizit darstellen, wodurch unter den Beteiligten eine gemeinsame Problemwahrnehmung entsteht. Die Visualisierung der Zusammenhänge erlaubt es, über einzelne Aspekte zu diskutieren, ohne dabei den Gesamtzusammenhang aus den Augen zu verlieren.

Ausgehend von einem gemeinsamen Verständnis der Zusammenhänge einer komplexen Situation, ist es möglich, Managementaufgaben wie langfristige und kurzfristige Planung, Controlling, Mitarbeiterführung oder Organisation sowohl effektiv – also zielorientiert – als auch effizient – also ökonomisch in Bezug auf den Mitteleinsatz zur Erreichung der Ziele – wahrzunehmen.

Im Folgenden wird ein erster Überblick über den Ablauf des Netmappings, also die einzelnen Schritte der Methode, gegeben. Diese werden im zweiten Teil des Buches ausführlich erläutert und anhand von Unternehmensbeispielen vorgestellt.

4.2 Wann macht Netmapping Sinn? Auslöser und Anwendungsfelder

4.2.1 Auslöser

Es gibt eine Reihe von typischen «Auslösern», die komplexe Herausforderungen sind und Anlass geben, methodisch ganzheitliche Zusammenhänge im Unternehmen zu erfassen und zu verstehen:

- *Neue Vision und Mission:* Ein Unternehmen hat eine neue Vision und Mission erarbeitet (vgl. dazu auch Abschnitt 4.5). Ohne Aktionen bleiben diese Träume, so wie umgekehrt Aktionen ohne Visionen ineffektiv, weil nicht zielführend, sind. Damit stellt sich die Frage: Was müssen wir jetzt tun, um Vision und Mission zum Leben zu erwecken? Welche Prioritäten sind neu zu setzen und wie?
- *Neue Strategie, neue Ziele, neue strategische Schwerpunkte:* Eine neue Strategie wurde erarbeitet, die nun umgesetzt werden soll – auch auf den untergeordneten Ebenen. Was ist zu tun, um die Strategie und die Ziele umsetzen zu können?
- *Neues Team:* Nach der Reorganisation eines Unternehmens oder beim Start eines Projekts entsteht ein neues Team, das – gemessen an der bisherigen Teamzusammensetzung – «bunt zusammengewürfelt» ist. Schon bald stellen sich Fragen wie: Reden wir eigentlich alle vom selben Thema? Sind alle im Team genügend qualifiziert für die neuen Aufgaben? Wo müssen wir ansetzen? Rudern wir letztlich alle in dieselbe Richtung oder rudert jeder, ohne dass wir es im Team merken, in eine individuelle Richtung? Netmapping kann hier Klarheit schaffen: Es wird eine gemeinsame Kommunikationsbasis erarbeitet; ebenso kann sichergestellt werden, dass in der Projektarbeit – zum Beispiel bei der Konzeption eines neuen Produktes – nichts Wesentliches vergessen wird.
- *Neues Managementinstrument:* Im Unternehmen wurde ein neues Instrument eingeführt, zum Beispiel BSC, ISO oder EFQM, aber es «lebt nicht», sondern bleibt ein zahnloser Papiertiger, weil es nicht homogen auf alle Unternehmens-

bereiche «heruntergebrochen» werden kann. Auch hier erwachsen Fragen wie die folgenden: Wie wenden wir das Instrument wirklich nutzbringend und ebenenübergreifend an? Wie passt das Instrument zu den übrigen bereits vorhandenen Instrumenten? Nicht wenige Organisationen haben im Laufe der Jahre ein ganzes «Arsenal» an Instrumenten angesammelt, die zum Teil aus Modegründen, zum Teil bei Einzelaufgaben und -projekten eingeführt wurden. Es fehlt der systemische Zusammenhang, das «Bindeglied» zwischen den Instrumenten. Mit Hilfe von Netmapping können diese Glieder verbunden werden (vgl. dazu Kapitel 8) und das «Arsenal» wird bereinigt.

- *Periodischer Soll-Ist-Vergleich:* Manche Aufgaben im Unternehmen, wie zum Beispiel ein Abgleich zwischen Soll- und Ist-Zustand, sollten regelmässig erledigt werden, was aufgrund von Zeitknappheit oder aufgrund heterogener Managementinstrumente häufig nicht geschieht. Die Institutionalisierung der Methode Netmapping stellt sicher, dass dieser periodische Soll-Ist-Vergleich durchgeführt wird.

- *Wunsch nach einem Challenging/einem Sparringspartner:* Dem Wunsch nach einem «periodischen Challengen» von Modellen, Szenarien, Zielen, Cockpits, Massnahmen usw. kann mit Netmapping entsprochen werden. Der Moderator wirkt zudem als neutraler Sparringspartner, der bei der Überprüfung und Aktualisierung der Managementinstrumente unterstützend wirkt.

Wunsch nach Klarheit

Komplexität – wenn man sie nicht durchschaut, nicht überblickt, sie verkennt oder verharmlost – macht unsicher, und Unsicherheit führt zu Verwirrung und zu Angst, schlimmstenfalls zu einer Krise. Vielfach wird in Organisationen an Dingen und Projekten gearbeitet, ohne dass man zuverlässig einschätzen kann, ob sie genügend bewirken und ob sie das Richtige bewirken. Die Suche nach dem Wesentlichen, nach dem «roten Faden», und der Wunsch nach *Klarheit* im Denken und Handeln ist daher ein wichtiger Auslöser, um Netmapping als Methode einzusetzen. Netmapping verschafft:

- *Klarheit über Ziele:* Häufig liegt es nicht daran, dass in den Institutionen und Unternehmen zu wenig gearbeitet wird. Es gibt umfassende Massnahmenkataloge und Arbeitspapiere, aber manchmal bleibt unklar, welche Ziele eigentlich verfolgt werden oder verfolgt werden sollen. Oder es wurden Massnahmen beschlossen anstatt Ziele formuliert. Manchmal wurden auch nur quantitative Ziele, aber keine qualitativen definiert, so dass unklar ist, auf welche Weise mit welchen Mitteln der angestrebte Umsatz oder Gewinn oder eine Kostensenkung zu erreichen ist.

- *Klarheit über Hebel:* Immer wieder stellt sich in Organisationen die Frage, wo sich bei konkreten Problemen der «Hebel» ansetzen lässt. Hebel werden oft mit

Zielen verwechselt; beispielsweise sind Aussagen wie «wir steigern die Qualität» oder «wir steigern die Motivation der Mitarbeiter» keine Hebel, sondern Ziele. Sie geben deshalb keine Auskunft darüber, was konkret getan werden sollte. Die Verwechslung von Hebeln und Zielen führt dazu, dass Massnahmen beschlossen werden, die keine sind, weil man die wirklichen Hebel nicht identifiziert hat. So wird dann viel Energie mit Dingen verschwendet, die nicht zielführend sind. Beim Netmapping ist die klare Unterscheidung zwischen Zielen und Hebeln ein wichtiges Element, dass zur Lenkung des Unternehmens unerlässlich ist.

- *Klarheit über Wirkungszusammenhänge:* Es ist schwierig, sich ohne Visualisierung der Wirkungszusammenhänge darauf zu einigen, welche Hebel zur Erreichung welches Ziels beitragen. Jeder Verantwortliche im Unternehmen ist geneigt, «seinen» Hebel für den wichtigsten zu halten. Beim Kampf um Ressourcen glaubt der Marketingchef, Werbung löse das Problem, der Personalchef ist der Meinung, die Fortbildung der Mitarbeiter führe zum Ziel, und der Produktionschef ist der Ansicht, die Produkte müssten verbessert werden. Erst die Gesamtsicht auf die Zusammenhänge zeigt, wo die individuelle Sichtweise jeweils eingeordnet werden kann und welcher Hebel in welcher Weise wirkt.

- *Klarheit warum und wozu:* Es kommt in Organisationen oft vor, dass man nicht mehr weiss, warum man etwas so und nicht anders entschieden hat. Häufig sind frühere Entscheidungen durch Personalwechsel nicht mehr nachvollziehbar, aber immer noch gültig. Wichtige Prozesse, Ziele und Entscheidungen wurden nicht dokumentiert und nicht miteinander vernetzt; es ist nicht mehr herleitbar, wie und warum sie zustande gekommen sind. Mit Hilfe von Netmapping entsteht ein gemeinsames Verständnis im Management. Es werden Zusammenhänge hergestellt, nachvollziehbar und erklärbar gemacht sowie in visuell einprägsamer Form dokumentiert. Es lässt sich sowohl nach innen (unten und oben) und aussen kommunizieren als auch rückwirkend eruieren, aus welchen Gründen bestimmte Entscheidungen getroffen wurden und deshalb Sinn machen. Oft folgt darauf ein Aha-Effekt: «Die Zusammenhänge sind ja ganz einfach und logisch, warum haben wir das bisher nicht gesehen?»

Es gibt *Klarheit* und verschafft *Sicherheit,* wenn man die Zusammenhänge zwischen Faktoren im Unternehmenssystem kennt, anstatt nur Ausschnitte und Details wahrzunehmen und das Zusammenspiel der verschiedenen Funktionsbereiche nur rudimentär zu begreifen. Klarheit und Sicherheit im Denken und Handeln können durch Anwendung von Netmapping erzeugt werden und haben zur Folge, dass Ziele eindeutig definiert und durch zielführende Aktionen auch tatsächlich erreicht werden: Von der Vision bis zur Aktion gibt es eine durchgehende und stringente Methode, die flexibel ist und sich Veränderungen jederzeit anpassen kann.

Qualitativer Nutzen

In den gerade beschriebenen Fällen steht der *qualitative* Nutzen im Vordergrund: Es geht meist nicht direkt um die Erreichung materieller oder finanzieller Ziele, um mehr Umsatz oder Gewinn, sondern in einem ersten Schritt um qualitative Aspekte der Zusammenarbeit, die bewertbar, aber meist nicht unmittelbar messbar sind. Komplexe Zusammenhänge bestehen überwiegend aus qualitativen Faktoren. Und das Erreichen qualitativer Ziele trägt «erfolgslogisch» zum Erreichen quantitativer Ziele bei (vgl. die Erfolgslogiken in Kapitel 5 und 8). Mit Hilfe von Netmapping können quantitative und qualitative Ziele und zielorientierte Massnahmen kongruent zusammengefügt werden.

| 4.2.2 | **Anwendungsfelder** |

Das Anwendungsfeld der Methode ist sehr breit: Sie eignet sich ebenso für Unternehmen wie für Verbände oder die öffentliche Hand. Sie kann sogar auf Gruppen und Einzelpersonen angewendet werden. Sie lässt sich bei unternehmerischen wie auch bei politischen und gesellschaftlichen Fragestellungen einsetzen. Immer steht das erfolgreiche Management eines komplexen Systems im Zentrum: Welche Zusammenhänge müssen wir beachten? Welche Ziele wollen wir verfolgen? Welche Hebel stehen zur Verfügung? Welche externen Einflüsse sind zu beachten?

Unternehmerische Fragestellungen

Am häufigsten wird Netmapping auf folgende Fragestellung angewandt: «Welche Zusammenhänge und Spannungsfelder müssen wir für den langfristigen Erfolg beachten?» In den letzten Jahren wurde diese strategische Frage unter anderem mit folgenden Partnern aus den verschiedensten Branchen bearbeitet: einer Schweizer Schuhhandelsfirma, einer Verlagsdruckerei, Geschäftsleitern und Verwaltungsräten von Regionalbanken, einem international bekannten Kultur- und Kongresszentrum, einer international in den Bereichen Messe-, Tribünen- und Gerüstbau tätigen Firma, einer Groundhandling Company an einem Flughafen, einem Berufsverband, dem Personalbereich einer Grossbank, der IT-Abteilung einer Versicherung, einer Rehabilitationsklinik, einer im exklusiven Bereich tätigen Modefirma, der Weiterbildungsinstitution einer führenden europäischen Universität, dem Bereich Personal Computer einer weltweit tätigen Computerfirma, Key Account Managern einer anderen weltweit tätigen Computerfirma, einer Landesgesellschaft des weltweit führenden Anbieters der Leuchtmittelbranche und einem metallverarbeitenden Gewerbebetrieb.

Dabei ging es nicht darum, herkömmliche Managementinstrumente zu ersetzen, sondern eine ganzheitliche Sichtweise zu fördern. So werden beispielsweise Zusammenhänge besser erkannt und konkretere, umsetzbarere Eingriffe des Managements abgeleitet.

Netmapping eignet sich als Methode auch ausgezeichnet, um neue, vorerst noch abstrakte Managementkonzepte zu verstehen und die Möglichkeiten der Umsetzung im Unternehmen zu analysieren. Beispiele für die erfolgreiche Einführung folgender Konzepte und Instrumente sind:

- strategische und operative Planung
- strategisches Controlling
- Total Quality Management
- Früherkennung
- Wissensmanagement
- Balanced Scorecard
- Employability (Arbeitsmarktfähigkeit)
- Mitunternehmertum
- Projektmanagement
- Prozessmanagement

Politische und gesellschaftliche Fragestellungen

Netmapping wurde mehrfach für Institutionen der öffentlichen Hand eingesetzt. Sie zeichnen sich – ebenso wie Nonprofit-Organisationen und soziale Institutionen – dadurch aus, dass sie gleichzeitig vielfältige Ziele berücksichtigen müssen, die oft widersprüchlich sind. Der Einsatz der Methode hat sich in diesem Umfeld als sehr wertvoll erwiesen.

Besonders geeignet ist Netmapping auch dort, wo es um Kooperation zwischen verschiedenen Aufgabenträgern geht. Als Beispiel sei das Management einer Agglomeration, das heisst, das Zusammenwirken einer Kernstadt mit den umliegenden Gemeinden, genannt. Ein weiteres Anwendungsfeld ist das Management von Ökosystemen (zum Beispiel Sanierung eines «umgekippten» Sees).

Persönliche, individuelle Fragestellungen

Auf den ersten Blick erscheinen individuelle Fragestellungen als zu wenig komplex, weil nur der Einzelne betroffen ist. Auf den zweiten Blick wird schnell klar, dass erfolgreiches Selbstmanagement aber ebenso eine komplexe Frage ist. Themen wie berufliche Karriere, Life-Work-Balance, Burn-out oder Suchtmittelprävention rufen geradezu nach ganzheitlichen Lösungsansätzen. Immer wieder geht es darum, die gleichen zentralen Fragen zu klären: Welche Zusammenhänge muss ich beachten? Welche Ziele verfolge ich? Welche Hebel stehen mir zur Verfügung? Welche externen Einflüsse muss ich berücksichtigen?

| 4.2.3 | Zusammenfassung |

Netmapping ist für Unternehmer, Manager und Teams von Interesse, die

- vor neuen oder riskanten Geschäftsentscheidungen stehen,
- sich mit zukünftigen Entwicklungen gründlich, systematisch und langfristig befassen wollen,
- Mängel im gemeinsamen Verständnis der Erfolgslogik (relevante Zusammenhänge, externe Einflüsse, Ziele und wirksamste Hebel) wahrnehmen,
- unter abteilungsübergreifenden Kommunikationsbarrieren leiden,
- in turbulenten, schnelllebigen Branchen tätig sind,
- nach einem Instrument für das zukunftsorientierte Management komplexer Fragen suchen.

4.3 Die Netmapping-Phasen auf der Zeitachse

Netmapping ist ein Prozess, der über mehrere Phasen verläuft. Während in den vorangegangenen Abschnitten die inhaltlichen Zusammenhänge aufgezeigt wurden, soll Netmapping nachfolgend auf der Zeitachse (vgl. ▶ Abb. 15) dargestellt werden, um diesen Ablauf zu veranschaulichen. In der Praxis können gewisse Phasen auch iterativ-wiederholend durchlaufen werden. Nachfolgend werden die Phasen nochmals kurz erläutert, falls der Leser während der späteren Lektüre hier nachschlagen will.

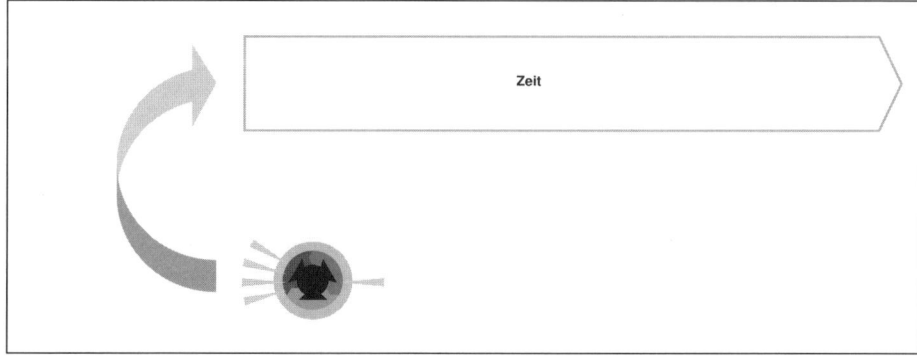

▲ Abb. 15   Netmapping auf der Zeitachse

4.3.1 | 1. Phase «Erfolgslogik erstellen»

An erster Stelle des Netmappings steht die Erarbeitung der Erfolgslogik als «Landkarte» einer bestimmten Betrachtungsebene. Die Erfolgslogik ist eine Visualisierung der wichtigsten Zusammenhänge im System in Form von ineinander greifenden Ursache-Wirkungs-Kreisläufen. Sie wird im Team unter Anleitung eines Moderators in einem Workshop erarbeitet. Anschliessend werden die ermittelten Erfolgsfaktoren kategorisiert, indem Erfolgsindikatoren, Hebel und externe Einflüsse identifiziert werden. Gleichzeitig entsteht ein Glossar zu den verwendeten Begriffen (vgl. ▶ Abb. 16).

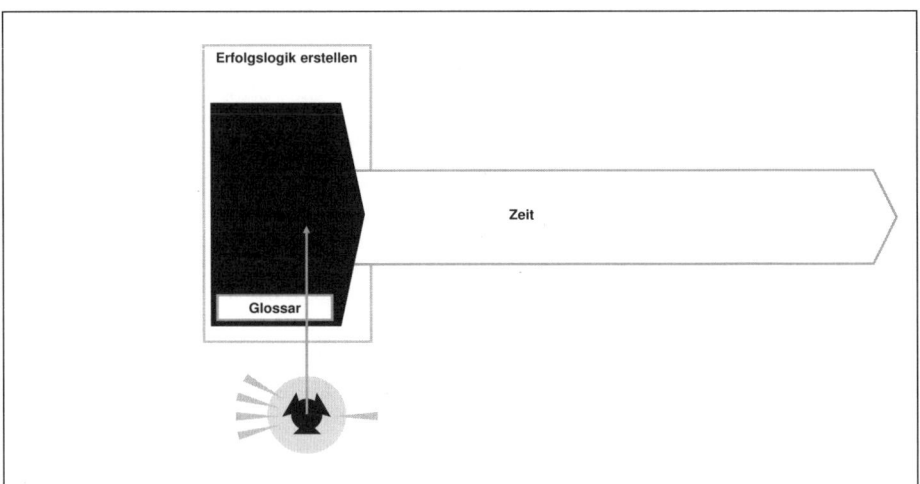

▲ Abb. 16 Netmapping auf der Zeitachse, 1. Phase «Erfolgslogik erstellen»

4.3.2 | 2. Phase «Arbeit mit der Erfolgslogik»

Ist die Erfolgslogik erstellt, werden als nächstes Szenarien für die externen Einflüsse entwickelt. Falls das Team bereits eine klare gemeinsame Vorstellung über die zu erwartenden relevanten Umfeldentwicklungen hat, kann die systematische Erarbeitung der Szenarien entfallen oder später durchgeführt werden. Im sogenannten «Management-Cockpit» werden, aufbauend auf den Szenarien, die Ziele definiert und auf der Basis eines Soll-Ist-Vergleichs mit einer Signalfarbe für den Grad ihrer Erreichung versehen. Anschliessend werden diejenigen Hebel priorisiert, mit denen sich die angestrebten Ziele am effektivsten (wirkungsvollsten) erreichen lassen. Basierend auf einer Stärken-Schwächen-Analyse werden Aktionen (Handlungsanweisungen, Massnahmen und Projekte) abgeleitet sowie Verantwortlichkeiten und Meilensteine festgelegt (vgl. ▶ Abb. 17).

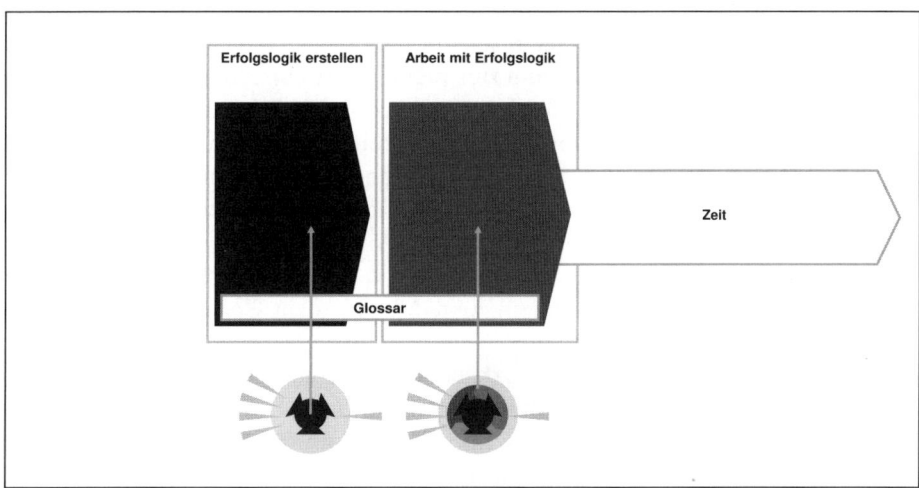

▲ Abb. 17   Netmapping auf der Zeitachse, 2. Phase «Arbeit mit der Erfolgslogik»

Auf diese beiden Phasen folgt die *Umsetzung* der beschlossenen Aktionen (vgl. ▶ Abb. 18).

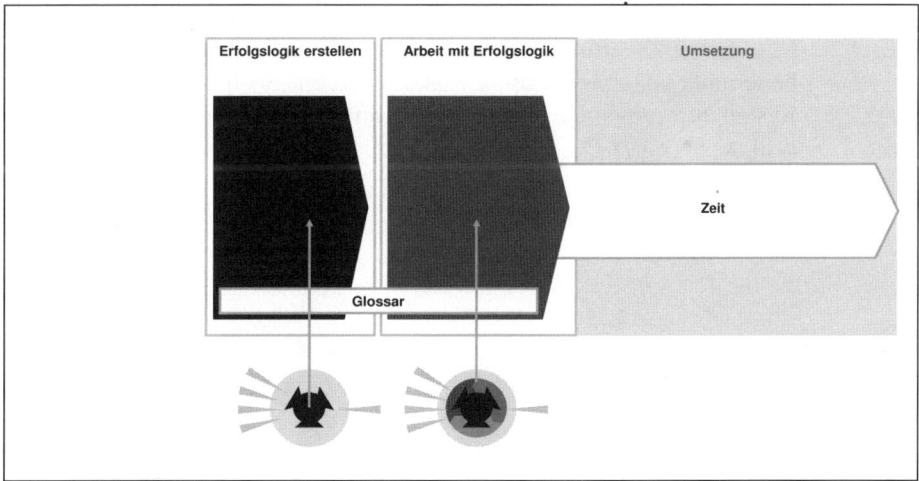

▲ Abb. 18   Netmapping auf der Zeitachse, Umsetzung

4.3.3	3. Phase «Review»

«Dranbleiben» heisst die Devise, denn die abgebildete komplexe Situation kann sich immer wieder verändern. Daher ist ein periodisch stattfindendes Review unerlässlich. Einerseits geschieht dies idealerweise monatlich im Rahmen einer Managementsitzung (zum Beispiel in einer einstündigen Standortbestimmung im Planungsraum, vgl. Abschnitt 6.5) sowie jährlich im Rahmen eines strategischen Controlling-Workshops: Die Zielerreichung wird im Team überprüft und diskutiert, wobei die visuelle Darstellung der Erfolgslogik und des Management-Cockpits hilft, jederzeit den Überblick zu bewahren: Welche Ziele wurden tatsächlich erreicht? Welche Szenarien sind eingetroffen? Wo müssen bei den Massnahmen Korrekturen vorgenommen werden? Im jährlichen Workshop wird auch überprüft, ob Erfolgslogik und Management-Cockpit noch auf dem neuesten Stand sind.

Die in regelmässigen Abständen durchgeführten Reviews tragen ausserdem dazu bei, Netmapping in der Organisation und im Team zu verankern, denn jedes Managementinstrument ist nur dann wirkungsvoll, wenn es konsequent angewendet und gepflegt wird. Ein wichtiger Aspekt der Review-Workshops ist das gemeinsame strategische Lernen im Team – periodisch zieht man sich aus dem Alltag zurück und überprüft die Zielerreichung sowie die eigene Einschätzung der relevanten Zusammenhänge und Hebel.

Wichtig ist, dass man nicht aufhört zu fragen.   *Albert Einstein*

Die periodischen Reviews tragen quasi als «Management-Update» dazu bei, die Managementinstrumente methodisch und inhaltlich zu überprüfen und gegebenenfalls anzupassen und zu aktualisieren. So bleiben die einmal erarbeiteten Systemzusammenhänge und Managemententscheide lebendig und stets aktuell (vgl. ▶ Abb. 19).

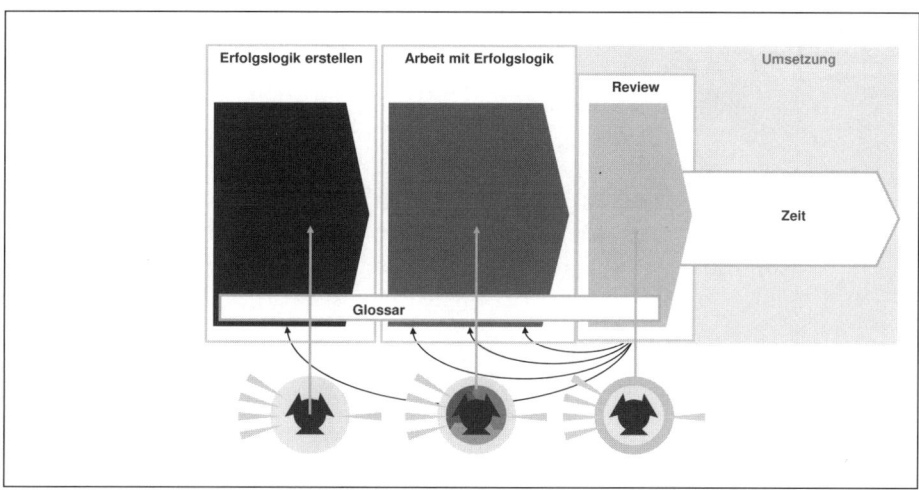

▲ Abb. 19   Netmapping auf der Zeitachse, 3. Phase «Review»

| 4.3.4 | **4. Phase «Managementinstrumente integrieren»** |

Nicht unbedingt erforderlich, aber für Unternehmen und Institutionen, die mit mehreren Managementinstrumenten erarbeiten, empfehlenswert und oft gefordert ist die Integration der verschiedenen Instrumente in ein übergeordnetes Ganzes. Auf der Basis der Erfolgslogik ist es nun möglich, Methoden und Instrumente wie Projektmanagement, Qualitätsmanagement, Früherkennung, Balanced Scorecard ins Netmapping zu integrieren: Es wird deutlich, wo sich gleiche Aussagen in unterschiedlichen Formulierungen oder Daten der verschiedenen Methoden verbergen. Das schafft Klarheit, Einfachheit und spart Ressourcen bei der Einführung, der Pflege und der Nutzung der Instrumente (vgl. ▶ Abb. 20).

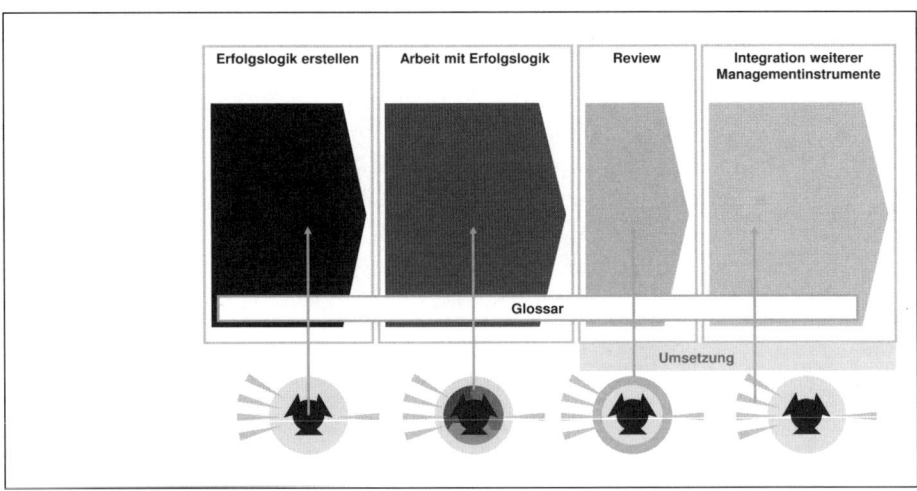

▲ Abb. 20   Netmapping auf der Zeitachse, 4. Phase «Integration weiterer Managementinstrumente»

| 4.3.5 | Gesamtzusammenhang inklusive Auslöser |

▶ Abb. 21 zeigt den Gesamtzusammenhang inklusive Stichworte zu den einzelnen Phasen und den im Abschnitt 4.2 aufgeführten Auslösern für die Anwendung der Methode Netmapping.

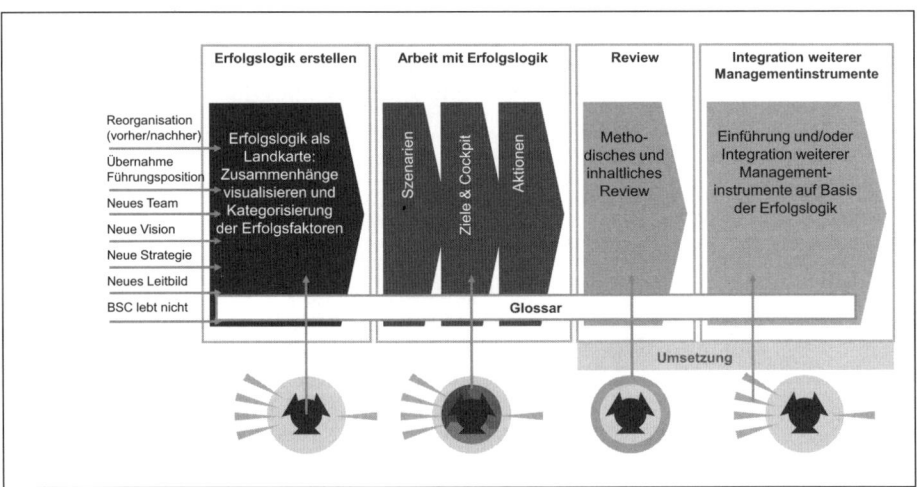

▲ Abb. 21   Netmapping auf der Zeitachse, Gesamtübersicht (vgl. auch Umschlagklappe vorne)

4.3.6	**Netmapping-Workshops**

Die einzelnen Phasen des Netmappings sind Gegenstand von Workshops, die meist von einem unabhängigen, externen und neutralen Moderator geleitet werden. Denn wenn ein Betriebsangehöriger diese Funktion übernimmt, ist er doppelt gefordert: Einerseits ist er Moderator des Prozesses und andererseits inhaltlich in die komplexe Fragestellung involviert. Diesen Spagat zu schaffen, ist meist nicht möglich und überfordert ihn ebenso wie die Gruppe. Der externe Moderator bringt ausserdem die methodische Kompetenz und die Erfahrung in der Anwendung der Methode ein und wirkt als zeitlicher wie inhaltlicher «Disziplinator».

Für jede Phase wie auch für das jeweilige Unternehmen oder die Institution wird das Workshop-Konzept auf die spezifischen Bedürfnisse sowie die komplexe Fragestellung und die Betrachtungsebene massgeschneidert. Unter der Voraussetzung, dass die Workshops gut moderiert sowie gründlich vor- und nachbereitet werden, dauert die Erstellung einer Erfolgslogik (1. Phase) im Team in der Regel zwei Tage, ebenso die Entwicklung der Szenarien. Bei den Workshops für die folgenden Phasen ist die Dauer abhängig davon, was an Managementdokumenten schon vorhanden ist.

Es ist sinnvoll, die Workshop-Teilnehmer «interdisziplinär» aus verschiedenen Bereichen und Ebenen zusammenzustellen, um alle Betroffenen zu Beteiligten und die Beteiligten zu Fans zu machen. Je mehr relevante Anspruchsgruppen in den Netmapping-Prozess integriert sind, desto mehr Personen tragen letztlich auch die Entscheidungen und Massnahmen mit! Denn der Prozess der *gemeinsamen* Erarbeitung einer komplexen Problemlösung ist genauso wichtig und wertvoll wie das Ergebnis. Es ist der Teamprozess, der ein gemeinsames Problembewusstsein und einen gleichen Informationsstand bei allen schafft.

Stösst eine neue Person zum Team, empfiehlt es sich, dass sie zuerst in die Methode Netmapping eingeführt wird und der interne Verantwortliche dann den Prozess und die Inhalte mit ihr durchspricht.

4.3.7	**Voraussetzungen für die Anwendung**

Damit Netmapping erfolgreich eingesetzt werden kann, sollten ausserdem folgende Voraussetzungen erfüllt sein:

- Ein interner Promoter sollte sich dafür engagieren und auch dafür sorgen, dass die Aufgaben von einem Workshop zum nächsten erledigt werden.
- Die Teilnehmer benötigen ein Grundverständnis für den Umgang mit Komplexität, das im ersten Workshop «Die Erfolgslogik erstellen» vermittelt wird.

Stossen später im Verlauf der Umsetzung weitere Teilnehmer dazu, ist es wichtig, diese ins Thema Komplexität und in die Methode Netmapping einzuführen.

■ Generell sollte der Wille zum methodischen Arbeiten bestehen; ein «sprunghaftes» oder willkürliches Vorgehen oder auch das Bestreben, einseitige oder eigene Interessen «auf Biegen und Brechen» durchzusetzen, ist dem Prozess abträglich.

■ Damit verbunden ist der Wille zur Transparenz: Es sollte der ausdrückliche Wunsch und die Offenheit bestehen, Vorgänge und komplexe Zusammenhänge durchsichtig zu machen, keine Fakten oder Sachverhalte verschleiern zu wollen oder Angst vor deren Offenlegung haben zu müssen. Ein offenes Betriebsklima ist dabei förderlich.

■ Eine gut entwickelte «Diskussionskultur» inklusive der Bereitschaft zuzuhören, Selbstkritik zu üben, falls erforderlich, und sich zurücknehmen zu können, ist ebenfalls wichtig. Rechthaberei behindert eine ganzheitliche Wahrnehmung komplexer Zusammenhänge.

■ Idealerweise nimmt man sich für die Netmapping-Workshops zwei Tage «Auszeit» und führt sie extern durch, um den nötigen physischen und geistigen Abstand zum operativen Tagesgeschäft zu haben.

Wenn man mir eine Stunde zur Rettung des Planeten gäbe,
würde ich 59 Minuten darauf verwenden, das Problem zu definieren,
und eine Minute, um es zu lösen.   *Albert Einstein*

Ideal, aber nicht unbedingt Voraussetzung, ist es, Netmapping top-down einzuführen, beginnend auf der Geschäftsführungs- oder Vorstandsebene. Es ist jedoch ebenfalls möglich, auf einer beliebigen Ebene zu beginnen, um dann nach und nach weitere Bereiche einzubeziehen, da eine Stärke der Methode in der Ebenen-Fokussierung liegt.

4.3.8	Falsche Erwartungen

Nicht geeignet ist Netmapping, wenn die Methode mit folgenden Erwartungen verbunden wird: Wer eine «endgültige Lösung» oder eine «Musterlösung» sucht, die nicht mehr modifiziert werden muss, oder wer glaubt, durch Netmapping entfalle die sonst notwendige Denkarbeit, der sollte Abstand davon nehmen. Das gilt ebenfalls für diejenigen, die von einem externen Berater isoliert und ohne Einbeziehung des Teams eine Lösung mit «Alibi-Charakter» erwarten – eine Lösung, die nur die eigene Meinung oder Vorstellung von einer Situation bestätigen soll. Denn die Einbeziehung des Teams und seiner verschiedenen Sichtweisen ist eine wichtige Voraussetzung für das ganzheitliche Management einer komplexen Herausforderung.

Wer der Illusion der vollständigen Beherrschbarkeit der Komplexität oder der «Objektivität» einer Lösung erliegt, für den eignet sich Netmapping ebenfalls nicht. Auch eine falsch verstandene «Macher-Mentalität», die zu schnellem Handeln drängt, bevor die komplexen Zusammenhänge verstanden wurden, ist kontraproduktiv.

Derartige Denkhaltungen und Einstellungen sind ohnehin hinderlich für ein erfolgreiches Komplexitätsmanagement (vgl. dazu Abschnitt 3.1), egal ob und welche Methode angewendet wird.

Die reinste Form des Wahnsinns ist es, alles beim Alten zu lassen und gleichzeitig zu hoffen, dass sich etwas ändert.   *Albert Einstein*

4.4   Die Fallstudie Vögele Shoes

Um die Anwendung der Methode Netmapping konkret aufzuzeigen, wurde als durchgehende Fallstudie die Firma Vögele Shoes ausgewählt, welche wie andere Firmen alle Netmapping-Phasen implementiert hat – von der Vision bis zur Aktion.

Vögele Shoes

Der Vertriebskanal Vögele Shoes

Vögele Shoes ist ein Schweizer Familienunternehmen, das sich auf den Einzelhandel mit Schuhen für die ganze Familie spezialisiert hat. Das Unternehmen wurde vor über 80 Jahren gegründet und entwickelte sich aus einer Schuhmacherei in Uznach. Die rasche Erweiterung des Kundenkreises über die Region hinaus führte dazu, dass den Kunden die Schuhe per Post zugesandt wurden. Dies war der Start des Schuhversandes. Daraus entwickelte sich zunächst ein Schuhmode-Geschäft und ab 1960 mit Gründung der Karl Vögele AG ein ausgedehntes Filialnetz mit über 400 Filialen in der Schweiz und in Österreich. Im Vordergrund stehen für das Unternehmen, das heute von Max Manuel Vögele und seinem Managementteam geleitet wird, die Bedürfnisse des Kunden: modische Schuhe mit einem sehr guten Preis-Leistungs-Verhältnis und einer hundertprozentigen Kundenzufriedenheitsgarantie. Die Karl Vögele AG verfügt über drei Vertriebskanäle: *Vögele Shoes,* der bedeutendste Kanal, *MAX* mit besonders modischen Schuhen und *Bingo Schuh-Discount* mit garantiert niedrigen Preisen und gleichzeitig guter Qualität. Die folgenden Ausführungen konzentrieren sich ausschliesslich auf den Kanal Vögele Shoes.

Vögele Shoes (Forts.)

Auslöser für Netmapping

Auslöser für die Anwendung des Netmappings war bei Vögele unter anderem das Bedürfnis, im Management ein gemeinsames Verständnis über die erfolgsrelevanten Zusammenhänge, die grundlegenden Wertvorstellungen, die Entwicklung der Zukunft sowie die langfristigen Ziele und die zur Zielerreichung nötigen Massnahmen herzustellen. Herr Vögele hatte Netmapping in einem überbetrieblichen Workshop kennengelernt und war vom erzielbaren Nutzen fasziniert. Diese Vorteile wollte er auch innerbetrieblich generieren.

Gemeinsames Verständnis

Neben dem Bedürfnis nach einer gemeinsamen Sichtweise gab es weitere Gründe für die Anwendung von Netmapping: Zum Beispiel existierte die Unternehmensstrategie bisher nur «im Kopf» des Unternehmenschefs sowie bruchstückweise in einzelnen Papieren. Die Auffassungen zwischen den Mitgliedern der Geschäftsleitung über sinnvolle Ziele und Massnahmen deckten sich nicht vollständig. Es war schwierig und zeitaufwendig, komplexe Zusammenhänge im Team und an die Mitarbeiter zu kommunizieren. Auch wurden im Rahmen des Controllings vor allem Finanzkennzahlen analysiert und interpretiert, was für die Einschätzung des strategischen Erfolgs unbefriedigend war.

Bereichsübergreifendes Denken und Handeln

Es existierten keine Instrumente, um die Verknüpfungen zwischen den Bereichen Einkauf, Marketing, Personal und Ladengestaltung aufzuzeigen, so dass die Funktionen weitgehend getrennt voneinander agierten. «Es wurde zunehmend bedeutender, Massnahmen miteinander zu verbinden und aufeinander abzustimmen», so Max Bertschinger, Finanzchef der Karl Vögele AG. «Im schnelllebigen und von Wettereinflüssen abhängigen Schuhverkauf, in dem zu 80 bis 90 Prozent Einmalartikel verkauft werden, muss jede operative Entscheidung ‹sitzen›. Man kann es sich nicht mehr erlauben, aus dem Bauch heraus Ad-hoc-Entscheidungen zu treffen und Probleme ‹irgendwie› zu lösen. Im Kontext von Produkt, Preis, Auftritt, Personal und Ladengestaltung müssen wir uns im Tagesgeschäft der Zusammenhänge bewusst sein, damit die Funktionsbereiche aufeinander abgestimmt agieren können. Fehler kann man sich nicht erlauben, zumal die Schuhbranche wie andere Branchen auch unter Überkapazitäten und Marktverdrängung leidet. Wir müssen in der Lage sein, uns schnell und gezielt auf wechselnde Kundenbedürfnisse einzustellen, anstatt durch ‹Versuch und Irrtum› verschiedene mögliche Massnahmen erst durchzuprobieren, bis sich der gewünschte Erfolg einstellt.»

Einbezug der erweiterten Geschäftsleitung

Ein zusätzlicher Auslöser führte zu dem Wunsch nach Veränderung: In die Geschäftsleitungsebene sollten in Zukunft weitere Mitarbeiter einbezogen werden, die nicht zur Familie Vögele gehören. Voraussetzung dafür war, dass die erweiterte Geschäftsleitung den gleichen Informationsstand hatte und Klarheit bestand über die Zusammenhänge, Werte, Ziele und über notwendige Massnahmen zu deren Umsetzung.

4.5 Vision, Mission, Werte und Leitbild

*Wenn du ein Schiff bauen willst, so trommle nicht die Männer zusammen,
um Holz zu beschaffen, Werkzeuge vorzubereiten und Aufgaben zu vergeben,
sondern lehre sie die Sehnsucht nach dem endlosen Meer.*

Antoine de Saint-Exupéry

Eine Herausforderung komplexer Art sollte abgestimmt mit der Vision, der Mission und den Werten des Managements angegangen werden. Sind diese nicht vorhanden, nicht passend oder nicht aktuell, so empfiehlt es sich, die Vision, die Mission und die Werte des Managements zu klären. Dies sollte idealerweise vor der Erstellung der Erfolgslogik geschehen, kann aber auch im Verlaufe des Prozesses erfolgen.

Vision und Mission gehören zu den Grundlagen der langfristigen Ausrichtung eines Systems. Sie fassen in Worte, welche Ideen das Unternehmen oder die Institution antreiben und welche Aufgaben man sich dabei vornimmt. Zusammen mit einer unternehmensspezifischen Wertedefinition entsteht das Unternehmensleitbild. In diesem Sinne sind Vision und Mission Orientierungshilfe und Identifikationsgrösse für die Mitglieder einer Organisation.

In der Praxis werden die Begriffe rund um Vision und Mission häufig unterschiedlich, teilweise sogar widersprüchlich, belegt und benutzt. Dies liegt sicherlich am Fehlen einer allgemein akzeptierten Definition einerseits und an unterschiedlichen Lehrmeinungen andererseits. Um Klarheit über Sinn und Zweck von Vision und Mission zu erhalten, soll nachfolgend aufgezeigt werden, auf welche Fragen sie Antworten liefern können.

4.5.1 Vision

Traditionellerweise wurden Unternehmen durch Gründerfiguren und Familien geprägt. Ihnen kam häufig die identitätsstiftende Aufgabe zu, weil sie selbst einer eigenen Idee oder Vision folgten und diese mit ihrem Tun und Handeln tagtäglich den eigenen Mitarbeitern vorlebten. Henry Ford, Ferdinand Porsche oder Max Grundig sind Beispiele solcher Vorbilder, deren Visionen und Eigenheiten sich zeitlebens auswirkten und damit selbst zu eigentlichen Unternehmensmarken geworden sind. In der Schweiz sind es Namen wie zum Beispiel Vögele, Julius Bär, Walter Reist, Rino Weder, Kambly, Nüssli oder die Gebrüder Freitag. Die Gründerfamilien setzen sich nachhaltig für die Profilierung des Unternehmens sowie die konsequente Umsetzung des Markenversprechens ein und sorgen dadurch für eine hohe Glaubwürdigkeit.

Gründer glauben an eine grosse Idee, die es zu verwirklichen gilt. Henry Fords Vision war es, dass vor jedem amerikanischen Haus ein Auto steht. Seine Mission war es, Produktionsprozesse zu etablieren, die es ermöglichten, ein Auto in Serie und dadurch aussergewöhnlich preiswert zu produzieren.

In vielen Fällen begegnen wir natürlich der Situation, dass sich Unternehmen und Organisationen von den ursprünglichen Wurzeln gelöst haben oder eine Unternehmensleitung die Führung innehat, die eigene Ideen und Vorstellungen umsetzen will. Auch bei Fusionen, Generationen- und Inhaberwechsel ist es entscheidend, eine gemeinsam akzeptierte Zukunftsperspektive zu schaffen.

Die Vision macht also die ursprüngliche oder in der Zwischenzeit gewandelte «Gründeridee» quasi als Konzentrat deutlich, nachvollziehbar und kommunizierbar, im Sinne eines allgemeingültigen Bildes.

Inspiriert von den Ansätzen des Markenmanagements bei Interbrand[1] wird in diesem Buch unter einer Vision folgendes verstanden:

Die Vision einer Unternehmung oder einer Institution beschreibt das Weltbild, an das sie glaubt und in dem sie lebt oder gerne leben würde.

Eine Vision sollte

- *sinnstiftend* für den Einzelnen sowie die betrachtete Organisationseinheit wirken,
- *motivierend* sein, also das entworfene Zukunftsbild als für alle erstrebenswert herausheben, und
- *handlungsleitend* wirken, also dazu beitragen, Ziele und Aktionen sowohl der Einzelnen als auch des ganzen Unternehmens sinnvoll in eine Richtung zu koordinieren.

Sie enthält noch keine konkreten Ziele, sondern soll Basis für das Finden konkreter Ziele und Aktionen sein.

Visionen können im Laufe der Zeit obsolet werden, nämlich dann, wenn die angestrebte Zukunft erreicht wurde bzw. wenn sich das Weltbild erfüllt hat. Ist die «neue Wirklichkeit» eingetreten, so gilt es, eine neue Vision zu entwickeln, um sich gemeinsam auf ein neues zentrales Ziel auszurichten. Das «Verfallsdatum» von Visionen lässt sich nicht vorausplanen oder vorhersagen: Manche Organisationen brauchen Jahrzehnte, um ihre Vision zu erfüllen, andere wiederum – zum Beispiel in der kurzlebigen IT-Branche – haben in wenigen Jahren ihre Vision erfüllt und entwickeln dann eine neue.

---

1   Vgl. Interbrand, Zintzmeyer und Lux *(www.interbrand.com)*.

| 4.5.2 | **Mission** |

Die Mission eines Unternehmens oder einer Institution formuliert die konkrete Aufgabe, die es zu erfüllen gilt. Wiederum in Anlehnung an die Markenwelt könnte Mission folgendermassen definiert werden:

Die Mission beschreibt die Rolle einer Unternehmung oder einer Institution, welche sie im selbstdefinierten Weltbild einnimmt.

Die Mission wird häufig mit der Vision verwechselt. Es ist jedoch sinnvoll, beide zu differenzieren. Während in der Vision eine erstrebenswerte Zukunft formuliert wird, beschreibt die Mission die «andauernden Gründe» für das Vorhandensein einer Organisation und ist nicht an einen spezifischen Zeitrahmen gebunden. Grundlage für die Formulierung einer Mission kann auch der *Auftrag* sein, den eine Institution oder eine Abteilung von einer übergeordneten Stelle erhalten hat (vgl. dazu zum Beispiel den Auftrag der Abteilung Gefahrenprävention im Bundesamt für Umwelt, Abschnitt 8.3).

Vögele Shoes

Die Vision und Mission von Vögele Shoes flossen und fliessen in die Formulierung von Zielen und Massnahmen ein; so zum Beispiel auch in die internen und externen Kommunikationsmassnahmen.

Die Vision und die Mission werden nach innen, aber in manchen Institutionen bewusst nicht nach aussen kommuniziert – so auch bei Vögele Shoes. Vielmehr sollen die verschiedenen Anspruchsgruppen anhand des Verhaltens der Institution die Vision und Mission erleben.

| 4.5.3 | **Werte** |

Für Menschen wie auch Unternehmen ist es hilfreich zu wissen, welche innere Haltung die Ziele und Massnahmen leiten sollen. Dazu werden die Wertvorstellungen des Unternehmers bzw. des Managements explizit festgehalten.

Werte haben für ein Unternehmen erst dann wegleitende Wirkung, wenn sie unternehmensspezifisch und profilierend für dieses *eine* Unternehmen geschaffen werden. Sie werden dann zu einem wertvollen und strategischen Führungsinstrument.

| 4.5.4 | **Leitbild** |

Damit die Werte auch ihre wegleitende Wirkung entfalten können, lohnt es sich, diese in einem Leitbild festzuhalten. Das erleichtert sowohl die interne wie die externe Kommunikation. Viele Unternehmen und Institutionen veröffentlichen sogar ihr Leitbild. Eine wertebasierte Haltung und Kommunikation ist dann deutlich mehr als rein kosmetische Imagepflege. Das Leitbild kann um die Vision und die Mission ergänzt werden.

Es ist in jedem Fall sinnvoll, ein Leitbild *schriftlich* zu formulieren, anstatt es bei einer unpräzisen Vorstellung, die nur in den Köpfen existiert, zu belassen. Häufig sind solche Vorstellungen dann nämlich ausschliesslich im Bewusstsein des Unternehmers und bestenfalls des Managements präsent, während sie bei den Mitarbeitern wie auch in den unterschiedlichen Unternehmensbereichen und -ebenen nur diffus vorhanden sind. Ein schriftlich fixiertes Leitbild erfüllt folgende Funktionen:

- Es dient der *Orientierung:* Es hat leitenden Charakter und erfüllt bei allen Mitarbeitern die Funktion eines Kompasses zur Ausrichtung des Verhaltens.
- Es dient als *Legitimation:* Es ermöglicht, bestimmte Entscheidungen zu rechtfertigen, indem man Begründungszusammenhänge aufzeigt. Nach aussen dient es als Kommunikationswerkzeug.
- Es dient der *Motivation:* Mitarbeitern hilft es, sich mit dem Unternehmen oder der Institution zu identifizieren. Es macht klar, welches der «Motor» der Geschäftsentwicklung ist.

Vögele Shoes

Da in der Vergangenheit in der Geschäftsleitung keine explizite und systematische Diskussion der Wertvorstellungen stattgefunden hatte, wurden diese in einem Workshop geklärt und in einem Leitbild festgehalten. Ermittelt wurden kunden-, mitarbeiter-, eigner-, partner- und gesellschaftsbezogene Werte. Für jeden Wert wurde festgehalten, ob er im Vergleich zu Mitbewerbern als weniger wichtig, gleich wichtig oder wichtiger angesehen wurde, so dass ein Werteprofil entstand. Daraus wurde ein schriftlich fixiertes Leitbild abgeleitet. Hier einige Auszüge daraus:

Kundenbezogene Werte

1. *Aktualität:* Es ist uns wichtig, aktuelle Schuhe anzubieten, das heisst, unsere Schuhe werden den laufenden Bedürfnistrends gerecht.
2. *Preis:* Es ist uns wichtig, preiswerte Schuhe in angemessener Qualität anzubieten.
3. *Angebotsbreite:* Es ist uns wichtig, ein breites Angebot für breite Bevölkerungsschichten zu bieten.
4. *Einkaufserlebnis:* Es ist uns wichtig, dass die Kunden bei uns ein positives Einkaufserlebnis haben.
5. *Kulanz:* Es ist uns wichtig, kulant und grosszügig zu sein.

Vögele Shoes (Forts.)

Mitarbeiterbezogene Werte

1. *Professionalität:* Es ist uns wichtig, dass wir unsere Arbeit professionell verrichten.
2. *Spass:* Es ist uns wichtig, dass uns unsere Arbeit Spass macht.
3. *Arbeitsbedingungen:* Es ist uns wichtig, dass wir unseren Mitarbeiterinnen und Mitarbeitern marktkonforme Arbeitsbedingungen bieten.
4. *Arbeitsplatzsicherheit:* Es ist uns wichtig, dass wir unseren Mitarbeiterinnen und Mitarbeitern sichere Arbeitsplätze bieten.

| 4.5.5 | Chancen von Vision, Mission und klaren Werten |

Gut formulierte Visionen, Missionen und Werte

- begeistern und stärken den Gemeinschaftssinn der Organisation,
- beugen Kommunikationsproblemen vor,
- stellen eine annehmbare Herausforderung dar, die nicht zu hoch, aber auch nicht zu tief gesteckt ist, und
- dienen als Entscheidungs- und Handlungsgrundlage für den weiteren Netmapping-Prozess.

Sind Vision, Mission und Werte geklärt, ist das eine hervorragende Basis für Netmapping. Sind diese nicht klar oder nicht aktuell, so empfiehlt es sich, sie spätestens nach der Erstellung der Erfolgslogik neu zu formulieren.

4.6   Nutzen der Methode Netmapping

Einzelne Aspekte des Nutzens der Methode Netmapping wurden bereits angesprochen. Nachfolgend eine Übersicht, welcher Nutzen auf dem Weg von der Vision zur Aktion generiert werden kann (vgl. ▶ Abb. 22).

Nutzen im Hinblick auf die komplexe Fragestellung

- Die komplexe Fragestellung wird in ihrer Gesamtheit visualisiert und ganzheitlich unter Einbeziehung aller Beteiligten erfasst;
- der komplexe Zusammenhang wird transparent und in seiner Vielschichtigkeit dargestellt;
- das Vorgehen ist strukturiert und stringent;
- Netmapping ist modulartig anwendbar;

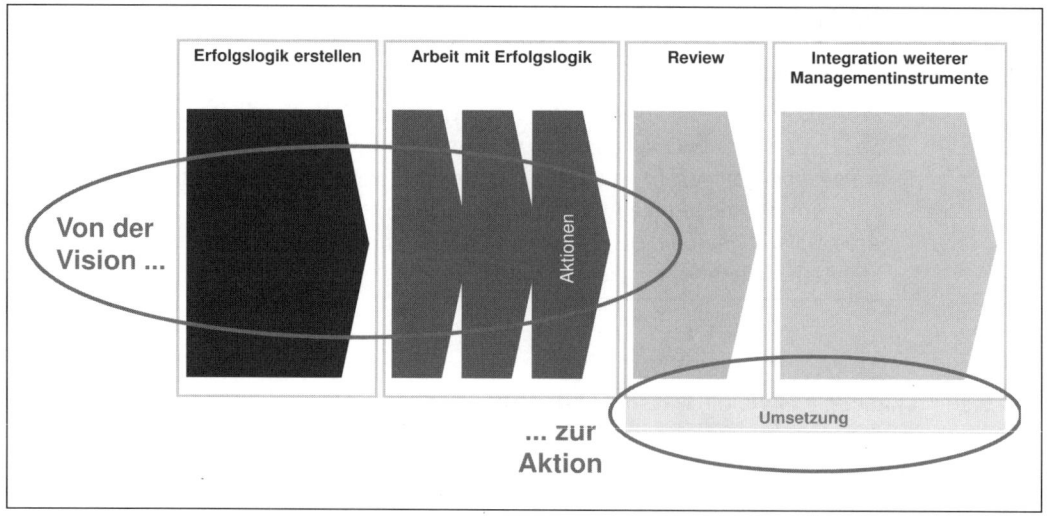

▲ Abb. 22   Durchgängigkeit der Methode Netmapping – von der Vision zur Aktion

- die Visualisierung in Form der Erfolgslogik schafft eine übersichtliche «Landkarte» für die weitere Arbeit;
- die Szenarien für die externen Einflüsse schaffen mehr Sicherheit über wahrscheinliche Trends und sind Basis für eine realistische Zielfindung;
- Konflikte zwischen verschiedenen Zielen werden erkannt und können verringert werden, anstatt dass einzelne Ziele maximiert werden;
- quantitative *und* qualitative Ziele werden bestimmt und bewertbar;
- es wird klar herausgearbeitet, welche Faktoren lenkbar bzw. steuerbar sind und welche nicht;
- der Hebel wird dadurch an der richtigen Stelle eingesetzt, somit werden Mittel und Kräfte auf den wirkungsvollsten Punkt gebündelt und Verzettelung wird vermieden;
- das Glossar unterstützt das gemeinsame Verständnis, eine gemeinsame Sprache im Managementteam sowie die Kommunikation mit Dritten;
- die Methode Netmapping ist anpassungsfähig an neue Gegebenheiten und Veränderungen im zeitlichen Ablauf;
- die kurzfristigen (zum Beispiel monatlichen) und langfristigen (zum Beispiel jährlichen) Reviews erhöhen die Effektivität und Effizienz im Managementteam.

Nutzen im Hinblick auf das soziale Miteinander

- Das Team einigt sich auf ein gemeinsames Verständnis und eine einheitliche Interpretation;
- kritische Fakten und Probleme werden durch die gemeinsam erarbeitete Sichtweise «ent-emotionalisiert»;
- Kommunikationsbarrieren, Missverständnisse und Reibungsverluste werden abgebaut, Vorwürfen und Schuldzuweisungen wird der Wind aus den Segeln genommen;
- eine Gruppe wird zum «lernenden Team», das sich und seine Aktionen (Massnahmen, Projekte und Handlungsanweisungen) im Verlauf der Anwendung der Methode Netmapping weiterentwickelt.

Persönlicher Nutzen für den Einzelnen

- Der Einzelne kann Zusammenhänge erkennen, diskutieren, hinterfragen und eine «Helikoptersicht» einnehmen;
- er kann über Dinge reden, die er sonst vielleicht nicht thematisieren könnte, und dadurch Entlastung finden;
- er gewinnt Sicherheit, ohne sich auf Scheinsicherheiten zu verlassen; er lernt, Unsicherheit als Begleiter zu akzeptieren und aktiv damit umzugehen;
- er vermittelt Kompetenz nach aussen und wird als kompetente Führungsperson wahrgenommen;
- er verbessert seine Fähigkeit, mit Komplexität umzugehen;
- er versteht Wirkungszusammenhänge und gewinnt Sicherheit und Systematik beim Analysieren von Zusammenhängen, bei der Szenarioarbeit, beim Ziele-Setzen und beim Ableiten von Massnahmen;
- durch die Erkenntnis zukünftiger Entwicklungen sieht er eigene Handlungsalternativen, um mit der Zukunft umzugehen.

Man muss die Welt nicht verstehen,
man muss sich nur darin zurechtfinden.   *Albert Einstein*

Nutzen für das Unternehmen oder die Institution

- Die für den Erfolg relevanten komplexen Zusammenhänge und Ursache-Wirkungs-Beziehungen werden erkannt und in die Entscheidungen einbezogen;
- es besteht Klarheit über Ziele, Massnahmen und Projekte sowie über das, was sie bewirken oder nicht bewirken;
- es wird eindeutig, wo sich der Hebel ansetzen lässt;
- das System ist strategischen Anforderungen noch besser gewachsen, auch im Hinblick auf Veränderungen in der zeitlichen Dynamik;
- die operative Ebene wird mit strategischen Anforderungen in Einklang gebracht;

- es besteht zu jeder Zeit Klarheit, wo das Unternehmen steht und inwieweit bestehende Ziele erreicht wurden;
- verschiedene Managementinstrumente werden sinnvoll in ein Ganzes integriert und angepasst oder eliminiert, falls sie redundant sind;
- das Management wird professioneller;
- das Controlling wird erleichtert;
- der Zeitaufwand wird reduziert.

Ein vielleicht zu Beginn eher langsamer, aber dafür gut durchdachter *Entscheidungsprozess* führt zu einem schnellen Umsetzungsprozess. Ein schneller Entscheidungsprozess ergibt häufig einen gequälten *Umsetzungsprozess*, da wir uns die Zeit für *Aushandlungsprozesse* nicht nehmen.

Es soll hier keinesfalls der Eindruck entstehen, die Methode Netmapping sei eine Art «Universalmethode» oder «Patentrezept», die sich für alles eignet. Ihre spezielle Stärke kommt bei der Bearbeitung *komplexer* Fragen zum Tragen. Es wäre frustrierend, sie auf komplizierte oder sogar einfache Fragen anzuwenden, denn dafür gibt es bessere Managementwerkzeuge (vgl. Kapitel 2).

In den folgenden Teilen des Buches werden die Phasen der Methode im Einzelnen vorgestellt und erläutert. Zunächst wird die Idee der jeweiligen Phase vorgestellt, dann das Vorgehen bei der Erarbeitung. Die Fallstudie der Schweizer Schuhhandelsfirma Vögele Shoes sowie einige andere Unternehmensbeispiele veranschaulichen die einzelnen Schritte und die komplexen Zusammenhänge. Zuletzt werden der Nutzen der jeweiligen Phase erläutert und die einzelnen Anwendungsschritte zusammengefasst.

Als Markenagentur begleiteten wir mehrere Redesigns des Internetportals t-online.de in konzeptioneller und gestalterischer Hinsicht. Das Portal wird jeden Monat von über 13 Millionen verschiedenen Besuchern frequentiert, die weit über 2 Milliarden Seiten abrufen. Entsprechend gross ist die Herausforderung, die vielfältigen und stets wachsenden Anforderungen dieses Kunden unter einen Hut zu bringen. Der Nutzer erwartet eine spannende Vielfalt und gleichzeitig effiziente Information, der Vermarkter wünscht möglichst viele Werbeplätze und eine gezielte Traffic-Steuerung, der Produktverantwortliche will seine Angebote und Services verkaufen, und der Online-Redakteur fordert redaktionelle Autonomie, um inhaltliche Tiefe und Kompetenz zu vermitteln etc. Das Gesamtbild und Bewusstsein über die Einflussfaktoren und Abhängigkeiten im Portal fehlte. Dies veranlasste uns, die Entwicklung einer Erfolgslogik zur Startseite anzustossen. An zwei jeweils zweitägigen Workshops wurden mit unterschiedlichen Vertretern der Kundenseite Erfolgslogiken für die Startseite t-online.de erarbeitet. Uns als Agentur gab dies die Möglichkeit, die unterschiedlichen Sichtweisen besser zu verstehen. Die Vernetzung der einzelnen Aspekte schaffte im Team ein gemeinsames Problembewusstsein und beschleunigte den Entscheidungs- und Abstimmungsprozess massgeblich.

Dominique Haussener, Senior Berater und Unitleiter,
Interbrand Zintzmeyer & Lux

Teil II

Netmapping in der Praxis

5
Die Erfolgslogik als Management-Landkarte erstellen

Orientierung in unbekannten Gewässern

Wie orientierte sich Kolumbus mit seiner Segelflotte in unbekannten Gewässern? Er nutzte vorhandene Seekarten und ergänzte sie oder zeichnete neue aufgrund seiner praktischen Erfahrung mit den realen Verhältnissen. Da ein Managementteam seine «Seekarte» (Erfolgslogik) nicht im Buchhandel kaufen kann, wird im Folgenden aufgezeigt, wie die Erfolgslogik Schritt für Schritt entwickelt werden kann.

5.1	Komplexe Fragestellung formulieren und Betrachtungsebene festlegen
5.1.1	Betrachtungsebene als «Flughöhe»

Im Zentrum des Netmappings steht die komplexe Fragestellung. Sie muss als erstes formuliert werden, damit die Methode überhaupt angewendet werden kann. Wichtig ist auch die Wahl der «Flughöhe», das heisst der relevanten Betrachtungsebene, die gleichzeitig festgelegt wird. ▶ Abb. 23 zeigt unterschiedliche Ebenen auf.

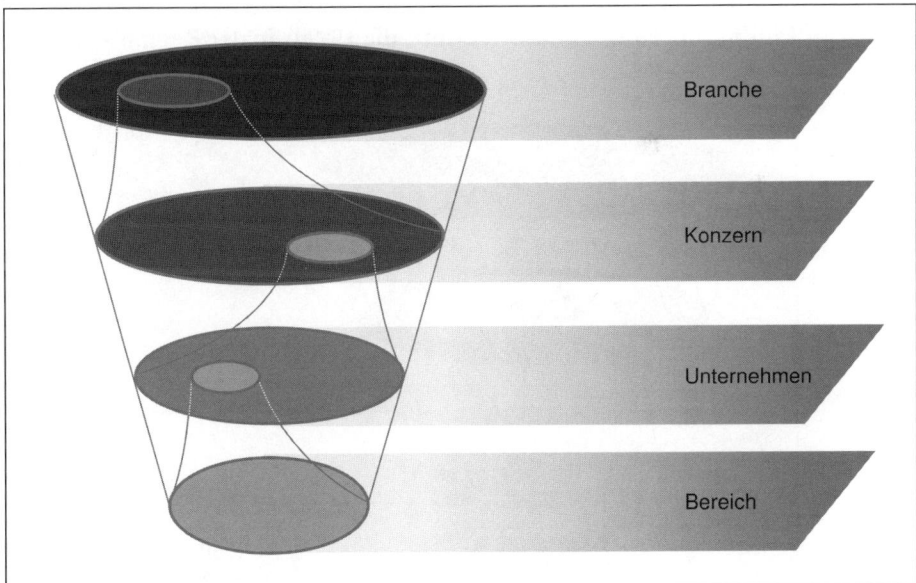

Branche

Konzern

Unternehmen

Bereich

▲ Abb. 23   Mögliche Betrachtungsebenen

Erfolgslogik erstellen

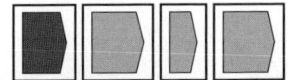

| 5.1.2 | **Kartenmassstab als Metapher** |

Die Wahl der Betrachtungsebene ist vergleichbar mit der Wahl des Massstabs von See- oder Landkarten. Für die Planung einer Atlantiküberquerung wählen wir zuerst eine Übersichtskarte mit einem kleinen Massstab. Auf diesem so genannten Übersegler sieht man die Westküsten Mitteleuropas und Afrikas sowie die Karibischen Inseln und die Ostküste Amerikas, dazwischen den Atlantik. Diese Karte dient der Festlegung des grossräumigen Kurses zum Beispiel von Ost nach West, also für die grobe Orientierung. Der Generalkurs wird in einzelne Etappen gegliedert. Für die genauere Bestimmung der Etappenkurse je nach kleinräumigen Wetter- und Strömungsverhältnissen dienen entsprechende Detailkarten mit einem grösseren Massstab.

Auch Systeme können in verschiedenen «Massstäben» betrachten werden, wodurch sich die Betrachtungsebenen ergeben, zum Beispiel die Ebene des Gesamtunternehmens, einer einzelnen Geschäfteinheit oder eines darunter liegenden Funktionsbereiches. Einem Konzern als übergeordnete Ebene gehören verschiedene Firmen an. Unterhalb der Einzelfirmen wiederum können Ebenen wie Einkauf, Produktion, Logistik als Funktionsbereiche ausgemacht werden. Eine weitere Möglichkeit, Ebenen zu definieren, besteht darin, nach Regionen zu differenzieren: die Hotels einer Hotelkette weltweit, die Hotels der Kette in Europa, die Hotels in der Schweiz, die Hotels in der Region Zürich usw.

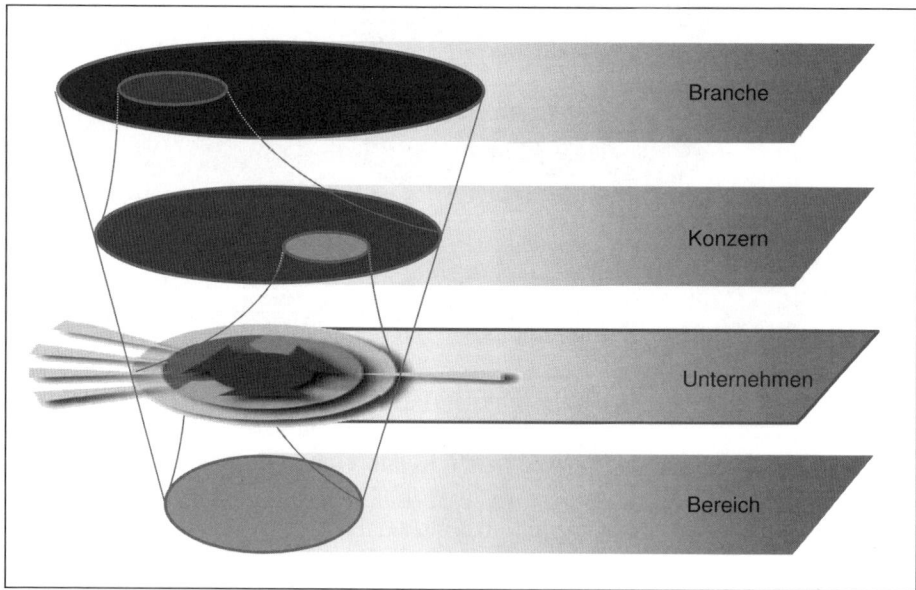

▲ Abb. 24   Die Auswahl der Betrachtungsebene («Flughöhe») fürs Netmapping

Aus den möglichen Betrachtungsebenen wird diejenige identifiziert, auf welche in der Folge Netmapping angewendet werden soll (vgl. ◄ Abb. 24).

Vögele Shoes

Die komplexe Fragestellung, die im Folgenden bearbeitet wird, lautet: «Welche Zusammenhänge müssen wir für den langfristigen Erfolg des Vertriebskanals Vögele Shoes beachten?» Die Karl Vögele AG hat drei Vertriebskanäle, von denen Vögele Shoes als Betrachtungsebene ausgewählt wurde. Eine untergeordnete Ebene ist zum Beispiel der Erfolg des Vertriebskanals Vögele Shoes in der Schweiz, und darunter wiederum die Ebene einer einzelnen Filiale in der Schweiz (vgl. ▶ Abb. 25).

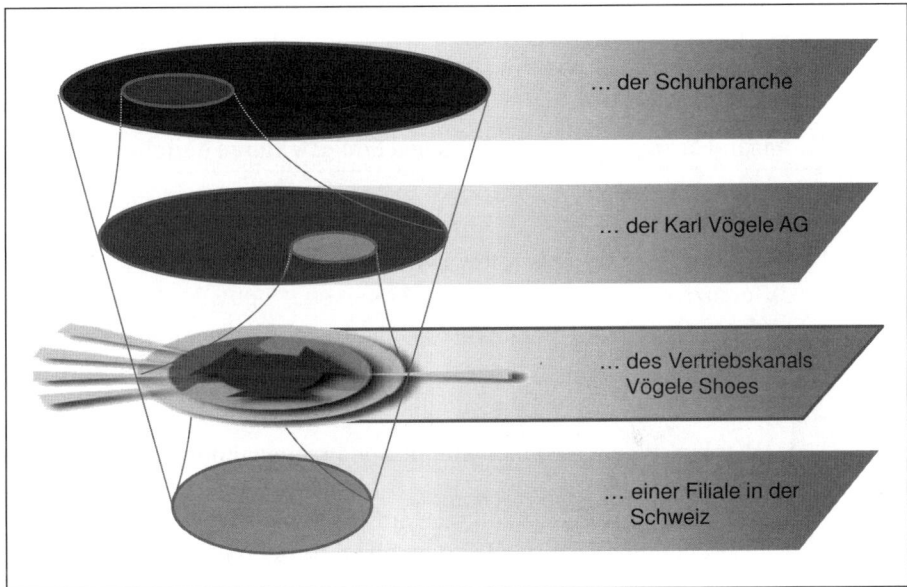

... der Schuhbranche

... der Karl Vögele AG

... des Vertriebskanals Vögele Shoes

... einer Filiale in der Schweiz

▲ Abb. 25   Festlegung der Betrachtungsebene bei der Karl Vögele AG
(vgl. auch Umschlagklappe hinten)

Bei der weiteren Anwendung von Netmapping wird die gewählte Betrachtungsebene, also der Abstraktions- bzw. Detaillierungsgrad, beibehalten. Sollen andere Ebenen untersucht werden, so müssen für diese jeweils eigene Erfolgslogiken entwickelt werden. Denn auf der Ebene einer Filiale sind die Erfolgsfaktoren, die Logik des Erfolgs, die Erfolgsindikatoren und die Hebel nicht dieselben wie auf der Ebene eines ganzen Vertriebskanals.

Erfolgslogik erstellen

Als Einstieg ins Netmapping bedarf es einer sorgfältigen Klärung und genauen Formulierung der komplexen Fragestellung sowie der Bestimmung der Betrachtungsebene. Es gilt der Grundsatz: pro Betrachtungsebene *eine* Erfolgslogik. Denn es ist nicht die Idee, «alles mit allem» mehr oder weniger unsystematisch zu vernetzen, sondern jeweils *eine* Ebene zu durchdringen. Das ist schon Herausforderung genug.

Die Fokussierung auf eine bestimmte Betrachtungsebene ist ein wichtiger Einstieg in ein erfolgreiches Komplexitätsmanagement. Mit Unterstützung von weiteren Erfolgslogiken für andere Ebenen ist es später möglich, top-down oder bottom-up das Netmapping auf das gesamte Unternehmen oder die gesamte Institution auszudehnen.

| **5.2** | **Anspruchsgruppen identifizieren und Erfolgsfaktoren herleiten** |
| **5.2.1** | **Anspruchsgruppen** |

Ein Geheimnis des Erfolgs ist es, den Standpunkt des anderen zu verstehen.

Henry Ford

Als Nächstes werden die für die gewählte Betrachtungsebene relevanten Anspruchsgruppen (Stakeholder) und ihre Anliegen identifiziert. Die zentralen methodischen Fragen dazu lauten:

- Wer hat an der gewählten komplexen Fragestellung ein positives oder negatives Interesse?
- Welche Sichtweisen kann man auf die komplexe Fragestellung einnehmen?
- Wer übt einen hemmenden oder einen fördernden Einfluss aus?

Je nach Fragestellung und gewählter Ebene sind ganz unterschiedliche Sichtweisen und – daraus abgeleitet – Anspruchsgruppen von Bedeutung. Zu den Anspruchsgruppen können beispielsweise folgende Gruppen gehören: Eigentümer, Kunden, Mitarbeiter, Führungskräfte, Lieferanten, Anwohner, Geldgeber. Die Anspruchsgruppenanalyse lässt sich als «Sonne» darstellen, in deren Mitte die komplexe Fragestellung steht. Dabei empfiehlt es sich, nicht abstrakte Worte sondern konkrete Personen oder Personengruppen zu wählen (vgl. ▶ Abb. 26).

Vögele Shoes

Bei Vögele Shoes wurden unter anderen folgende Anspruchsgruppen ermittelt: Am langfristigen Erfolg sind Kunde/Markt, Mitarbeitende, Eigner/Inhaber, Gesellschaft sowie Lieferanten und Partner interessiert.

Vögele Shoes (Forts.)

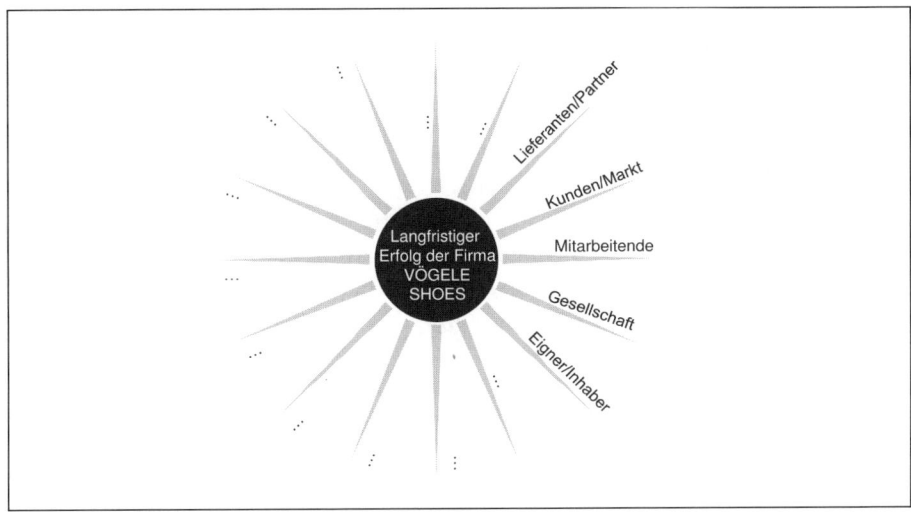

▲ Abb. 26   Die Anspruchsgruppen bei Vögele Shoes

| 5.2.2 | **Erfolgsfaktoren** |

Wir versetzen uns jetzt in die Situation der einzelnen Anspruchsgruppen und fragen, was ihnen jeweils wichtig ist. Denn bei der Erfassung des Problems wollen wir sichergehen, keine Teilaspekte unberücksichtigt zu lassen. Es geht darum, die Perspektive der Gruppen einzunehmen. Leitfragen sind:

- Welches positive oder negative Interesse haben die Anspruchsgruppen am gewählten Thema?
- Welchen Nutzen oder welche positive Wirkung erzeugen wir für die Anspruchsgruppen mit unserem Thema?
- Welchen Schaden oder welche negative Wirkung erzeugen wir aus Sicht der Gruppen?
- Welche Hebel haben wir bei den Anspruchsgruppen?

Das Ergebnis ist eine Liste von Begriffen. Wir nennen sie «Erfolgsfaktoren». Im nächsten Schritt werden sie in einer Erfolgslogik vernetzt.

Erfolgslogik erstellen

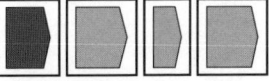

5.2.3   Typische Erfolgsfaktoren

Als Beispiel seien hier einige typische Erfolgsfaktoren aus Sicht der verschiedenen Anspruchsgruppen genannt:

- für *Kunden* als Anspruchsgruppe sind in der Regel folgende Erfolgsfaktoren von Bedeutung: Produktqualität, Preis, Lieferfähigkeit, Innovation, Kundenzufriedenheit, Flexibilität
- für *Eigentümer:* Dividende, Unternehmenswert, Reputation
- für *Manager:* Gewinn, Anzahl der Aufträge, Umsatz, Konkurrenzdruck
- für *Mitarbeiter:* Arbeitsplatzsicherheit, Motivation, Kontinuität, Akzeptanz bei Führungskräften, Ausbildung, Arbeitsklima
- für *Führungskräfte:* Mitarbeiterzufriedenheit, Produktivität
- für *Lieferanten:* Qualität der Zusammenarbeit
- für *Anwohner:* Umweltbelastung, Image
- usw.

Bereits im ersten Teil des Buches (Abschnitt 3.1) wurde festgestellt: Ein entscheidender Denkfehler beim Umgang mit komplexen Problemen besteht darin, diese nur aus *einer einzigen* Perspektive zu sehen und diese Sichtweise dann häufig auch noch für «objektiv» zu halten. Um den Blickwinkel zu weiten und sich auf die Komplexität einzulassen, ist es wichtig, *viele verschiedene* Perspektiven und Sichtweisen einzubeziehen. Daher ist die Bestimmung der relevanten Anspruchsgruppen und Erfolgsfaktoren zentral, um nachfolgend wirklich die Fragestellung in ihrer ganzen Komplexität zu erfassen und ein realitätsnahes Modell zu entwickeln.

Weitere Vorteile dieser beiden Arbeitsschritte – Identifikation der Anspruchsgruppen und Herleitung der Erfolgsfaktoren – sind folgende:

- Wenn alle Interessen- bzw. Anspruchsgruppen erfasst werden, besteht die Chance, dass die später erarbeitete Lösung eine *breitere Akzeptanz* erfährt.
- Hemmende wie auch fördernde Kräfte können im Rahmen der komplexen Fragestellung *frühzeitig* erkannt und von Anfang an berücksichtigt werden. Dies erspart später teure «Nachbesserungen».
- Der Horizont weitet sich; zugleich wird mit der Berücksichtigung verschiedener Sichtweisen sowie der Konzentration auf eine Betrachtungsebene das System von nicht relevanten Ebenen und Bereichen sinnvoll abgegrenzt.
- Es entsteht ein erster, noch unvernetzter Überblick über die komplexe Herausforderung, so dass die Teammitglieder in diesem frühen Stadium nicht überfordert werden.
- Der Einstieg über Betrachtungsebene, Anspruchsgruppen und Erfolgsfaktoren ist relativ einfach und mühelos.

5.2.4	Glossar

Bei der Ermittlung der Anspruchsgruppen und vor allem der Erfolgsfaktoren kommt es unter den Teilnehmern häufig zu heftigen Diskussionen oder Meinungsverschiedenheiten über einzelne Begriffe, weil diese im Alltag nie geklärt worden sind. In der Produktion versteht man zum Beispiel unter «Produktqualität» etwas völlig anderes als in der Logistikabteilung. Diese Probleme lassen sich mit einem Glossar, das die Erfolgsfaktoren mit einer Definition hinterlegt, beseitigen oder zumindest abbauen. Es ist wichtig, dass man sich auf Definitionen einigt; ansonsten hat man grösste Mühe, später geeignete Massnahmen abzuleiten oder ist sich über die Massnahmen nicht einig.

Die hier investierte Zeit spart später beim Finden von Zielen und Massnahmen sowie bei deren Umsetzung Zeit und Nerven. Viele Managementteams sind sich im Alltag vermutlich gar nicht über die Massnahmen uneinig, sondern über die Begriffe. Um vermeintlich Zeit zu sparen, springt man direkt zur Diskussion über die nötigen Massnahmen und verliert dann – meist ohne es zu merken – viel Zeit bei der Diskussion über deren Sinn, weil je nach Verständnis eines Begriffs andere Wirkungen erwartet werden können. Meist klappt dann auch die Umsetzung der Massnahmen nicht oder nur teilweise, weil einige der Beteiligten von der Wirkung nicht überzeugt sind.

Beispiel für fehlendes Glossar

Wozu ein fehlendes Glossar führen kann, sei an einem erlebten Beispiel dargelegt: In einer Möbelfirma versteht der eine unter der «Qualität» eines Tisches nur dessen Stabilität und schöne Verarbeitung. Ein anderer hat ein abweichendes Qualitätsverständnis: Für ihn gehört zusätzlich die rechtzeitige Lieferung zur «Qualität». Wird nun ein «Qualitätsproblem» festgestellt und der Begriff ist nicht geklärt, so wollen beide ganz unterschiedliche, möglicherweise sogar gegensätzlich Massnahmen ergreifen: Um die rechtzeitige Lieferung sicherzustellen, schlägt der eine (für den die Liefertreue Teil der Qualität ist) vor, schneller zu arbeiten und gewisse Arbeitsschritte zu unterlassen. Der andere (mit dem engen Qualitätsverständnis) versteht die Welt (und den Kollegen) nicht mehr. Durch schnelleres Arbeiten und das Weglassen von Bearbeitungsschritten leidet doch die Qualität (Stabilität, Verarbeitung) stärker! Es entsteht ein Konflikt, der durch eine vorausgehende Definition des Wortes «Qualität» hätte vermieden werden können. Es geht dabei weniger um eine perfekte Definition des Begriffes. Wichtiger ist, dass sich das Managementteam auf eine gemeinsame Begriffsverwendung einigt.

Aus der Erfahrung empfiehlt es sich, *jeden* Erfolgsfaktor im Glossar zu definieren und von den Beteiligten ein Okay einzuholen. Die dafür aufgewendete Zeit wird

Erfolgslogik erstellen

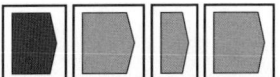

im Alltag um ein Vielfaches amortisiert (vgl. auch das Glossar im Anhang des Buches S. 213).

Die Erfolgsfaktoren in einem Glossar zu hinterlegen, beseitigt nicht nur Kommunikationsbarrieren zwischen den Teammitgliedern, sondern trägt zu einem gemeinsamen Verständnis der komplexen Situation wie auch zur Einigkeit über zu treffende Massnahmen bei.

Auch für die Unternehmenskommunikation ist die Entwicklung einer Erfolgslogik auf der Basis kybernetischer Regeln zentral. In der Kombination mit einem Glossar hilft das gemeinsame Erfolgsverständnis in einer dynamisierten Informations- und Wissensgesellschaft, die Kommunikation nach innen und aussen wirklich effizient und effektiv – also wirksam – zu gestalten.

Manfred Peters, peters & partner Unternehmenskommunikation GmbH

Vögele Shoes

Das Führungsteam von Vögele Shoes erarbeitete für die Anspruchsgruppen unter anderem die folgenden Erfolgsfaktoren:

Anspruchsgruppe	Erfolgsfaktoren
Kunde/Markt	■ Verkaufsqualität ■ Attraktivität der Kollektion ■ Qualität der Filialen ■ Anzahl der Filialen ■ …
Mitarbeitende	■ Lohn ■ Personalentwicklung ■ Image ■ …
Eigner/Inhaber	■ Kundenzufriedenheit ■ Cashflow ■ Umsatz ■ Bekanntheitsgrad ■ …
Lieferanten und Partner	■ Einkaufsvolumen ■ Faire Zusammenarbeit ■ …
Gesellschaft	■ Attraktivität als Arbeitgeber ■ Anzahl Arbeitsplätze ■ …

Vögele Shoes (Forts.)

Im Glossar wurden einige Erfolgsfaktoren definiert (Auszug):

Erfolgsfaktor	Bedeutung für Vögele Shoes
Image	Unter Image wird das Bild verstanden, das die Kunden, Mitarbeiter, Partner und die Öffentlichkeit von unserem Unternehmen als Ganzem, von unseren Distributionskanälen und von unseren Produkten haben.
Bekanntheitsgrad	Unter Bekanntheitsgrad ist die ungestützte Bekanntheit der Distributionsmarke bei den definierten Zielgruppen im Einzugsgebiet zu verstehen.
Filialdichte	Unter Filialdichte ist die Anzahl der Filialen zu verstehen. Die Filialdichte bestimmt die geografische Nähe und Erreichbarkeit für die Kunden und damit die Frequenzen (Kundenbesuche) und den Umsatz.
Qualität der Filialen	Die Qualität der Filialen umfasst die beiden Aspekte Standort/Lage und Ausstattung.
Attraktivität der Kollektion	Die Attraktivität der Kollektion ergibt sich aus den Faktoren Aktualität, Sortimentsbreite, Qualität und Verkaufspreis.

Anhand der gewählten Betrachtungsebene, den identifizierten Anspruchsgruppen und den Erfolgsfaktoren ist das komplexe System eingegrenzt und die relevanten Elemente sind bestimmt. Im nächsten Schritt geht es darum, die Elemente zueinander in Beziehung zu setzen.

5.3	Zusammenhänge und komplexe Wirkungsmechanismen verstehen
5.3.1	Die Erfolgslogik

In komplexen Systemen sind die Erfolgsfaktoren der verschiedenen Anspruchsgruppen miteinander verbunden und beeinflussen sich gegenseitig direkt oder indirekt. Die Zusammenhänge zwischen den Erfolgsfaktoren werden in der sogenannten «Erfolgslogik» visualisiert, welche die Ursache-Wirkungs-Beziehungen erfasst. (Frederic Vester, Peter Gomez und Gilbert Probst nennen diese Art der Abbildung «Netzwerk». Hier wird der Begriff «Erfolgslogik» verwendet, um die Idee der logischen Zusammenhänge der Erfolgsfaktoren noch besser zum Ausdruck zu bringen.)

Erfolgslogik erstellen

In weiteren Schritten (vgl. Abschnitt 5.4 und 5.5) werden dann die Erfolgs-faktoren und die Ursache-Wirkungs-Beziehungen kategorisiert und somit die Er-folgslogik strukturiert.

Die zentrale Fragestellung lautet: Wie hängen die Erfolgsfaktoren direkt mit-einander zusammen?

Zusammenhänge beim Segeln

Bevor man ein Segelboot aus dem Hafen steuern kann, muss man verstanden haben, wie die Faktoren zusammenhängen. Wie wirkt die Ruderstellung auf den Kurs und die Geschwindigkeit des Schiffes? Wie lässt sich das Boot optimal auf Kurs bringen (trimmen)? Wie wirken Wind und Strömung auf Segel und Boot etc.?

| 5.3.2 | Zwei Arten von Beziehungen |

Für die Beziehung zwischen zwei Erfolgsfaktoren gibt es diese Möglichkeiten:

1. Bei der *gleichläufigen Beziehung* bewirkt eine Zunahme der ersten Grösse eine Zunahme der zweiten; ebenso führt eine Abnahme der ersten zu einer Abnahme der zweiten Grösse. Dies wird in der Erfolgslogik durch einen einfachen Pfeil dargestellt:

Ursache $\rightarrow$ Wirkung

So führt beispielsweise eine Zunahme der Anzahl an Aufträgen zu einer Zu-nahme des Umsatzes, und eine Abnahme der Aufträge hat eine Abnahme des Umsatzes zur Folge.

Aufträge $\rightarrow$ Umsatz

2. Bei einer *gegenläufigen Beziehung* bewirkt eine Zunahme der ersten Grösse eine Abnahme der zweiten und eine Abnahme der ersten eine Zunahme der zweiten Grösse. Diese Beziehung wird mit einem durchgestrichenen Pfeil dar-gestellt.

Ursache $\nrightarrow$ Wirkung

So bewirkt zum Beispiel eine Zunahme der Kosten einen Rückgang des Ge-winns und eine Abnahme der Kosten einen Anstieg des Gewinns.

Kosten $\nrightarrow$ Gewinn

Bei der Erstellung der Erfolgslogik geht es nun darum, Ursache-Wirkungs-Ketten zu einem Kreis zu schliessen. Komplexe Systeme bestehen im Prinzip immer aus

Wirkungskreisläufen. Vernetztes Denken kann deshalb auch als «Denken in Kreisläufen» bezeichnet werden, denn diese zeigen die in komplexen Situationen typischerweise vorhandenen Rückkopplungen, welche die (Eigen-)Dynamik des Systems ausmachen. Die Darstellung in Kreisläufen ermöglicht es also erst, das Eigenleben eines komplexen Systems abzubilden, während lineare Darstellungsweisen, also simple Ursache-Wirkungs-Ketten, wie sie in der Praxis immer wieder in Wirkungsmodellen anzutreffen sind, dies nicht schaffen können.

Wettrüsten

1. Lineare Sichtweise

   - Sicht der Amerikaner:
     Waffen von Russland → Bedrohung für die USA
     → Notwendigkeit für Aufrüstung der USA
   - Sicht der Russen:
     Waffen der USA → Bedrohung für Russland
     → Notwendigkeit für Aufrüstung von Russland

2. Die Systemsicht

   Waffen von Russland

   Notwendigkeit
   für russische Waffen

   Bedrohung für die USA

   Bedrohung für Russland

   Notwendigkeit
   für amerikanische Waffen

   Waffen von USA

▲ Abb. 27   Das Wettrüsten aus linearer und aus systemischer Sicht

---

Die Sicht der USA und Russlands sind, jeweils für sich genommen, verständlich, aber linear und einseitig. Erst der systemische Blick auf die Zusammenhänge zeigt die kreislaufartige Vernetzung beider Sichtweisen sowie die Verbindungen dazwischen und erlaubt eine ganzheitliche Lösung. Dieser Teufelskreises kann nur durchbrochen werden, wenn erstens eine höhere Betrachtungsebene eingenommen wird (eine länderübergreifende, denn ein Land allein kann das Problem kaum lösen), ihn zweitens alle Parteien erkennen und ihn drittens durch gemeinsame Aktionen (gleichzeitiges Abrüsten, Verständnis für die Anliegen des anderen fördern etc.) in die umgekehrte Richtung drehen lassen.

Erfolgslogik erstellen

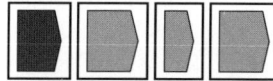

Alle Zusammenhänge zwischen den einzelnen Erfolgsfaktoren sind immer unter Ceteris-paribus-Bedingungen zu betrachten, das heisst, unter Konstant-Halten oder momentanem «Einfrieren» aller übrigen Erfolgsfaktoren, Ursachen und Wirkungen ausser den betrachteten. Sobald die Erfolgslogik fertiggestellt ist, «taut» man die übrigen Faktoren auf, damit das Modell zum Leben erweckt und der Komplexität der abgebildeten Situation gerecht wird.

5.3.3	Erfolgskreislauf

Beim Erstellen einer Erfolgslogik empfiehlt es sich, als Erstes einen sich selbst verstärkenden Wirkungskreislauf (Erfolgskreislauf) konsequent zu schliessen, bevor über weitere Zusammenhänge nachgedacht wird.

5.3.4	Meta-Erfolgskreislauf

Weil das Schliessen eines ersten Kreislaufes in der Praxis häufig auf Schwierigkeiten stösst, wird nachfolgend ein Meta-Erfolgskreislauf vorgeschlagen, der helfen soll, den konkreten ersten Erfolgskreislauf für das eigene System zu finden.

Praktisch ist es, mit einem Erfolgsfaktor als «Kristallisationspunkt» zu beginnen, der einen *Nutzen für eine Anspruchsgruppe* repräsentiert. Es empfiehlt sich, gleich den Kundennutzen auszuwählen. Welche «Ernte» dürfen wir dafür erwarten/welche Gegenleistung erhalten wir für das Generieren von Kundennutzen (= Wirkung)? Wir erhalten zum Beispiel Umsatz und Gewinn. Ein Teil der Ernte dient als Ressource, um als Saat re-investiert zu werden, somit erneut Kundennutzen zu schaffen und den Erfolgskreislauf zu schliessen (vgl. ▶ Abb. 28).

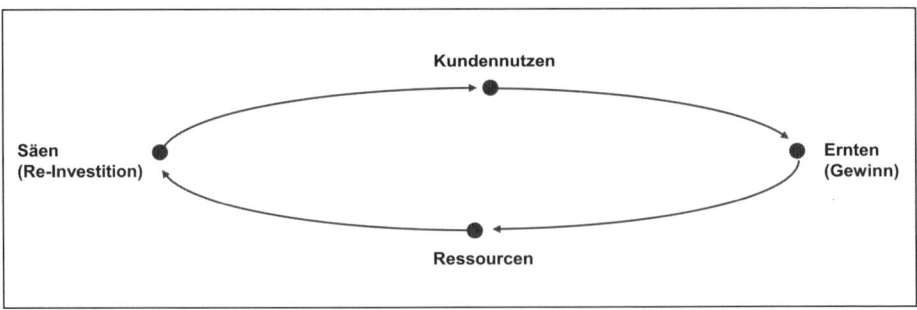

▲ Abb. 28   Der Meta-Erfolgskreislauf

5.3.5	**Erfolgsspirale**

Im Zeitablauf betrachtet handelt es sich bei einem Erfolgskreislauf um eine Erfolgsspirale: Umsatz, Kundennutzen, Gewinn etc. schrauben sich hoch (bei gutem Management) bzw. hinunter – es entsteht eine «Misserfolgsspirale». In ▶ Abb. 29 ist dieser Meta-Erfolgskreislauf dargestellt.

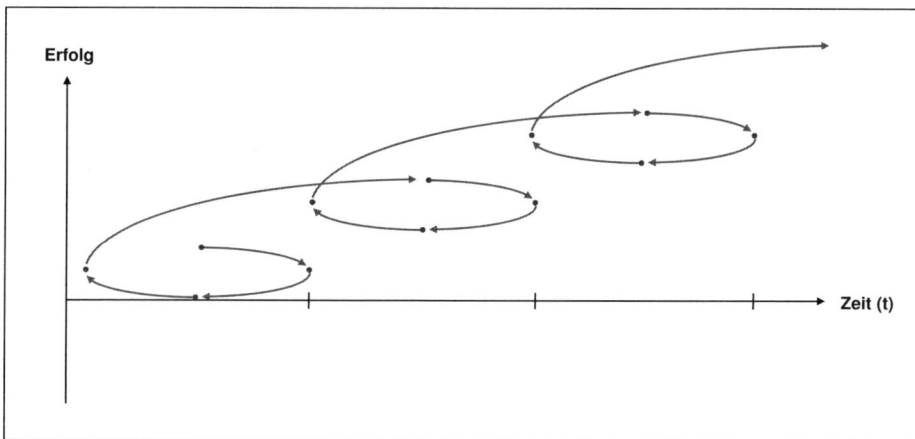

▲ Abb. 29   Ein Erfolgskreislauf auf der Zeitachse: Eine Erfolgsspirale

Vögele Shoes

Bei Vögele Shoes wurde aus den erarbeiteten Erfolgsfaktoren die «Attraktivität der Kollektion», also ein Kundennutzen, als Kristallisationspunkt bestimmt (vgl. ▶ Abb. 30). Die Attraktivität der Kollektion erfüllt ein Bedürfnis der Kunden und erhöht wieder die Kundenzufriedenheit. Dadurch steigen der Umsatz und der Cashflow. Dies erhöht die Investitions- und Risikobereitschaft der Familie Vögele, was sich positiv auf die Kollektionsgestaltung auswirkt. Eine verbesserte Kollektionsgestaltung erhöht wiederum die Attraktivität der Kollektion, womit sich der selbstverstärkende Erfolgskreislauf schliesst.

Dieser Erfolgskreislauf besteht aus lauter gleichläufigen Beziehungen. Das bedeutet aber keineswegs, dass die als positiv beschriebene Wirkung tatsächlich eintreten *muss*. Der «Engelskreis» wird zu einem «Teufelskreis», wenn es nicht gelingt, ihn positiv zu beeinflussen: Sinkt die Attraktivität der Kollektion, sind die Kunden unzufrieden, so sinken Umsatz und Cashflow. In der Folge sinkt die Investitionsbereitschaft, die Kollektionsgestaltung lässt zu wünschen übrig, und die Attraktivität der Kollektion nimmt weiter ab, worauf die Kunden noch unzufriedener werden.

Erfolgslogik erstellen

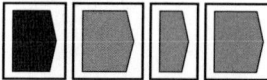

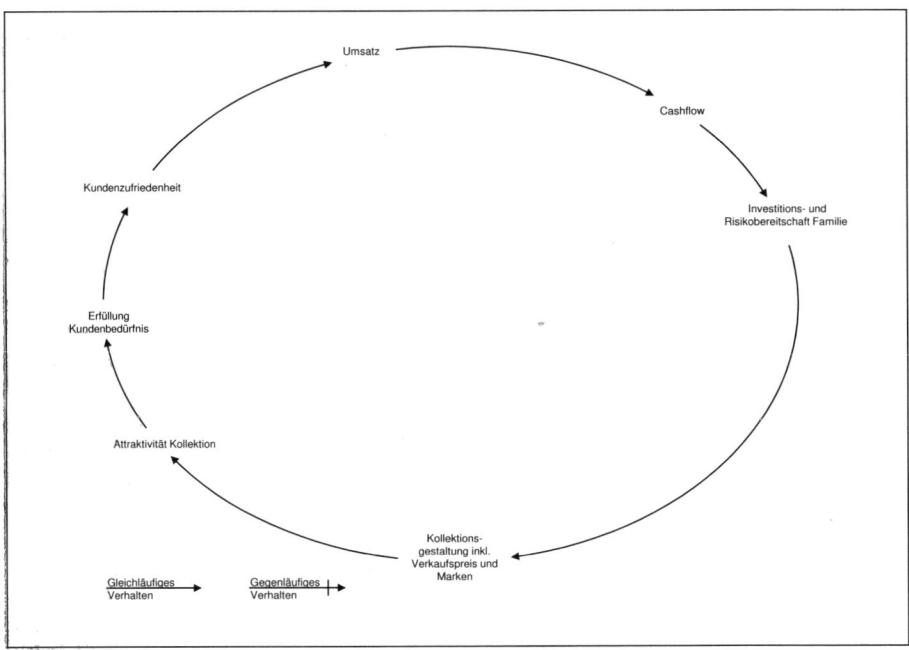

Vögele Shoes (Forts.)

▲ Abb. 30   Der Erfolgskreislauf von Vögele Shoes

Gibt es Probleme, die lineare Ursache-Wirkungs-Kette zu einem Erfolgskreislauf zu schliessen, so liegt dies häufig daran, dass die festgelegte Betrachtungsebene verlassen wurde und man auf cinc andere «gesprungen» ist. Damit hat man aus der Sicht der gewählten Betrachtungs- bzw. Systemebene «externe Einflüsse» einbezogen, so dass der Kreis nicht geschlossen werden kann. Externe Einflüsse werden natürlich später auch in die Erfolgslogik eingebaut, aber noch nicht beim Entwickeln des Erfolgskreislaufs.

Zwei wichtige Regeln bei der Entwicklung der Erfolgslogik lauten darum:

1. Die gewählte Betrachtungsebene beibehalten.
2. Beim Thema bzw. bei der zentralen komplexen Fragestellung bleiben.

Continental Airlines

Ein eindrückliches Beispiel für eine Misserfolgsspirale (ein negativ selbstverstärkender Ursache-Wirkungs-Kreislauf) ist die Situation der Continental Airlines zu Beginn der 90er-Jahre, vor dem Turnaround (vgl. ▶ Abb. 31). Auf den Rückgang an Einnahmen wurde mit einem Ausgabenstopp reagiert. Die verärgerten Mitarbeiter erbrachten einen noch schlechteren Service. Weitere Kunden wanderten ab, die Auslastung und die Einnahmen sanken weiter … (Schulz/Brennemann 2001)

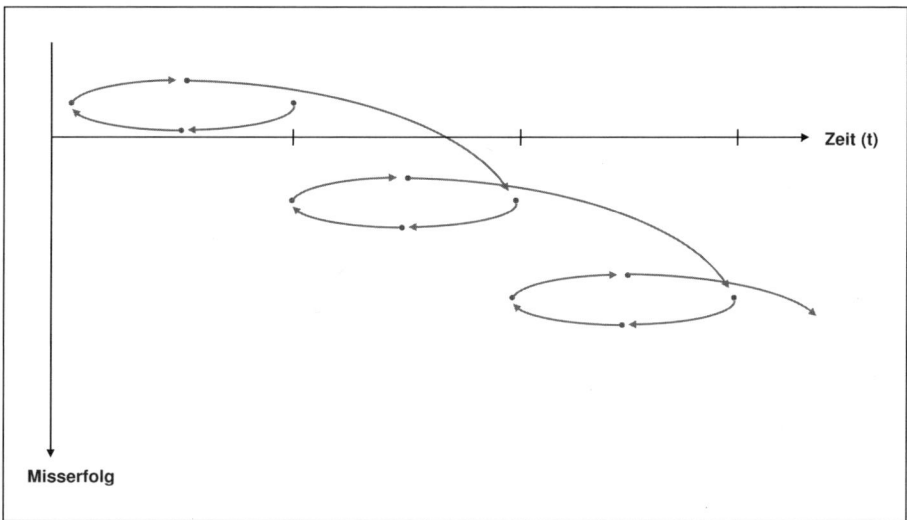

▲ Abb. 31   Eine Miss-Erfolgsspirale: nichts anderes als ein Teufelskreis!

| 5.3.6 | **Weitere Kreisläufe** |

Nun gilt es, den Erfolgskreislauf weiter zu ergänzen und zu einer Erfolgslogik auszubauen, indem man nach und nach alle bereits erarbeiteten Erfolgsfaktoren als Ursache-Wirkungs-Beziehungen einbaut. Man nimmt die Liste der Erfolgsfaktoren und schaut, wie diese zusammenhängen und wo sie sich an bereits im ersten Kreislauf erfasste Faktoren «andocken» lassen. Immer lautet die zentrale Frage: Was sind weitere Ursachen, was sind weitere Wirkungen? So erweitert sich schrittweise der Kreis zu einer immer vollständiger werdenden Erfolgslogik.

Erfolgslogik erstellen

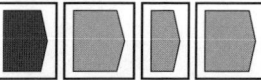

Vögele Shoes

Bei Vögele Shoes bezog man nach und nach weitere Faktoren als Ursache-Wirkungs-Beziehungen ein, so unter anderem Image, Bekanntheitsgrad, Filialdichte und Personalentwicklung. Auch erste gegenläufige Beziehungen wurden nun erkennbar: Die Filialdichte erhöhte die Marktsättigung und senkte damit den Umsatz; Kosten wirkten sich negativ auf den Cashflow aus, aber positiv auf Kundenservice und -bindung (vgl. ▶ Abb. 32).

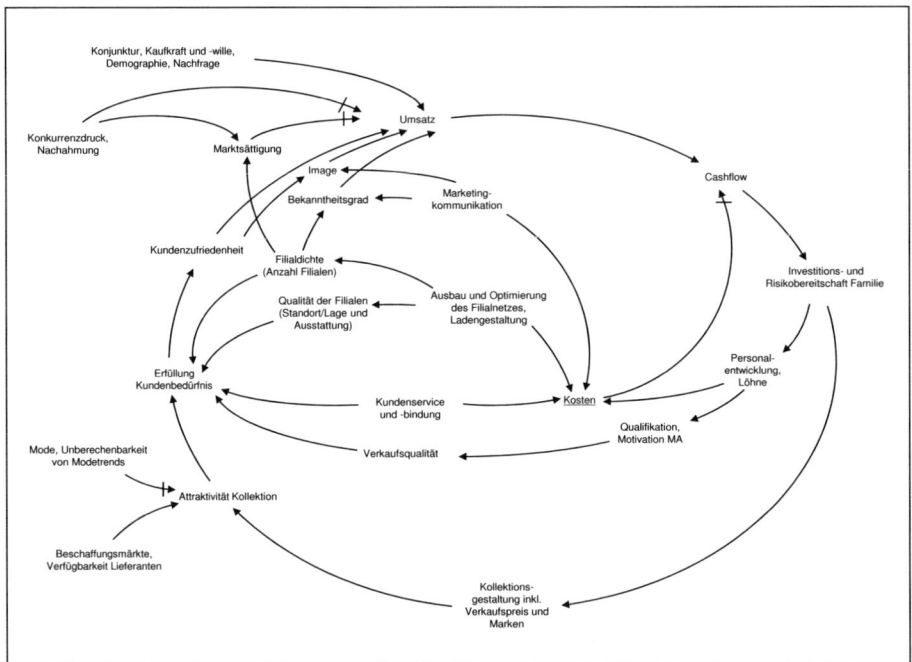

▲ Abb. 32   Erweiterung des Erfolgskreislaufs bei Vögele Shoes

Mit der Erfolgslogik, so weit sie bisher erarbeitet wurde, liegt nun gewissermassen eine grobe Landkarte der komplexen Fragestellung vor, welche die wesentlichen Zusammenhänge abbildet. Die Erfolgslogik macht deutlich, dass jeder Eingriff in das System eine ganze Reihe von Auswirkungen haben und in der Regel auf sich selbst zurückwirken wird. Diese Landkarte wird später weiter verfeinert, indem die Erfolgsfaktoren und die Ursache-Wirkungs-Beziehungen in Kategorien eingeteilt werden.

Eine Firmengründung bzw. -übernahme zusammen mit mehreren Partnern ist eine komplexe Angelegenheit, bei welcher Fragen von ganz unterschiedlichem Charakter zu klären sind: Wie finanzieren? Mit welchen Partnern? Welche Ziele sollen erreicht werden? Welches Beteiligungsmodell passt am besten? Netmapping hat uns zwar nicht die Arbeit abgenommen. Aber die Workshops lieferten uns eine Auslegeordnung, die es erlaubte, die Dinge richtig zu gewichten und miteinander zu verbinden. Statt eines Berges von Fragen war da plötzlich ein Weg, den man begehen konnte, und Kriterien, die Entscheidungen erleichterten. Wir wurden befähigt, dank der Erfolgslogik als «Management-Landkarte», klarer Ziele sowie einer darauf abgestimmten Organisation die Probleme im Rahmen einer Gesamtstrategie zu lösen.
Christian Sutter, Geschäftsleitung, evoq communications AG, 2007

| 5.3.7 | Mögliche Einwände gegen die Erfolgslogik |

Gelegentlich sind Einwände gegen die Erfolgslogik als Visualisierung der relevanten Systemzusammenhänge zu vernehmen. Sie sollen nachfolgend aufgeführt und diskutiert werden:

1. «Die Erfolgslogik ist unübersichtlich; man kann sie nicht mit einem Blick erfassen.»

Die Erfolgslogik ist wie eine Landkarte zu lesen; man braucht sie weder auswendig zu lernen noch alle Zusammenhänge auf einmal zu erfassen. Wer zum Beispiel eine geografische Karte der Schweiz zur Hand nimmt, wird darauf auch nicht alle Orte auf einen Blick erkennen. Er wird – je nach Ausgangsort, an dem er sich befindet, und nach Zielort, den er erreichen will – ein Segment oder mehrere auswählen und dort die möglichen Wege eruieren, den Rest der Karte hingegen vernachlässigen. Genauso verfährt man mit der Erfolgslogik: Es gibt verschiedene Auflösungsgrade, Segmente und Wege, die man betrachten kann, je nachdem welche Zusammenhänge man gerade verstehen will.

Um das Beispiel Vögele Shoes aufzugreifen: Wer die Ursachen und Wirkungen der Personalentwicklung und der Löhne auf das System verstehen will, erkennt in der Erfolgslogik die Zusammenhänge, die zur Risiko- und Investitionsbereitschaft der Familie, zu den Kosten, zum Kundenservice sowie zur Qualifikation und Motivation der Mitarbeiter bestehen. Dagegen sind Faktoren wie Filialdichte, Image und Bekanntheitsgrad auf diesem «Pfad» zunächst zu vernachlässigen, falls nicht durch unvorhergesehene Einflüsse eine Rückkopplung zur Personalentwicklung entsteht. Durch das Betrachten von interessierenden Ausschnitten der Erfolgslogik reduziert sich die Unübersichtlichkeit.

Erfolgslogik erstellen

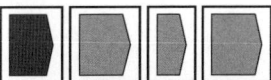

Den Zoom wählen

Es kommt darauf an, für die jeweilige Fragestellung den richtigen «Zoom» auf der Erfolgslogik als Landkarte einzustellen. Wird ein Thema zu komplex, dann ist es sinnvoll, einen Teilbereich der Erfolgslogik herauszunehmen und diesen heranzuzoomen, also in weitere Erfolgsfaktoren aufzuschlüsseln.

Durch die Konzentration auf *eine* Betrachtungsebene und *eine* komplexe Fragestellung je Einsatz von Netmapping wird ja bereits die Realität vereinfacht. Natürlich wäre die Erfolgslogik noch übersichtlicher, wenn man gewisse Bereiche weglassen würde, wie zum Beispiel die Erfolgsfaktoren rund um die Kunden, die Mitarbeiter oder die Finanzen. Die Landkarte würde dann aber falsch und unbrauchbar.

> *Mache die Dinge so einfach wie möglich – aber nicht einfacher.*   *Albert Einstein*

2. «Die Faktoren in der Erfolgslogik lassen sich nicht berechnen. Ausserdem sind sie subjektiv.»

Dieser Einwand verwechselt die Grenzen der Methode mit den Grenzen des Komplexitätsmanagements: Eine Erfolgslogik wird für komplexe Zusammenhänge erstellt, diese sind tatsächlich nicht berechenbar (vgl. Abschnitt 2.3 zum Thema Komplexität und Abschnitt 3.1 zu den Denkfehlern im Umgang mit Komplexität). Zudem hängt die Wahrnehmung der Realität von verschiedenen Sichtweisen, Situationsbeurteilungen und Interpretationen ab, und zwar auch ohne den Einsatz von Methoden. Netmapping will diesen Prozess «nur» systematisieren, nachvollziehbar und kommunizierbar machen.

Modellabgleich statt Objektivität

Management ist letztlich immer subjektiv: Wir sind ständig damit beschäftigt, Vorgänge und Dinge aus unserer Sicht zu bewerten. Eine «neutrale» oder «objektive» Perspektive gibt es nicht. Die Idee von Netmapping ist nicht, Objektivität zu erreichen, denn es wäre nur eine vorgetäuschte. Vielmehr sollen die verschiedenen Modelle der Realität in den Köpfen der Manager des Managementteams abgeglichen werden.

Netmapping ist Arbeit an den Gedanken

Je mehr Sichtweisen wir im Team identifizieren und in ein Gesamtbild integrieren, desto zuverlässiger und «objektiver» erfassen wir die Realität. Man kann sich dem verschliessen, indem man sich nur auf das leicht Messbare konzentriert. Aber das heisst keineswegs, dass man auch wirklich das Ganze sieht und das Richtige misst.

Seit die Mathematiker über die Relativitätstheorie hergefallen sind,
verstehe ich sie selbst nicht mehr.   *Albert Einstein*

Quantitative Messungen als solche garantieren noch nicht, dass die richtigen Schlussfolgerungen gezogen und die richtigen Massnahmen abgeleitet werden. Ein Beispiel dafür ist das Wetter. Mit enormem Aufwand wird es seit Jahrzehnten beobachtet: Es gibt Tausende von Messstationen in aller Welt sowie viele Wettersatelliten im All; die in grosser zeitlicher und geografischer Dichte ermittelten Daten werden mehrmals täglich auf Hochleistungsrechnern ausgewertet und zu Wetterkarten mit Prognosen verarbeitet. Trotzdem lässt sich selbst mit den besten und leistungsfähigsten Computern das Wetter höchstens auf fünf bis zehn Tage vorhersagen – und das auch nicht mit einer hundertprozentigen Trefferquote, in einigen alpinen Regionen aufgrund der topografischen Lage sogar für noch kürzere Zeit. Statt von «Wettervorhersage» sollte man besser von einer «Wetterschätzung» sprechen, die zwar auf ausgeklügelten Computer-Modellen und einem enormen Datenbestand basiert, aber letztlich immer noch professioneller Interpretatoren bedarf. Genauso bedarf es der Menschen, die quantitative und qualitative Messdaten komplexer Systeme interpretieren (Unternehmer und unternehmerisch denkende Manager).

Der Wunsch nach Berechenbarkeit von Situationen entstammt der Welt des Komplizierten, nicht des Komplexen. Komplizierte Systeme wie die im ersten Teil des Buches geschilderten Beispiele lassen sich berechnen und vollständig in ihren Abläufen verstehen, komplexe hingegen nicht.

Realität ist nicht vollständig abbildbar

Wir müssen uns bewusst sein, dass wir mit keiner Methode die Realität jemals vollständig als «Ganzes» begreifen können, aber mit Hilfe von Netmapping haben wir zumindest eine Chance, ganzheitlicher damit umzugehen. Eine Methode anzupreisen, die hundertprozentige Beherrschbarkeit von Situationen vorgaukelt, wäre Betrug. Die Grenzen liegen nicht in der Methode Netmapping, sondern in der Komplexität als solcher.

Wer sich *mit* der Visualisierung von Zusammenhängen in einer Erfolgslogik nicht gut fühlt, sollte sich *ohne* Visualisierung erst recht schlecht fühlen. Bisher wird in Unternehmen meistens versucht, Komplexität «im Blindflug» zu begreifen, was nicht gelingen kann, da die Zusammenhänge «im Kopf» noch weniger vollständig erfasst werden können als in einem Bild. Manche Institutionen arbeiten mit linearen Ursache-Wirkungs-Zusammenhängen, was – wie aufgezeigt – der Komplexität auch nicht gerecht wird und zu Fehlinterpretationen führen kann (vgl. Abschnitt 6.5).

Erfolgslogik erstellen

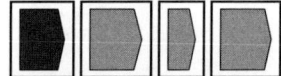

3. *«Ich bin misstrauisch, ob die ermittelten Erfolgsfaktoren wirklich die relevanten sind.»*

Mit dieser Aussage wird eigentlich nicht die Erfolgslogik, sondern das Team selbst hinterfragt. Wer soll die relevanten Erfolgsfaktoren denn besser kennen als die Mitwirkenden?

Wie schon ausgeführt, ist ausserdem der Aspekt der Subjektivität immer ausdrücklich einzuschliessen. Wer Zweifel an der Vollständigkeit hat, darf auch auf die nächsten Schritte der Methode Netmapping vertrauen, welche zu Ergänzungen der Erfolgslogik führen können. Zudem ermöglichen periodisch durchgeführte Reviews jederzeit eine Anpassung der Erfolgsfaktoren und der Zusammenhänge, denn Netmapping ist nicht «statisch», sondern passt sich flexibel der Dynamik komplexer Situationen an. Es ist möglich, neue, veränderte Sichtweisen und Erfolgsfaktoren in weiteren Schritten miteinzubeziehen.

Das Problem zu erkennen ist wichtiger, als die Lösung zu erkennen,
denn die genaue Darstellung des Problems führt zur Lösung.   *Albert Einstein*

5.4   Erfolgsfaktoren kategorisieren:

Erfolgsindikatoren, Hebel und externe Einflüsse identifizieren

Im nächsten Schritt gilt es, die Erfolgsfaktoren innerhalb einer Erfolgslogik zu kategorisieren und sie ausserdem in ihrer Wirkungsweise (Dauer und Intensität der Zusammenhänge, vgl. Abschnitt 5.5) noch genauer zu bestimmen. Wir unterscheiden zwischen

- Erfolgsindikatoren,
- Hebeln und
- externen Einflüssen.

5.4.1   Erfolgsindikatoren

Um innerhalb unserer bisher erarbeiteten Erfolgslogik alle Erfolgsindikatoren ausfindig zu machen, stellen wir uns folgende Frage:

Welche Begriffe in der Erfolgslogik eignen sich zur Bewertung des Systemerfolgs?

Typischerweise werden in diesem Zusammenhang Begriffe wie Umsatz, Gewinn, Marktanteil und Kosten genannt. Es gibt «harte» (oft monetäre) Erfolgsindikatoren, die sich (zumindest vordergründig) leicht messen lassen, und «weiche» (oft nicht-monetäre), die schwieriger messbar sind. Doch auf die Messbarkeit kommt es in dieser Phase des Netmappings noch gar nicht an. Häufig wird der Fehler begangen, sich einseitig nur auf quantitativ messbare Grössen (wie Umsatz) zu konzentrieren, während man die rein qualitativen Grössen (wie Image) vollkommen vernachlässigt und erst gar nicht in die komplexen Zusammenhänge einbezieht. Weiche oder qualitative Erfolgsindikatoren können mit Noten bewertet und auf diese Weise messbar gemacht werden. Ein weicher Faktor wie «Image» lässt sich beispielsweise durch eine neutrale und professionelle Umfrage bei Kunden erfassen.

Abgesehen von der Unvollständigkeit der Messung, hat es einen weiteren, in der Erfolgslogik gut sichtbaren grossen Nachteil, sich ausschliesslich auf quantitative Grössen zu beschränken: Diese sind meist Ergebnisse qualitativer Grössen und somit rückwärtsorientiert – sie spiegeln nur die *Vergangenheit*. Wenn heute Umsätze, Gewinne und andere finanzielle Grössen positiv sind, zeigt dies lediglich, wie in der Vergangenheit gewirtschaftet wurde, aber nicht, wie das Unternehmen *in der Gegenwart* dasteht oder in der Zukunft dastehen wird. Viele Unternehmer und Manager spüren, dass trotz «solider Finanzen» etwas im «weichen» Bereich des Systems nicht rund läuft und sich latent eine Krise anbahnt; gerade hier sind qualitative Messgrössen zuverlässigere Indikatoren der Früherkennung als quantitative. Wenn die quantitativen Messgrössen (z.B. Gewinn, Umsatz) ein schlechtes Bild abgeben, besteht Alarmbereitschaft und der Handlungsspielraum ist bereits stark eingeschränkt: Ist ein Schiff am Sinken, so braucht man sich keine Gedanken mehr über die professionelle Rekrutierung von Matrosen zu machen, sondern muss schwimmen. Um sich langfristig von der Konkurrenz abzuheben, ist eine professionelle Rekrutierung aber von strategischer Bedeutung. Werden nur leicht messbare und harte Indikatoren betrachtet, besteht die Gefahr, dass die Strategie in den Hintergrund tritt.

Bei der Festlegung von Erfolgsindikatoren ist darauf zu achten, dass sie aussagekräftig sind (Bezug zur komplexen Fragestellung und zur analysierten Betrachtungsebene) und dass neben quantitativen, oft monetären und vergangenheitsorientierten Messgrössen bewusst auch qualitative, oft nicht-monetäre und zukunftsorientierte einbezogen werden.

Erfolgsindikatoren ≠ Ziele

Erfolgsindikatoren und Ziele sind voneinander zu unterscheiden. Erfolgsindikatoren sind abstrakt, während Ziele konkret sind. Erfolgsindikatoren sind quasi die Schnittstelle zwischen der Erfolgslogik und den konkreten Zielen. Dazu einige Beispiele: Dafür, ob wir gesund sind, kann «Gewicht» ein Erfolgsindikator sein, während das konkrete Ziel «65 Kilogramm», «75 Kilogramm» oder «85 Kilogramm» lauten könnte. Beim Segeln wäre der Erfolgsindikator das Erreichen

Erfolgslogik erstellen

eines Hafens oder eines Tauchplatzes, das konkrete Ziel jedoch der Hafen von
St. Tropez, Borkum oder die Insel Ko Similan.

Mit der konkreten Festlegung der Ziele befassen wir uns im folgenden Kapitel.
Hier geht es zunächst nur darum, erst einmal die *sinnvollen* Erfolgsindikatoren
innerhalb der Erfolgslogik zu identifizieren.

5.4.2	Hebel

Viel zu oft wird in Unternehmen und Institutionen über Dinge diskutiert, die man
nicht ändern kann. Dies macht höchstens im Rahmen der Szenarioarbeit Sinn
(vgl. Abschnitt 6.1). Ansonsten führt es häufig zum Lamentieren und zu schlechter Stimmung. Um dem entgegenzuwirken, werden in der Erfolgslogik die durch
das Managementteam lenkbaren Grössen bestimmt.

Lenkbare Grössen sind all jene, die unter Berücksichtigung der gewählten Betrachtungsebene durch Eingriffe direkt veränderbar sind. Hier lässt sich «der
Hebel ansetzen», und darum werden diese Faktoren auch als «Hebel» bezeichnet.
Die lenkbaren Grössen sind somit die Ansatzpunkte, um (später) Aktionen (Massnahmen, Projekte, Handlungsanweisungen, vgl. Abschnitt 6.4) abzuleiten.

Lenkbarkeit ≠ Beeinflussbarkeit

Bei der Beurteilung der Erfolgsfaktoren muss klar zwischen direkter Lenkbarkeit
und indirekter Beeinflussbarkeit unterschieden werden. Am Beispiel des Segelns
wird dies wiederum deutlich: Bei einem Segelboot können wir den Stand der
Segel und die Ruderstellung ändern, aber den wahren Kurs des Schiffes können
wir – selbst als guter Steuermann – lediglich beeinflussen. Denn er wird auch
durch Wind, Wellen und Strömung bestimmt.

Hebel im Unternehmen sind zum Beispiel das Marketing, die Personalentwicklung und die Produktion.

«Falsche» Massnahmen

Kosten sind hingegen kein Hebel, sondern können Erfolgsindikator und daher für
die Formulierung eines konkreten Zieles geeignet sein. Werden Hebel mit Zielen
verwechselt, so werden häufig sinnlose, nicht zielführende oder kontraproduktive
Massnahmen ergriffen. Ein klassisches Beispiel: Als «Massnahme» wird im
Unternehmen festgelegt, «die Kosten zu senken». Kosten lassen sich jedoch nicht
direkt, sondern nur indirekt senken und sind somit lediglich beeinflussbar, aber
nicht lenkbar. Massnahmen, um Kosten zu senken, wären zum Beispiel die Ent-
lassung von Personal, die Schliessung von Betriebsstätten, die Verwendung preis-
werterer Materialien in der Produktion, der Verzicht auf Berater, die Reduzierung

von Werbemassnahmen, das Abstossen unrentabler P[
ganze Palette von Möglichkeiten, wo der Hebel anzus[112
zu senken. Im Einzelfall wäre erst einmal zu entschei[
nun konkret ergriffen werden soll(en).

Selbst die Umsetzung dieser Massnahme(n) garan[
ten sinken. Da sie nur *beeinflussbar,* nicht direkt lenkbar sinu, is[
sie zum Beispiel aufgrund von unvorhergesehenen Einflüssen trotzdem konstant
bleiben oder steigen: Lieferanten können ihre Preise erhöhen, durch eine stark
gesunkene Nachfrage müssen die Preise massiv gesenkt werden, es kann zu Roh-
stoffengpässen und in der Folge zu -verteuerungen kommen. Zudem sind die oben
beschriebenen Massnahmen nicht alle sofort wirksam. Es gibt Zeitverzöge-
rungen, und auch die Stärke der Einflüsse ist unterschiedlich. So kann die Massnahme Personalabbau (mit dem Ziel, die Kosten zu senken), ein fatales Eigentor
werden, wenn Nebenwirkungen übersehen und die Massnahmen nicht sorgfältig
vorbereitet werden.

Umso wichtiger ist es, Erfolgsindikatoren und Hebel klar auseinanderzuhalten,
damit die Nebenwirkungen geplanter Massnahmen aus der Erfolgslogik heraus-
gelesen und eingeschätzt werden können – «Kosten senken» hat nämlich neben
der Gewinnsteigerung keine unerwünschten Nebenwirkungen, Personalabbau
aber sehr wohl!

Ein Hebel kann niemals auf ein und derselben Betrachtungsebene gleichzeitig ein
Erfolgsindikator sein.

| 5.4.3 | Externe Einflüsse |

Komplexe Systeme sind offen, in eine Umwelt eingebettet und stehen im Austausch mit dieser. Ob sich eine komplexe Situation erfolgreich entwickelt, hängt
neben der Stellung der Hebel auch von der Entwicklung wichtiger Faktoren aus
der Umwelt, also externer Einflüsse, ab. Bereits bei der Identifikation der zu ana-
lysierenden Betrachtungsebene wird deutlich, dass es externe Einflüsse gibt –
auch von anderen Ebenen.

Verändert sich das Umfeld, so müssen die Verantwortlichen durch eine Anpassung bei den Hebeln entsprechend reagieren können: Dem externen Einfluss muss
in angemessener Weise begegnet werden, um die Ziele zu erreichen. Bei starken
Veränderungen müssen auch die Ziele hinterfragt werden (vgl. dazu Abschnitt 6.2).

Daher werden als weiteres Element nun *externe Einflüsse* in die Erfolgslogik
einbezogen, also Faktoren, die vom Standpunkt der gewählten Betrachtungsebene
«von aussen einwirken». Angenommen, es wurde der Funktionsbereich eines
Unternehmens – zum Beispiel Marketing – als Betrachtungsebene gewählt, so

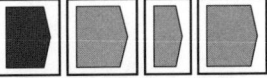

Erfolgslogik erstellen

sind auch Einflüsse, die aus anderen Funktionsbereichen oder «von oben» kommen – zum Beispiel aus der Produktion, der Logistik, der Beschaffung oder vom Konzern als Vorgaben – als «extern» anzusehen, selbst wenn sie aus dem gleichen Unternehmen, also «betriebsintern», wirken. Wichtig ist immer die jeweilige Betrachtungsebene.

Externe Einflussgrössen sind darum bedeutsam, weil komplexe Systeme immer in Beziehung zu ihrer Umwelt stehen und niemals «isoliert» agieren. Gerade externe Veränderungen sind es, die ein System massiv (negativ oder positiv) in unvorhergesehener Weise «stören» und aus dem Gleichgewicht bringen können, sofern sie bei der Problemlösung nicht berücksichtigt werden. Für externe Grössen werden deshalb Szenarien erarbeitet, inklusive einer Chancen- und Gefahrenanalyse (vgl. Abschnitt 6.1).

Externe Einflüsse beim Segeln

Wie erwähnt, ist ein Erfolgsindikator beim Segeln das Erreichen des Hafens oder eines bestimmten Tauchplatzes. Das Ruder sowie das Segel und die Segelgrösse sind Hebel. Welle, Windrichtung, Windstärke und Strömung wiederum entsprechen den externen Einflüssen.

Vögele Shoes

Als Erfolgsindikatoren wurden unter anderem die Attraktivität der Kollektion, die Kundenzufriedenheit, die Filialdichte, die Qualität der Filialen, das Image und der Bekanntheitsgrad ausgemacht (vgl. ▶ Abb. 33).

Als lenkbare Grössen bzw. Hebel wurden die Kollektionsgestaltung, die Marketingkommunikation, die Personalentwicklung und die Löhne, der Ausbau und die Optimierung des Filialnetzes sowie die Ladengestaltung und der Kundenservice ermittelt. All diese Grössen sind direkt lenkbar: Ob und inwieweit zum Beispiel das Filialnetz ausgebaut wird, beeinflusst dann die Erfolgsindikatoren Filialdichte und die Qualität der Filialen.

Die Qualität der Filialen ist also kein Hebel, sondern ein Erfolgsindikator. Die Qualität hängt auch noch von anderen mehr oder weniger beeinflussbaren Faktoren ab, zum Beispiel von der Lage einer Filiale innerhalb einer Stadt, dem Ruf des Stadtviertels, der Qualität der Einkaufszone. Es kann zwar Ziel sein, die Qualität der Filialen zu verbessern, aber der Hebel muss woanders angesetzt werden. Demzufolge kann die «Verbesserung der Qualität der Filialen» niemals zu einer Massnahme werden; Hebel können die «Eröffnung/ Schliessung von Filialen» oder die «Ladengestaltung» sein. Hier lohnt es sich, konkrete Aktionen (Massnahmen, Projekte und Handlungsanweisungen) abzuleiten. Weiterhin wurden vier externe Einflussgrössen ausgemacht:

1. Beschaffungsmärkte und Verfügbarkeit guter Lieferanten
2. Mode und Unberechenbarkeit der Modetrends
3. Konkurrenzdruck durch Nachahmung
4. Konjunktur, Kaufkraft und -wille, Demografie und Nachfrage

Vögele Shoes (Forts.)

Die Unberechenbarkeit von Modetrends kann zur Senkung der Attraktivität der Kollektion führen, während die Verfügbarkeit guter Lieferanten diese erhöht. Konkurrenzdruck verstärkt die Marktsättigung und senkt den Umsatz, während letzterer durch eine gute Konjunktur und eine hohe Kaufkraft steigen kann.

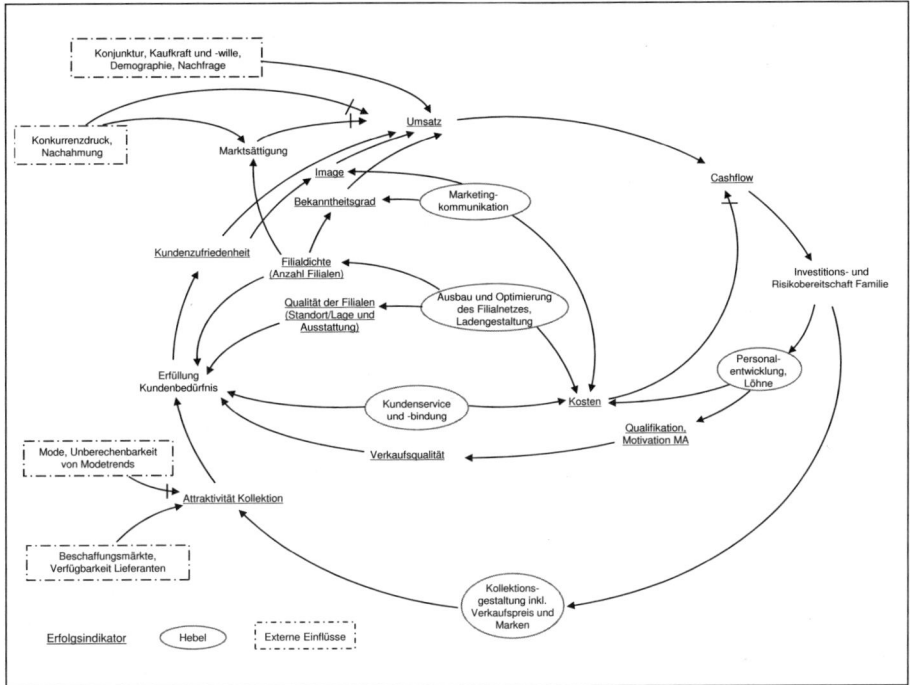

▲ Abb. 33   Erfolgsindikatoren, Hebel und externe Einflüsse

5.5	Wirkungen kategorisieren: Dauer und Intensitäten bestimmen
5.5.1	Verhalten von Systemen über die Zeit

Es kann viel Zeit vergehen, bis sich eine Massnahme auf einen Erfolgsindikator auswirkt und wir das gesetzte Ziel erreichen. Entscheidungen sind nutzlos, wenn sie nicht zum richtigen Zeitpunkt umgesetzt und im richtigen Zeitraum wirksam werden. Auf der anderen Seite sollen die Ergebnisse auch nicht zu früh eintreten, sonst treffen sie das Unternehmen unvorbereitet.

Erfolgslogik erstellen

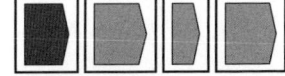

Wie können wir diese zeitliche Abstimmung in den Griff bekommen? Das Treffen von Entscheidungen beansprucht relativ wenig Zeit. Darüber hinaus sollte aber nicht vergessen werden, dass unter Umständen viel Zeit vergeht, bis eine Entscheidung auch Folgen zeitigt: Neue Vorgehensweisen müssen sich einspielen, Mitarbeiter müssen geschult werden, neue Produkte müssen bei den Kunden bekannt werden etc. Die Zeiträume sind daher zuerst einmal zu klären.

Die zentrale Frage lautet: Wie schnell wirken die Zusammenhänge zwischen Massnahmen und Erfolgsindikatoren? Es hat sich bewährt, vier Wirkungszeiträume zu unterscheiden:

1. sofort
2. kurzfristig (zum Beispiel bis zu drei Monaten)
3. mittelfristig (zum Beispiel drei bis zwölf Monate)
4. langfristig (zum Beispiel mehr als zwölf Monate)

Was unter kurz-, mittel- oder langfristig verstanden werden soll, ist bei jeder Anwendung der Methode neu zu entscheiden: Es gibt relativ «träge» Systeme mit langen Wirkungszeiten und «schnelllebige» Systeme, die rasch auf Veränderungen reagieren. Insbesondere bei ökologischen oder gesellschaftlichen Systemen und Fragestellungen sind die Reaktionszeiten deutlich länger als in Unternehmen.

Die Wirkungszeit wird in der Erfolgslogik durch die Einfärbung der Pfeile kenntlich gemacht. Die Erfolgslogik veranschaulicht unter anderem das Dilemma zwischen heutigen Aufwendungen und späterem Erfolg. Personalentwicklungsmassnahmen zum Beispiel führen sofort zu höheren Kosten, aber erst mit deutlichem Zeitabstand zu einer höheren Qualifikation der Mitarbeiter. Darin liegt ein Zielkonflikt verborgen, der typisch ist für komplexe Fragestellungen: Wollen oder müssen wir Kosten sparen, oder ist uns eher an Personalentwicklung gelegen? Sehr oft muss langfristiger Erfolg mit kurz- und mittelfristigen Nachteilen erkauft werden – ein Zusammenhang, der gerade in schlechten Zeiten zu kurzfristigem Handeln verführt. Die Erfolgslogik hat den Vorteil, dass sie diese Zusammenhänge sichtbar macht, somit rechtzeitiges Handeln unterstützt und für die nötige Geduld sensibilisiert.

5.5.2 | Intensität

Um die maximale Information aus der Erfolgslogik zu gewinnen, ist auch zu fragen, wie intensiv die Einflüsse der einzelnen Faktoren sind. Mit Sicherheit wird es solche geben, die andere extrem stark beeinflussen, und solche, welche dies nur schwach tun. Auch sind Faktoren denkbar, die sehr anfällig für fremde Einflüsse sind, während wieder andere kaum auf Änderungen reagieren.

Die zentrale Frage lautet: Wie stark wirken die Zusammenhänge? Durch die Untersuchung der Intensität der Zusammenhänge der Erfolgsfaktoren lässt sich die Stärke der Wirkungen abschätzen. Dies kann durch Strichdicken oder Zahlen bei den Pfeilen ausgedrückt werden:

- Ein gestrichelter Pfeil oder die Zahl 1 steht für eine schwache Wirkung,
- ein normaler Pfeil oder die Zahl 2 steht für eine mittlere Wirkung und
- ein dicker Pfeil oder die Zahl 3 steht für eine starke Wirkung.

Es leuchtet ein, dass es wenig Sinn macht, die Anstrengungen auf einen Erfolgsfaktor zu konzentrieren, der kaum Auswirkungen auf andere hat. Daher lohnt es sich, alle Erfolgsfaktoren der Erfolgslogik auf ihren Einfluss und ihre Beeinflussbarkeit hin zu überprüfen. Sie lassen sich in vier Gruppen einteilen (Vester 1990, S. 36):

1. *Aktive Faktoren* beeinflussen andere stark, werden selbst aber nur schwach beeinflusst.
2. *Kritische Faktoren* haben grossen Einfluss auf andere, werden aber auch selbst stark beeinflusst.
3. *Reaktive Faktoren* werden stark beeinflusst, ohne jedoch andere wesentlich zu beeinflussen.
4. *Träge Faktoren* üben kaum Einfluss aus und sind auch kaum beeinflussbar.

Stellt man zum Beispiel fest, dass von einem Erfolgsfaktor viele Pfeile weggehen und er somit Ursache vieler Wirkungen ist, selbst aber kaum beeinflusst ist, so dürfte es sich um einen aktiven Faktor handeln. Bei gleicher Anzahl eintreffender und abgehender Pfeile handelt es sich um einen kritischen Faktor. Bei einer Über-

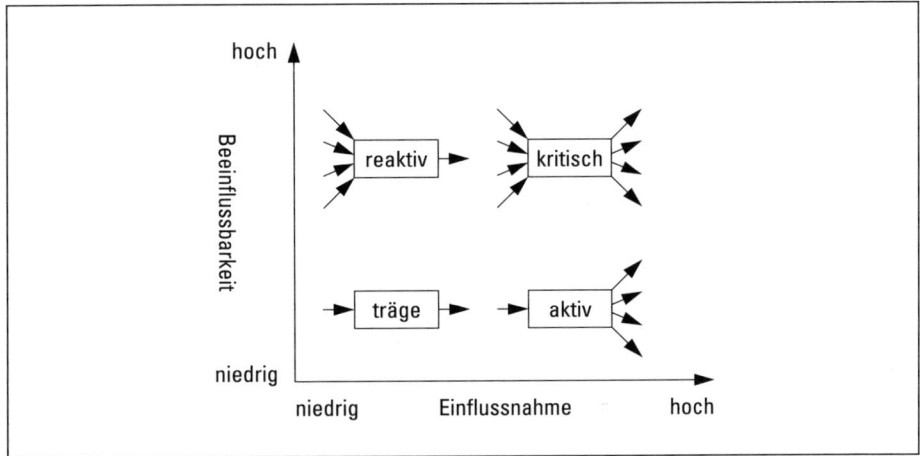

▲ Abb. 34   Einflussnahme und Beeinflussbarkeit der Erfolgsfaktoren

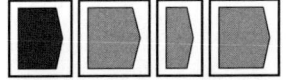
Erfolgslogik erstellen

zahl beeinflussender Pfeile im Vergleich zu den abgehenden Pfeilen ist der Faktor reaktiv. Schliesslich handelt es sich bei Faktoren, die kaum mit den anderen vernetzt sind – die beispielsweise nur je einen beeinflussenden und einen Einfluss nehmenden Pfeil haben – um träge Grössen (vgl. ◄ Abb. 34).

Diese Unterscheidungen sind von erheblichem Interesse, wenn es darum geht, gezielt in ein vernetztes System einzugreifen: Je nach Einflussart einer Grösse kann ein Eingriff entweder wirkungslos sein oder aber zu unbeabsichtigten und überraschenden Überreaktionen führen. Aktionen bei aktiven Faktoren sind erfolgversprechender als bei den reaktiven und trägen Faktoren. Vorsicht ist bei den kritischen Faktoren geboten: Sie eignen sich zwar gut für eine Beeinflussung, könnten aber ihrerseits ungeplanten Einfluss ausüben.

Zeit und Intensität bei Segelmanövern

Beim Segeln braucht es viel Wissen und ebenso viel Erfahrung, um ein Boot sicher auf einem festgelegten Kurs zu halten. Ein unerfahrener Rudergänger neigt schnell dazu, das Boot zu «übersteuern». Ein Segelboot ändert (systembedingt) seinen Kurs nämlich erst mit einer gewissen Zeitverzögerung, nachdem das Ruder bereits gelegt ist. Ist der Rudergänger ungeduldig oder eben unerfahren, legt er das Ruder weiter, um endlich die Richtungsänderung zu «erzwingen». Das hat zur Folge, dass die Richtungsänderung nach der Zeitverzögerung unerwartet plötzlich und intensiv ausfällt. Das Schiff ist nicht mehr auf Kurs. Entsprechend hart muss nun der Rudergänger das sogenannte Gegenruder legen, um die viel zu starke Drehung und Richtungsänderung abzufangen. Gelingt dies nicht, wird in die Gegenrichtung kompensiert und das Boot läuft in entgegengesetzter Richtung erneut und noch stärker aus dem Ruder. Der Rudergänger kompensiert entsprechend noch stärker wieder in die Gegenrichtung, um endlich auf den alten, sicheren Kurs zu kommen. Dieser Vorgang wiederholt sich, bis das Boot sich «aufschaukelt», und endet meist mit dem unter Seglern so gefürchteten Sonnenschuss: einer Kenterung mit der Gefahr der Havarie. Oder ein Mann geht über Bord. Es ist also besser, weniger stark zu steuern und mit guter Beobachtung sowie hinreichender Geduld die Richtungsänderung des Schiffes abzuwarten.

Vögele Shoes

Im nächsten Schritt wurden die Wirkungsdauer und -intensität der Beziehungen zwischen den Erfolgsfaktoren kenntlich gemacht. Dazu einige Beispiele, die aus der Erfolgslogik (vgl. ► Abb. 35) herausgegriffen wurden:

Die Attraktivität der Kollektion wirkt sich sofort und stark auf die Erfüllung der Kundenbedürfnisse aus. Die Kundenzufriedenheit erhöht sich dadurch jedoch nur kurzfristig, also in einem Zeitraum von bis zu drei Monaten, und auch nur mittelstark. Eine erhöhte Kundenzufriedenheit wirkt sich wiederum sofort und sehr stark auf den Umsatz aus.

Vögele Shoes (Forts.)

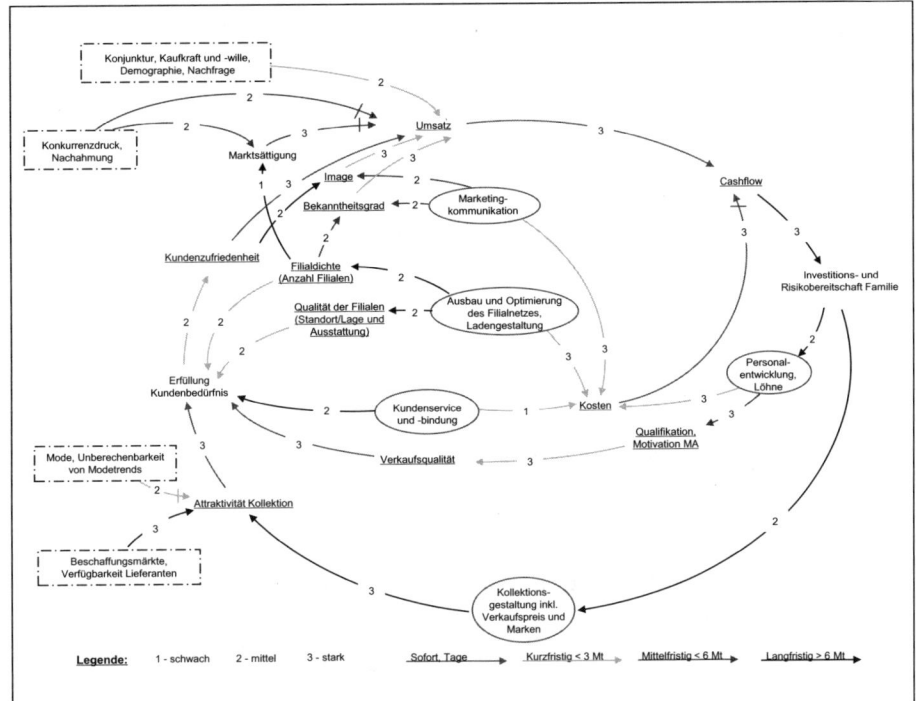

▲ Abb. 35 Intensität und Zeitverhalten der Beziehungen (vgl. auch die farbige Darstellung auf der Umschlagklappe hinten)

Latente Zielkonflikte werden in der Erfolgslogik bereits jetzt ablesbar: Welche Massnahmen wären beispielsweise geeignet, wenn das Unternehmen die Filialdichte (= Erfolgsindikator) erhöhen wollte? Der Ausbau und die Optimierung des Filialnetzes und die Ladengestaltung (= Hebel) würden kurzfristig und stark die Kosten (= Erfolgsindikator) erhöhen, sich aber erst langfristig und mittelstark auf die Qualität der Filialen (= Erfolgsindikator) auswirken. Zudem besteht die Gefahr, dass die höhere Filialdichte langfristig zur Marktsättigung beiträgt und der Umsatz (= Erfolgsindikator) sinkt; dieser Einfluss ist zwar nur schwach (mit 1 gekennzeichnet), allerdings kann er sich durch externe Einflüsse, nämlich den Konkurrenzdruck von Mitbewerbern, mittelfristig verstärken.

Das Risiko besteht also darin, dass sich die Investition ins Filialnetz kontraproduktiv auswirken könnte und nicht wie gewünscht zu steigenden, sondern zu sinkenden Gewinnen führen würde.

Welche Massnahmen richtig sind, um bestimmte Ziele zu erreichen, lässt sich zum jetzigen Zeitpunkt noch nicht entscheiden, sondern wird erst in den nächsten Phasen des Netmappings deutlich. Der Wert der bisher entwickelten Erfolgslogik besteht darin, die

Erfolgslogik erstellen

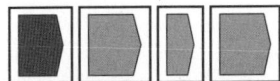

Vögele Shoes (Forts.)

verschiedenen Einflüsse der Erfolgsfaktoren aufeinander und die Wechselwirkungen zwischen ihnen und mögliche negative Nebeneffekte vollständig, klar und übersichtlich dargestellt zu haben. Auch wurden die Erfolgsfaktoren kategorisiert und dank des Glossars herrscht nun Einigkeit über zentrale Begriffe. Somit wurde eine Basis geschaffen, um später zielführende Massnahmen zu erkennen und abzuleiten.

Die Entwicklung der Erfolgslogik bis zu diesem Punkt erfolgte im Rahmen eines Workshops im Unternehmen, an dem ein heterogen zusammengesetztes Team teilnahm: «Praktiker», die im operativen Tagesgeschäft eingebunden sind, und «Theoretiker» mit eher akademischer Ausbildung waren ebenso beteiligt wie Mitarbeiter verschiedener Generationen.

Der Workshop war für alle Beteiligten ein ungewohntes Erlebnis. Dazu Max Bertschinger: «Es war anfangs mühsam und abstrakt. Als die Erfolgslogik immer grösser und umfassender wurde, bestand die Gefahr, aufgeben zu wollen, weil es so komplex war und wir am Anfang den Nutzen noch nicht sahen. Zudem kostete es Zeit, bis wir uns im Team einig waren und die Erfolgsfaktoren nicht nur ermittelt, sondern auch übereinstimmend im Glossar definiert hatten. Das fing schon mit Begriffen wie ‹Attraktivität der Kollektion› an: Wann ist eine Kollektion attraktiv, und wie misst man das? Der Moderator hat es verstanden, das Team Schritt für Schritt vorwärtszubringen und genügend Zeit zu lassen, um das gemeinsame Verständnis zu fördern. Die soziale Kompetenz des Moderators ist entscheidend, damit Einigkeit entsteht und die Erfolgslogik angenommen wird. Als die Erfolgslogik dann ‹stand›, war es ein Aha-Erlebnis. Wir hatten den Eindruck: Eigentlich sind die Zusammenhänge ja klar, und im Grunde ist das Ganze sogar einfach zu verstehen.»

CEO Max Manuel Vögele zu den Vorteilen der Erfolgslogik: «Früher hatten wir immer eine Menge von Fakten und Zahlen und versuchten, diese irgendwie in einen Zusammenhang zu bringen. Jetzt erkennen wir die Logik ‹dahinter›. Anstatt nur isoliert einzelne Bereiche zu betrachten, sehen wir die Verbindungen zwischen ihnen. Wir erkennen sowohl die Vernetzungen unserer laufenden Aktivitäten als auch mögliche Schwachpunkte. Es wird jetzt einfacher, Ziele zu formulieren und diese von Massnahmen zu unterscheiden.»

Glossar

Noch einmal soll hier auf die Bedeutung des Glossars hingewiesen werden. Begriffsdefinitionen lassen sich praktisch in jedem Stadium der Arbeit an der Erfolgslogik einfügen oder ergänzen, wenn sich in der Diskussion im Team zeigt, dass über die Bedeutung bestimmter Faktoren keine Einigkeit besteht. Dies ist während des gesamten Prozesses möglich und stellt die gemeinsame Verständnis- und Kommunikationsbasis sicher.

5.6   Nutzen der Netmapping-Phase «Entwickeln der Erfolgslogik»

Die Entwicklung der Erfolgslogik und eines firmenspezifischen Glossars sowie die Kategorisierung der Erfolgsfaktoren

- vermittelt das Rüstzeug, um sich in einer fliessenden, dauernd verändernden Wirklichkeit nicht zu verlieren,
- hilft, mit den sich aus Veränderungen ergebenden Unsicherheiten und Ängsten umzugehen, diese in Grenzen zu halten und abzubauen,
- deckt die entscheidenden Ursache-Wirkungs-Beziehungen auf,
- stellt Zusammenhänge umfassend dar und macht sie transparent,
- erfasst die zeitlichen Einflüsse zwischen den Faktoren und ermöglicht dadurch rechtzeitige Entscheidungen,
- identifiziert die Intensität der Beziehungen und ermöglicht dadurch die Konzentration auf die wirksamsten Hebel,
- macht Spannungsfelder und Zielkonflikte bewusst und ermöglicht dadurch eine bewusste Schwerpunktsetzung,
- ermöglicht eine schrittweise Annäherung an die Komplexität, ohne die Teammitglieder zu überfordern,
- findet eine gemeinsame Sprache und ein gemeinsames Verständnis für das Thema bei allen Beteiligten – auch für die zukünftige tägliche Zusammenarbeit,
- klärt zugunsten einer effektiven Entwicklung der Erfolgslogik sowie für die weitere Arbeit mit Netmapping (Szenarien, Zielfindung, Massnahmendefinition) alltägliche, vermeintlich klare, aber oft unterschiedlich gebrauchte Begriffe in einem Glossar,
- ermöglicht durch die Visualisierung eine höhere Nachvollziehbarkeit als durch verbale Erklärungen,
- macht implizites Wissen im Team explizit (Wissensmanagement),
- unterscheidet klar zwischen lenkbaren und nicht lenkbaren Faktoren, macht deutlich, wo sich tatsächlich der Hebel ansetzen lässt, und beugt damit einer blossen Symptombekämpfung und sinnlosen Massnahmen vor,
- spart durch die zukünftige Mehrfachnutzung von Erfolgslogik und Glossar sehr viel Zeit im Managementalltag,
- ermöglicht die Kommunikation über erfolgsrelevante Zusammenhänge zwischen Erfolgsfaktoren mit anderen Ebenen.

Erfolgslogik erstellen

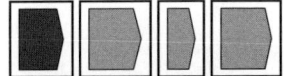

Mittels Netmapping haben wir in der Zusammenarbeit zwischen Geschäftsleitung und Verwaltungsrat ein einheitliches Verständnis unserer Geschäftslogik hergestellt. Die systematische und zielorientierte Vorgehensweise diente im Weiteren der Neuformulierung unserer Unternehmensstrategie. Ich bin dankbar und fasziniert, wie wir durch den systematischen Prozess sowie die neutrale Begleitung an unseren strategischen Themen dranbleiben. In der Hektik des Alltags gehen diese sonst unter.
Andreas Schaffner, Geschäftsleiter, Ringier Print Adligenswil AG, 2007

5.7   Zusammenfassung: Schritte zur Erstellung einer Erfolgslogik

1. Die komplexe Herausforderung wird als Frage formuliert.
2. Die relevante Betrachtungsebene, auf der die Frage beantwortet werden soll, wird festgelegt.
3. Alle Anspruchsgruppen, die an der Frage ein positives oder negatives Interesse haben, werden identifiziert.
4. Die positiven und allenfalls negativen Interessen der Anspruchsgruppen werden in einer Begriffsliste (Erfolgsfaktoren) festgehalten.
5. Die Erfolgsfaktoren werden als Ursache-Wirkungs-Beziehungen in einem ersten Kreislauf, dem Erfolgskreislauf, verknüpft.
6. Nach und nach wird der Erfolgskreislauf erweitert, bis alle Erfolgsfaktoren eingearbeitet sind und eine vollständige Erfolgslogik vorliegt.
7. Für die Erfolgsfaktoren wird ein Glossar erstellt.
8. Als Bewertungsgrössen des Erfolgs werden die Erfolgsindikatoren, als direkt lenkbare Faktoren die Hebel und als aus der System-Umwelt kommende Faktoren die externen Einflüsse in der Erfolgslogik identifiziert und markiert.
9. Die Wirkungsdauer (sofort, kurz-, mittel- und langfristig) und die Intensität (stark, mittel, schwach) der Beziehungen zwischen einzelnen Faktoren werden ermittelt und in der Erfolgslogik farbig resp. mit Zahlen markiert.

6
Mit der Erfolgslogik arbeiten

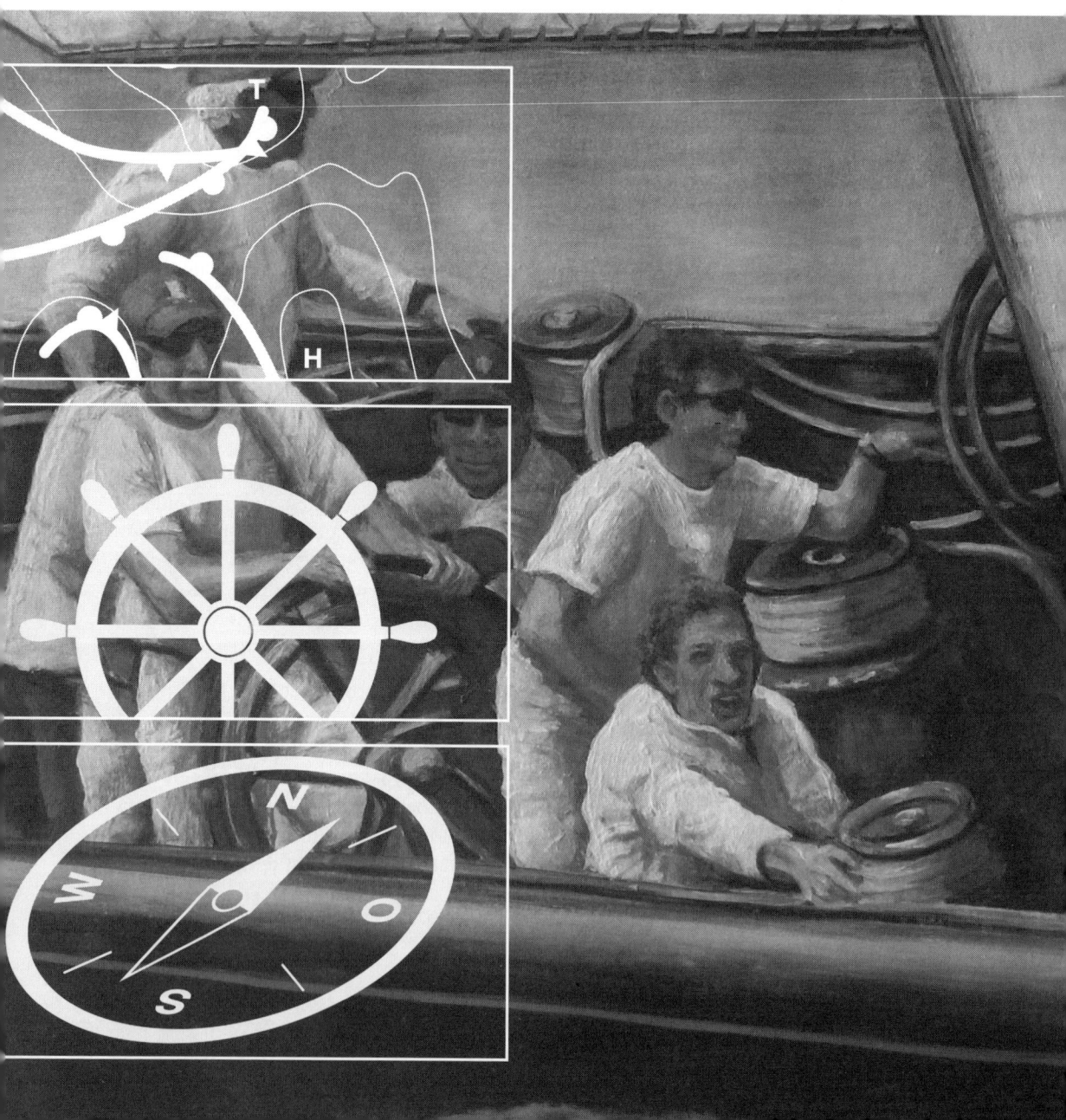

Da sich das Verhalten komplexer Systeme auch mit sehr hohem Aufwand nicht exakt prognostizieren lässt, ist das Management darauf angewiesen, sich Informationen über mögliche zukünftige Entwicklungen zu beschaffen. Die Auseinandersetzung mit der Zukunft ist somit eine wichtige Managementaufgabe, die der Planung vorgelagert ist. Sowohl der Szenarioarbeit (vgl. Abschnitt 6.1) als auch der Nutzung eines Früherkennungssystems (vgl. Abschnitt 6.2) liegt die Idee zugrunde, Trends sowie Chancen und Gefahren, die auf das System zukommen könnten, rechtzeitig zu erkennen, damit geeignete Massnahmen ergriffen werden können, um Schaden abzuwenden oder Chancen vorteilhaft zu nutzen. Als Erstes empfiehlt sich das Erarbeiten von Szenarien.

6.1   Szenarien als mögliche Zukünfte entwickeln

Voraussagen sind sehr schwierig – vor allem über die Zukunft.   Mark Twain

Das Verständnis der Vergangenheit ist einfach oder vielleicht kompliziert – in der Regel kann man die eingetretenen Ergebnisse mit einer gründlich durchgeführten Analyse verstehen und einordnen. (Darum extrapolieren wohl einige Menschen die Vergangenheit, um die Zukunft «vorherzusehen» …)

Zukünftige Veränderungen erkennen

Wie dargestellt, sind die zeitliche Dynamik der Zusammenhänge und somit ein gewisses Eigenleben komplexer Systeme wesentliche Kriterien zur Unterscheidung von «nur» komplizierten Systemen: Die Systemelemente («Erfolgsfaktoren») und deren Zusammenhänge in der Erfolgslogik können sich im Zeitablauf verändern. In Unternehmen und Institutionen ist es von grossem Interesse, mögliche zukünftige Veränderungen und deren positive wie negative Wirkungen auf den eigenen Erfolg zu erkennen, und zwar, um realistische Ziele und Massnahmen zu finden und rechtzeitig handeln zu können. Mit Hilfe der Szenariotechnik ist es möglich, sich mit der Zukunft bewusst und systematisch auseinanderzusetzen.

Szenarien sind Zukunftsbilder. Die Szenarioarbeit ermöglicht es, die Entwicklung der wichtigsten nicht lenkbaren Faktoren und deren Wirkung auf die Erfolgsindikatoren einzuschätzen, um realistische Zielen zu formulieren bzw. vorhandene Ziele zu hinterfragen. Grundlage dafür ist die Auswahl der relevanten nicht lenkbaren Einflüsse (vgl. Abschnitt 5.4 zur Kategorisierung der Erfolgsfaktoren). Dabei handelt es sich meistens um externe Einflüsse, wobei es aber auch durchaus Sinn machen kann, zu zentralen *internen* nicht lenkbaren Erfolgs-

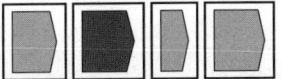

Arbeit mit Erfolgslogik

faktoren Szenarien zu erstellen (zum Beispiel zur Motivation der Mitarbeitenden in einer Change-Phase).[1]

Die Netmapping-Phasen Szenarioarbeit und Zielfindung

Es kann durchaus Sinn machen, aus pragmatischen Gründen direkt nach dem Erstellen der Erfolgslogik über Ziele nachzudenken, ohne vorher bewusst Szenarien zu erstellen. Die Ziele werden dann quasi aus der Innensicht (Einschätzung der eigenen Stärken und Möglichkeiten) sowie auf der Basis von Erfahrungen und (meist unbewussten) Einschätzungen der Umfeldentwicklungen festgelegt. Es empfiehlt sich in diesem Falle, die Szenarioarbeit zu den relevanten externen Einflüssen später «nachzuholen», um zu überprüfen, ob die festgelegten Ziele zu den Entwicklungstrends passen. Bei Innovationsvorhaben oder Projekten, bei denen Neuland betreten wird (zum Beispiel Diversifikation), muss hingegen vor der Zielfestlegung eine Einschätzung der wichtigsten externen Einflüsse durch Szenarioarbeit erfolgen. In diesem Buch wird der sachlogische Zusammenhang aufgezeigt (Erfolgslogik erstellen, dann Szenarioarbeit durchführen, um danach auf der Basis des wahrscheinlichen Szenarios die Ziele festzulegen oder zu hinterfragen).

Da sich das Verhalten komplexer Systeme nicht punktgenau voraussagen lässt, werden in der Regel verschiedene Zukunftsbilder erstellt.

> *Wenn jemand behauptet, er wisse, wie dieses Geschäft in fünf Jahren aussieht, stellt sich für mich nur eine Frage: Was hat er geraucht?*
>
> *Robert Allen, ehemaliger CEO AT&T*

Meist werden für einen bestimmten Zeithorizont (zum Beispiel fünf Jahre) drei Szenarien entwickelt: ein optimistisches, ein pessimistisches und ein wahrscheinliches Szenario. Alle drei Szenarien müssen realistisch sein und eintreten können. Es ist ein häufiger Fehler, auch unrealistische, «utopische» Szenarien zu entwickeln, die praktisch nicht eintreffen können. Solche zu erstellen, ist aber reine «Sandkastenspielerei» und erbringt keinen Nutzen für die Lösung komplexer Probleme. Denn die Szenarien sollen nicht um ihrer selbst willen entwickelt, sondern im weiteren Verlauf für eine Chancen- und Gefahrenanalyse sowie zur Ziel- und Massnahmenfindung verwendet werden.

In der Regel erarbeitet das gleiche Team, welches die Erfolgslogik entwickelt hat, auch die Szenarien. Je nach Bedarf können aber für die inhaltliche Arbeit weitere Wissensträger und Experten oder andere Quellen zur Meinungsbildung hinzugezogen werden; dies kann ebenfalls nach einem Szenario-Workshop geschehen, wenn Wissenslücken festgestellt wurden. Es lohnt sich also, eine heterogene, idealerweise hierarchisch gemischte Gruppe zu formieren, die über das notwen-

---

1 Nachfolgend wird aber der Einfachheit halber von externen Einflüssen gesprochen, da diese in der Praxis der häufigste Grund für die Erstellung von Szenarien sind.

dige Wissen und die Erfahrung verfügt, um die zukünftige Entwicklung einzuschätzen. Man sollte sich nie ausschliesslich und «blind» auf Prognoseinstitute oder Aussagen externer Berater stützen. Deren Informationen sind als Entscheidungsgrundlage sicher wertvoll. Wertvoller und treffender ist aber die Einschätzung der verschiedenen Szenarien durch diejenigen, die von der komplexen Fragestellung betroffen sind und tagtäglich mit der komplexen Herausforderung konfrontiert sind.

6.1.1 Glossar als Einstieg in die Szenarioarbeit

Als Erstes werden die relevanten externen Einflüsse vom Managementteam ausgewählt. Die eigentliche Szenarioarbeit beginnt auch wieder mit einem Glossar: Was genau versteht das Team unter den jeweiligen externen Einflüssen?

Vögele Shoes

Das Team wählte als relevante externe Einflüsse unter anderem «Konjunktur, Kaufkraft und Wille, Demografie, Nachfrage» aus der Erfolgslogik aus (vgl. ◀ Abb. 33 auf Seite 113). Diese Begriffe wurden im Glossar wie folgt definiert:

Externer Einfluss	Definition (Glossar)
Konjunktur und Wirtschaftsstruktur, Kaufkraft und -lust	Mit Konjunktur ist das kurzfristige Schwanken der Wirtschaftslage (Boom, Rezession), mit Wirtschaftsstruktur sind die grundlegenden langfristigen Bedingungen der Wirtschaft eines Landes gemeint. Konjunktur und Struktur beeinflussen die Kaufkraft und die Kauflust und damit den Umsatz.
Demografische Struktur	Die Altersstruktur einer Bevölkerung. Die demografische Struktur beeinflusst den Umsatz.
Nachfragetrends	Im Schuhdetailhandel lassen sich Trends bezüglich der Kaufmotive Preis, Qualität, Mode, Wellness und Added Values (Dienstleistungen, Produktzugaben) feststellen. Ausserdem lassen sich Veränderungen bezüglich des Kaufverhaltens wie Kundentreue, Hybridität (Wandelbarkeit der Bedürfnisse), Markenorientierung/Markencluster (Kunde wählt innerhalb einer klar definierten Gruppe von Marken) und Versand/E-Commerce identifizieren. Die Entwicklung dieser Nachfragetrends beeinflusst den Umsatz.

Arbeit mit Erfolgslogik

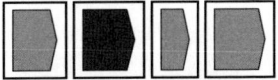

6.1.2	Zukunftskegel

Als Nächstes wird der Zeithorizont für die Szenarien festgelegt, zum Beispiel fünf, zehn oder fünfzehn Jahre. Die Szenarien werden meist in Form eines sich öffnenden Trichters als «Zukunftskegel» dargestellt: Am Anfang steht die Gegenwart; je weiter man in die Zukunft blickt, desto mehr öffnet sich der Trichter, weil Komplexität und Unsicherheit steigen, je weiter man sich von der Gegenwart entfernt. Auf der x-Achse wird die Zeit, auf der y-Achse der jeweilige externe Einfluss aufgetragen.

Szenarien entwickeln sich nicht im luftleeren Raum. Vergangenheit, Gegenwart und Zukunft bilden ein Kontinuum, wobei die Zukunft Vergangenheit und Gegenwart mehr oder weniger spiegelt. Um bei der Szenarioarbeit nicht in «Sandkastenspielereien» abzudriften, ist es notwendig, im Team intensiv zu diskutieren, wie und in welcher Weise sich die in der Gegenwart erkennbaren Trends und Strukturen entwickeln könnten. Bei einer ersten Einschätzung der drei Zukünfte – der optimistischen, der wahrscheinlichen und der pessimistischen – anhand einer Grafik wird der heutige Stand sowie die erwartete Entwicklung eingetragen. Dabei können auch vermutete Trendbrüche aufgrund bestimmter angenommener Ereignisse festgehalten werden. Die Annahmen werden nun schriftlich kurz begründet. Das wahrscheinliche Szenario dient später als Grundlage für die weitere Arbeit mit der Erfolgslogik (Ziel- und Massnahmenfindung).

Vögele Shoes

Das Team legte für die Szenarien einen Zeithorizont von fünf Jahren fest und einigte sich nach dem Diskutieren des jeweils optimistischen und des pessimistischen Szenarios auf die wahrscheinliche Entwicklung, wie sie in ▶ Abb. 36 dargestellt ist.

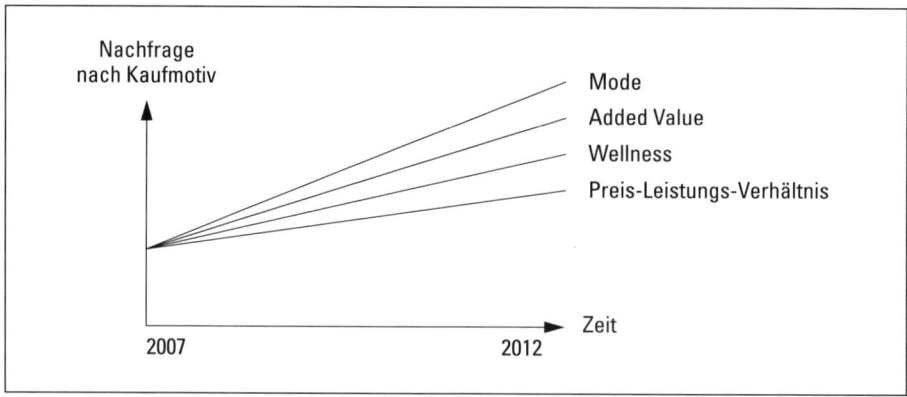

▲ Abb. 36   Das wahrscheinliche Szenario für die Nachfrageentwicklung,
                    unterteilt nach Kaufmotiven

Vögele Shoes (Forts.)

Die Entwicklung der Nachfrage entsprechend den Kaufmotiven wurde folgendermassen beschrieben:

«*Mode* und *Wellness/Wohlfühlen* (inkl. Rutsch- und Trittsicherheit) bekommen eine grössere Bedeutung. Parallel zur modisch orientierten Kundschaft wird die Nachfrage nach bequemen Schuhen steigen. Selbst die Generation der über 60-Jährigen orientiert sich verstärkt an aktuellen Trends. Die generelle Einstellung der Bevölkerung zum Schuhkonsum entwickelt sich weiter in die Richtung, dass der Schuh immer weniger ein Gebrauchsgut darstellt, sondern mit emotionalen Aspekten verbunden wird.

Weiter wird sich das Bewusstsein für ein gutes Preis-Leistungs-Verhältnis (inkl. *Qualitätsbewusstsein)* stärker ausprägen. Der Konsument hat gelernt, dass gute und/oder modische Schuhe nicht teuer sein müssen. In Österreich ist das Preisdenken bereits heute sehr stark ausgeprägt und wird sich noch weiter akzentuieren.

Added Values/Soft Factors: Der Schuh als reiner Bedarfsartikel verliert an Bedeutung. Added Values sind gefragt (zum Beispiel Dienstleistungen, Produktzugaben, Funktionen).»

Die Entwicklung der Nachfrage entsprechend dem Kaufverhalten (vgl. ▶ Abb. 37) wurde so beschrieben:

«Die *Kundentreue* der Schuhkonsumenten ist heute schon gering und wird weiter abnehmen.

Der Schuhkonsument ist hybrid. Er geht in die Stadt, er geht in das Shopping-Center und in den Fachmarkt. Auch ist er weniger markentreu. Er entscheidet nach seinem aktuellen Bedürfnis. Will er einfach, schnell und preisgünstig einkaufen, wählt er eher das Shopping-Center und den Fachmarkt. Will er Menschen treffen, flanieren und etwas erleben, so geht er in die Stadt. Dieser Trend zum hybriden Konsumenten wird weiter zunehmen.

Wir gehen aber davon aus, dass gleichartige Marken für die Konsumenten trotzdem ‹top-of-mind› sein werden (zunehmendes *Bewusstsein für Markencluster)*. Die Reizüberflutung des Konsumenten nimmt noch mehr zu. Der Schuhkonsument verlangt noch mehr

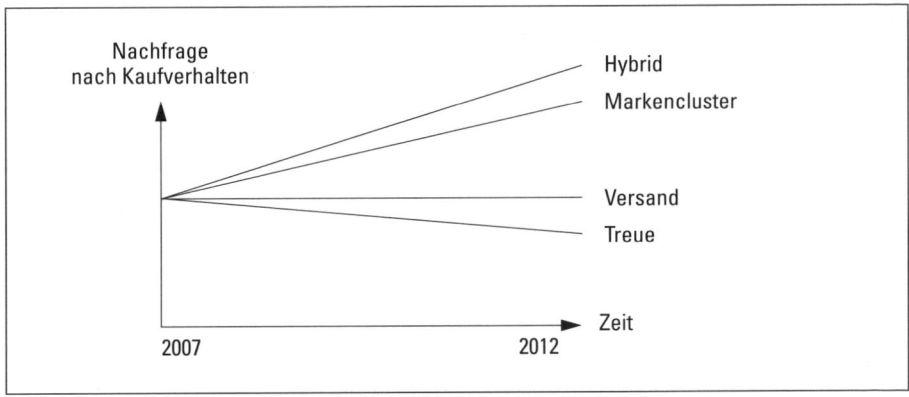

▲ Abb. 37   Das wahrscheinliche Szenario für die Nachfrageentwicklung, unterteilt nach Kaufverhalten (treu, hybrid)

Arbeit mit Erfolgslogik

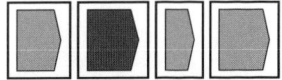

Vögele Shoes (Forts.)

nach klaren Konzepten, auch bei Distributionskanälen. Er fragt sich: Für was steht welcher Laden, welchen Benefit habe ich dort? ‹Wischiwaschi› hat keine Chance mehr.

Das *Einkaufen über Versand* (telefonische Bestellung oder via E-Commerce) wird leicht abnehmen (als Saldo aus einer allgemeinen Zunahme des E-Commerce, aber auch einer Zunahme von Portokosten, Distributionsverdichtung, Mobilität, Passform ausprobieren, emotionale Aspekte beim Einkaufen).»

6.1.3	**Chancen- und Gefahrenanalyse**

Im nächsten Schritt werden für jedes Szenario Chancen und Gefahren festgehalten, das heisst, es wird abgeschätzt, wie sich die Entwicklungen auf die Erfolgslogik auswirken. Die Chancen und Gefahren[1] findet man heraus, indem man in der Erfolgslogik die Auswirkungen der ausgewählten externen Einflussgrössen auf die Erfolgsfaktoren «liest». Dabei ist insbesondere das Vorwärtslesen bis zu den Erfolgsindikatoren empfehlenswert. Das Team schätzt auf der Basis der Erfolgslogik also ein, welche externen Einflussgrössen welche Erfolgsindikatoren positiv oder negativ beeinflussen können.

	Zukünftige Entwicklung	**Chancen**	**Gefahren**
Optimistisches Szenario			
Pessimistisches Szenario			
Wahrscheinliches Szenario			

Vögele Shoes

Die ermittelten Entwicklungstrends wirken sich zum Beispiel auf den Erfolgsindikator «Umsatz» aus. Im Rahmen der Szenarioarbeit wurde nun der mögliche positive (Chancen) bzw. negative Einfluss des Trends auf die Erfolgsindikatoren eingeschätzt. Dazu wurde unter anderem Folgendes festgehalten:

---

1 Ein Beitrag zur Ordnung der Management-Toolbox: Die Analyse der Chancen und Gefahren (Opportunity/Threats aus der SWOT-Analyse) macht vor allem bei der Einschätzung der Wirkung externer Einflussgrössen auf die Erfolgslogik Sinn. Die Stärken-Schwächen-Analyse (Strength/Weaknesses) wird später im Rahmen der Ursachenanalyse bei Zielabweichungen behandelt (vgl. Abschnitt 6.4).

Vögele Shoes (Forts.)

«Auswirkung auf den Umsatz aufgrund der Kaufmotive:

- Der Umsatz wird aufgrund der stark zunehmenden Bedeutung der Mode und der leicht zunehmenden Bedeutung des Preis-Leistungs-Verhältnisses stark zunehmen.
- Der Umsatz wird aufgrund der stark zunehmenden Bedeutung der Mode und der leicht zunehmenden Bedeutung des Added Values leicht zunehmen.
- Der Umsatz mit Wellnessprodukten wird eher abnehmen.

Auswirkung des Kaufverhaltens auf den Umsatz:

- Der Umsatz mit treuen Kunden wird eher abnehmen, der Umsatz mit hybriden, sich nicht konstant verhaltenden und schlecht in Segmente einzuordnenden Kunden wird stark zunehmen, da wir schon drei profilierte Vertriebskanäle haben.
- Der Umsatz im Versandhandel wird gleich bleiben.
- Der Umsatz wird aufgrund des Markenclusters durch die Konsumenten und unsere Zugehörigkeit zum Markencluster ‹Mode› leicht zunehmen.»

Auf der Basis dieser Einschätzungen wurden die Umsatzziele für die nächsten Jahre definiert (vgl. Abschnitt 6.3).

6.1.4 | Finden und Überprüfen von Zielen und Massnahmen

Szenarien einschliesslich einer Einschätzung der Chancen und Gefahren bilden also eine Grundlage für die weitere Planungsarbeit. Sie dienen (vgl. Abschnitt 6.3 ff.) der realistischen Ziel- und Massnahmenfindung für die entsprechenden Zeithorizonte. Realistisch heisst in dem Zusammenhang, dass die Ziele nicht zu hoch, aber auch nicht zu tief gesteckt sind. Sind bereits eigene Ziele formuliert worden oder sind einzelne Ziele (von oben) vorgegeben, so hilft das wahrscheinliche Szenario bei der Überprüfung auf Realisierbarkeit.

Szenarien beim Segeln

Beim Segeln werden Szenarien oft bei unsicheren und schwer voraussagbaren Wetterbedingungen und Strömungsverhältnissen erstellt. Beispielsweise kommt man auf der Basis verfügbarer Informationen und erfahrungsgeleiteter Interpretationen zu dem wahrscheinlichen Szenario, dass mit einem Wind der Stärke sechs Beaufort und einer mitlaufenden Strömung von einem Knoten gerechnet werden kann. Diese Einschätzungen helfen, die Ankunftszeit realistisch zu berechnen (Erfolgsindikator «Ankunftszeit»). Wegen des Starkwindes werden als Massnahme kleinere Segel gesetzt und es wird auch schon ein Platz in der Stammkneipe reserviert.

Arbeit mit Erfolgslogik

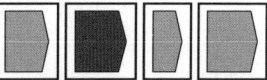

Darüber hinaus können nun auch ein optimistisches und ein pessimistisches Szenario entwickelt werden. Das ist in solchen Situationen ratsam, in denen weitere Unwägbarkeiten im Reiseverlauf auftreten könnten, aber nicht müssen. Ein optimistisches Szenario könnte von der Annahme ausgehen, dass die Windstärke von sechs auf sieben Beaufort ansteigt und der Wind günstig dreht und von hinten, statt von vorn weht. Das würde die Bootsgeschwindigkeit erhöhen und wir können mit einer früheren Ankunftszeit rechnen. Ein pessimistisches Szenario könnte davon ausgehen, dass der Wind entgegen den verfügbaren Informationen ungünstig dreht und direkt von vorn kommt. Wir müssten dann gegen den Wind aufkreuzen, was eine Verringerung der Bootsgeschwindigkeit und eine Verlängerung der direkten Wegstrecke zum Zielhafen um etwa das 2,5-fache zur Folge hätte. Aus dem wahrscheinlichen Szenario einer Segelzeit von fünf Stunden mit Ankunftszeit x würde die Reise 13 bis 16 Stunden dauern mit einer entsprechend späteren Ankunftszeit. Eine solche Reise stellt dann natürlich ganz andere Bedingungen an Schiff und Mannschaft, auf die ein professioneller Schiffsführer vorbereitet sein sollte und in der Regel auch ist. Die Stammkneipe wäre bei Ankunft allerdings schon geschlossen …

Dies zeigt erneut, dass die Erarbeitung von Szenarien auch dazu dienen kann, bereits gesetzte Ziele zu hinterfragen und an die veränderten externen Einflüsse anzupassen.

6.1.5   Pflege der Szenarien

In periodisch stattfindenden Review-Workshops (vgl. dazu auch Kapitel 7) werden – zum Beispiel im jährlichen Rhythmus – die in den Szenarien festgehaltenen Annahmen sowie Chancen und Gefahren überprüft und gegebenenfalls angepasst. Allfällige Auswirkungen auf Ziele und Massnahmen werden im Team besprochen und entsprechend geändert. Die Review-Workshops dienen neben dem Aktualisieren der Szenarien auch der periodischen Überprüfung der Erfolgslogik sowie der Fortschrittskontrolle: Haben wir die Massnahmen wie geplant umgesetzt? Haben wir die Ziele im vorgegebenen Zeitrahmen erreicht? Oft sind nach Beantwortung dieser Fragen wertvolle Ergänzungen und Verfeinerungen der Erfolgslogik möglich.

| 6.1.6 | Nutzen der Szenarioarbeit |

- Mit der Szenarioarbeit wird grössere Entscheidungssicherheit durch die bewusste Auseinandersetzung mit der Zukunft gewonnen.
- Zukunftschancen werden erkannt und können bewusst genutzt werden, ebenso kann Gefahren eher rechtzeitig vorgebeugt werden.
- Das Team nimmt relevante Erfolgsfaktoren, deren Zusammenhänge, relevante Zukünfte sowie Chancen und Gefahren gemeinsam wahr, wobei die Teammitglieder ihre Wahrnehmungen im Verlauf des Prozesses immer mehr aneinander angleichen.
- Ziele und Massnahmen werden später aus dem Blickpunkt der Zukunft entwickelt, anstatt aus Vergangenheit oder Gegenwart abgeleitet zu werden.
- Die im Rahmen der Szenarioarbeit getroffenen Annahmen der Beteiligten über die relevanten Zukünfte einer strategischen Planungseinheit sind offengelegt, dokumentiert und nachvollziehbar.
- Die Dokumentation ist eine hervorragende Basis für die Begründung von Entscheidungen sowie für die Kommunikation mit Dritten.
- Durch die Nutzung der Erfolgslogik («Vorwärtslesen») entstehen für das Unternehmen oder die Institution massgeschneiderte und konkrete Szenarien.
- Dank periodisch stattfindender Reviews werden diese gemeinsamen Zukunftsbilder über die Zeit verfeinert und permanent aktualisiert.

| 6.1.7 | Zusammenfassung: Szenarioarbeit im Überblick |

Die Szenarioarbeit umfasst folgende Schritte:

1. Glossar für die zu bearbeitenden externen Einflussfaktoren erstellen
2. Festlegen des Zeithorizonts
3. Erste Einschätzung der optimistischen, der pessimistischen und der wahrscheinlichen Entwicklung anhand einer Grafik
4. Festhalten der Annahmen: kurze Begründung der drei Einschätzungen
5. Chancen- und Gefahrenanalyse: Abschätzen der Wirkungen dieser Entwicklungen auf die Erfolgsindikatoren in der Erfolgslogik
6. Auswahl des wahrscheinlichen Szenarios zur konkreten Ziel- und Massnahmenfindung und -überprüfung
7. Pflege der Szenarien durch periodische Review-Workshops

Im nächsten Abschnitt wird aufgezeigt, wie eine Erfolgslogik auch als Basis für die Entwicklung und Nutzung von Früherkennungssystemen dient.

Arbeit mit Erfolgslogik

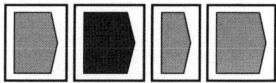

6.2	**Exkurs: Die Erarbeitung eines Früherkennungssystems**
6.2.1	**Früherkennung ≠ Szenarioarbeit**

Die soeben vorgestellte Szenariotechnik unterscheidet sich von einem Früherkennungssystem in zweierlei Hinsicht:

1. Bei Szenarien wird ein detailliertes *Gesamtbild* einer zukünftigen Situation entworfen, während bei der Früherkennung nur *einzelne* zukunftsrelevante Faktoren untersucht werden.
2. Szenarien blicken weit in die Zukunft – fünf Jahre oder noch weiter – und dienen somit eher *langfristigen Überlegungen.* Die Früherkennung hingegen ist gegenwartsnäher und soll Auskunft über *kurz- und mittelfristige* Entwicklungen, Chancen und Gefahren geben.

Es empfiehlt sich, in jedem Falle Szenarien zu entwickeln, bevor über Ziele und Aktionen entschieden wird. Die zusätzliche Entwicklung eines Früherkennungssystems macht dann Sinn, wenn ein Unternehmen oder eine Institution zusätzlich über kurz- bis mittelfristige Entwicklungen informiert werden will.[1]

Ein Früherkennungssystem gibt dem Management ebenso wenig wie Szenarien eine Garantie für das Eintreffen einer bestimmten Zukunft, erhöht aber die Sicherheit, wichtige Trends zu erkennen und adäquat reagieren zu können.

6.2.2	**Früh(erkennungs)indikatoren**

Wie geht man nun bei der Erarbeitung eines Früherkennungssystems vor? Die Erfolgslogik und das zeitliche Verhalten des Systems müssen dem bearbeitenden Projektteam transparent sein, damit geeignete Frühindikatoren gefunden werden können – mit anderen Worten: Die in der Erfolgslogik erarbeiteten Zusammenhänge dienen wiederum als Basis.

Sucht man hingegen nach Frühindikatoren, ohne zuvor mittels einer Erfolgslogik die Zusammenhänge visualisiert zu haben, so besteht die Gefahr, dass man keine geeigneten Frühindikatoren findet bzw. sich im Team nicht auf solche einigen kann. Ausserdem kann es zu falschen Schlussfolgerungen kommen, wenn die gegenseitige Beeinflussung der Indikatoren nicht beachtet wird.

Es werden wichtige Beobachtungsbereiche – zum Beispiel Konkurrenz, Mitarbeiter, Führungskräfte – und dazugehörige Erfolgsfaktoren auswählt, über deren mögliche positive oder negative Beeinflussung man frühzeitig eine Auskunft haben möchte (man nennt diese Grössen auch Indikandum).

---

1   Aus diesem Grund ist die Überschrift dieses Kapitels mit dem Wort «Exkurs» ergänzt.

In der Erfolgslogik werden dann mögliche Frühindikatoren gesucht. Das können interne, aber auch externe Einflüsse sein, keinesfalls jedoch Hebel, weil diese ja für Aktionen (Massnahmen, Projekte und Handlungsanweisungen) stehen. Die Identifikation von möglichen Frühindikatoren erfolgt durch «Rückwärtslesen» der Kausalbeziehungen in der Erfolgslogik, also durch Lesen in Gegenpfeilrichtung. Dabei startet man das Rückwärtslesen von jenen Grössen aus, über die man eine Auskunft will.

Früherkennungszeit > Reaktionszeit

Damit man von Früherkennung reden kann, muss eine wichtige Voraussetzung erfüllt sein: Die Früherkennungszeit muss grösser sein als die Reaktionszeit. Das heisst, das Erkennungssignal, die «Warnleuchte», muss frühzeitig genug blinken, damit noch ausreichend Zeit zum Handeln bleibt.

Klassisches Beispiel für einen Frühindikator ist die Benzinuhr im Auto: Wenn das rote Licht aufleuchtet, ist zum Beispiel noch für fünfzig Kilometer Benzin im Tank, so dass die nächste Tankstelle problemlos erreicht werden kann. Demgegenüber wäre ein Kratzgeräusch ein Präsenzindikator und die Beule ein Spätindikator für einen Unfall; sie zeigen an, was gerade passiert oder schon passiert ist. Der Unfall lässt sich nicht mehr verhindern. So einfach die Unterscheidung zwischen Früh-, Präsenz- und Spätindikator in der Theorie klingt, so schwierig ist es in der Praxis. Viele Indikatoren taugen nicht zur Früherkennung, weil die Reaktionszeit zu kurz ist. Es geht darum, die Komplexität *proaktiv* zu steuern, nicht nur darum, ein Ereignis zu erkennen, wenn es bereits eingetreten ist. Bei jedem möglichen Indikator sollte deshalb gefragt werden: Ist die Information rechtzeitig verfügbar? Die Erfolgslogik unterstützt diese Einschätzung, da die Dauer der Ursache-Wirkungs-Beziehungen identifiziert wurde. Wenn ein geeigneter Frühindikator gefunden wurde, wird dieser folgendermassen bearbeitet:

- Für jeden Frühindikator werden Soll- und Toleranzwerte bestimmt.
- Für jeden Frühindikator werden die Informationsquellen identifiziert.
- Es wird festgelegt, wer beobachtet.
- Die Gestaltung der Indikationsmeldung wird definiert.
- Der oder die Empfänger der Meldung werden bestimmt.
- Es wird festgehalten, welche Aktionen beim Unter- oder Überschreiten von Soll- und Toleranzwerten sinnvoll sein könnten (die konkrete Entscheidung, welche Massnahme getroffen werden soll, wird aber erst bei der Interpretation der Warnmeldung gefällt).
- Es wird für jede Massnahme eingeschätzt, wie lang die Reaktionszeit ist, um sicherzustellen, dass sich die mögliche Aktion auch wirklich eignet.

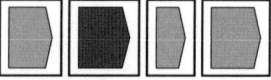

Arbeit mit Erfolgslogik

6.2.3	Vorlage für ein Früherkennungssystem

Die nachfolgende Tabelle, die blanko auch als Formular nutzbar ist, zeigt anhand eines konkreten Frühindikators, welche Elemente festgehalten bzw. welche Fragen beantwortet werden müssen. Es handelt sich dabei um ein Unternehmen, das frühzeitig Informationen über mögliche Probleme bei der Kundenzufriedenheit (= Indikandum) erhalten wollte. Die Erfolgslogik zeigt auf: Eine Ursache hoher Kundenzufriedenheit ist die Beratungsqualität, deren Ursache wiederum eine gute Qualifikation der Mitarbeiter (Frühindikator) ist. Diese wurde für die weitere Konkretisierung in die fachliche und soziale Qualifikation unterteilt und mit einem Glossar hinterlegt.

Beobachtungsbereich: Kunde Auswirkung auf: «Kundenzufriedenheit» (= Indikandum)		
Frühindikator	**Fachliche Qualitäten der Mitarbeiter**	**Soziale Qualitäten der Mitarbeiter**
Was messen?	Fachliche Qualifikation: ■ … ■ … ■ …	Soziale Qualifikation: ■ … ■ … ■ …
Informationsquelle	Angaben über formale Aus- und Weiterbildung. Selbsteinschätzung. Beurteilung durch Vorgesetzten. Beurteilung des Kunden.	Angaben über formale Aus- und Weiterbildung. Selbsteinschätzung. Beurteilung durch Vorgesetzten. Beurteilung des Kunden.
Soll-Wert	Anhand erarbeiteter Checkliste ≥ «gut»	Anhand erarbeiteter Checkliste ≥ «gut»
Toleranzwert	Von zum Beispiel 5 Kategorien dürfen 2 ≤ «gut» sein	Von zum Beispiel 5 Kategorien darf 1 ≤ «gut» sein
Früherkennungszeit	Ein halbes Jahr	Ein Vierteljahr
Wer beobachtet?	Vorgesetzter	Vorgesetzter
Gestaltung der Meldung	Schriftlich	Schriftlich
Empfänger der Information	Personalbetreuer in den Regionen	Personalbetreuer in den Regionen
Mögliche Aktionen (Massnahmen, Projekte und Handlungsanweisungen)	1. Gezielte Schulung 2. Instruktion durch Vorgesetzten 3. Coaching	1. Gezielte Schulung 2. Instruktion durch Vorgesetzten 3. Coaching
Reaktionszeit	1. 1 Monat 2. 1 Monat 3. 3 Monate	1. 1 Monat 2. 1 Woche 3. 2 Monate

Ein Früherkennungssystem ist um so besser,

- je gesicherter der Beitrag eines Frühindikators zum Indikandum ist (also zu demjenigen Erfolgsfaktor, über dessen mögliche positive oder negative Beeinflussung man frühzeitig eine Auskunft haben möchte); dies ist durch die Kausalbeziehungen in der Erfolgslogik identifizierbar,
- je mehr Indikatoren für ein Indikandum vorhanden sind (sich verzweigende Kausalbeziehungen) und
- je besser die Vernetzung der Indikatoren untereinander und mit dem Indikandum gelingt (Analyse der Wirkungszusammenhänge in der Erfolgslogik).

Die Erarbeitung eines massgeschneiderten Früherkennungssystems setzt eine gute Kenntnis des eigenen Systems voraus. Die Teamzusammensetzung ist somit von grosser Bedeutung: Es sollte interdisziplinär sein, mit Fach- und Führungskräften aus verschiedenen Abteilungen und Hierarchieebenen.

Nicht nur die Ergebnisse, die durch das Früherkennungssystem gewonnen werden können, sondern auch der Erarbeitungsprozess im Projektteam sind wertvoll: Es entsteht ein Informationsgleichstand und ein gemeinsames Bewusstsein der Zusammenhänge. Meist stellt man während der Arbeit fest, dass im Unternehmen gewisse Voraussetzungen gegeben sind, andere aber erst geschaffen werden müssen, damit einzelne Frühindikatoren überhaupt genutzt werden können.

6.3 Das Management-Cockpit: Ziele, Soll-Ist-Vergleich und Signalfarbe

Wer den Hafen nicht kennt, zu dem er segeln will, für den ist kein Wind ein günstiger.
Seneca

Nach der Erstellung der Erfolgslogik haben wir die Erfolgsfaktoren kategorisiert und dabei Erfolgsindikatoren, Hebel und externe Einflussgrössen ermittelt (vgl. dazu Abschnitt 5.4). Zu den wesentlichen externen Einflussgrössen haben wir Szenarien entwickelt. Die daraus gewonnenen Einschätzungen über die zukünftige Entwicklung externer Einflüsse dienen im Folgenden der Konkretisierung der Erfolgsindikatoren.

Arbeit mit Erfolgslogik

6.3.1	Ein Set von Erfolgsindikatoren

Bei komplexen Fragen lohnt es sich, ein Set von etwa fünfzehn quantitativen und qualitativen Erfolgsindikatoren zu identifizieren. Im Folgenden wird aufgezeigt, wie man diese konkret mit Zielen (Soll-Zustand), dem Ist-Zustand und einer Signalfarbe (als Resultat eines Soll-Ist-Vergleichs oder einer Gap-Analyse)[1] hinterlegen kann.

Auf die Gefahr, lediglich quantitative Erfolgsindikatoren zu verwenden und damit wichtige Erfolgsfaktoren ausser Acht zu lassen, wurde bereits hingewiesen: Es bestünde der Nachteil, dass man nur einen Teil des Erfolgs misst (und somit ein unvollständiges und eventuell sogar falsches Bild über den «Gesundheitszustand» des Systems erhält) und diesen auch nur vergangenheitsorientiert. Denn Grössen wie Cashflow, Umsatz und Gewinn sind vergangenheits- oder bestenfalls gegenwartsbezogen: Sie spiegeln, was das Unternehmen in früherer Zeit geleistet hat, sagen aber wenig über den gegenwärtigen Erfolg in einem ganzheitlichen Sinne und noch weniger über die Zukunft aus. Qualitative Erfolgsindikatoren dagegen dienen häufig als Frühindikatoren für zukünftige Entwicklungen.

Für jeden Erfolgsindikator wird ein Glossar erstellt, ein Soll-Ist-Vergleich durchgeführt sowie eine Signalfarbe als Hinweis für die Soll-Ist-Abweichung vergeben (vgl. ▶ Abb. 38). Aus dem Soll-Ist-Vergleich lassen sich in einer späteren Netmapping-Phase zielorientierte Massnahmen ableiten (vgl. Abschnitt 6.4).

Die zentralen Fragen lauten:

- Wo wollen wir bei jedem Erfolgsindikator in Zukunft stehen (= Soll)?
- Was ist unser langfristiges Ziel (zum Beispiel in fünf Jahren), und welches Ziel wollen wir kurzfristig (zum Beispiel innerhalb eines Jahres) erreichen?
- Wo stehen wir bei jedem einzelnen Erfolgsindikator heute (= Ist)?

Erfolgsindikator:			
Glossar	Ist	Ziel/Soll-Zustand kurzfristig	Ziel/Soll-Zustand langfristig

▲ Abb. 38   Glossar, Ist- und Soll-Zustand (Ziel) pro Erfolgsindikator

---

1   Ein Beitrag zur Ordnung der Management-Toolbox: Die Gap-Analyse (Analyse der Lücke zwischen Ziel/Soll-Zustand und Ist-Zustand) macht bei den Erfolgsindikatoren am meisten Sinn.

Das Vorgehen wird nachfolgend im Detail beschrieben. Bei der vertieften Auseinandersetzung mit den Zielen erkennt man häufig Zielkonflikte. Am Schluss des Abschnitts ist der Umgang mit derartigen Konflikten im Rahmen des Netmappings dargestellt.

6.3.2	Ziel (= Soll-Zustand) festlegen

Ein Ziel sollte

- Spezifisch,
- Messbar,
- Attraktiv (hoch gesteckt und motivierend),
- Realistisch (mit Anstrengung erreichbar) und
- Terminiert (mit Zwischen- und Endterminen versehen) sein,

das heisst, der SMART-Regel entsprechen. Der Soll-Zustand bzw. das Ziel wird ermittelt, indem für jeden Erfolgsindikator der Erfolgslogik eine Definition hinterlegt wird. Durch dieses Glossar wird der Erfolgsindikator in konkrete Kennzahlen heruntergebrochen. Durch das anschliessende Definieren eines Soll-Zustands pro Kennzahl entstehen konkrete Ziele.

Je nach Erfolgsindikator kann es sich lohnen, verschiedene Zeithorizonte und Zwischenziele festzulegen. Somit hat man nicht nur langfristige Ziele, sondern auch Jahresziele erarbeitet. Dabei ist es vorteilhaft, mit der langfristigen Perspektive anzufangen und dann «rückwärts» für die kurzfristige Perspektive die Zwischenziele zu ermitteln.

6.3.3	Organisation der Datenerhebung

Um den Ist-Zustand jedes Erfolgsindikators zu erfassen, legt man fest, wie die erforderlichen Daten erhoben und ausgewertet werden sollen. Es lohnt sich, für jeden Erfolgsindikator ein sogenanntes Stammblatt zu führen, das alle wesentlichen Informationen zur Organisation der Datenerhebung und -auswertung enthält. Das Stammblatt beantwortet pro Erfolgsindikator folgende Fragen:

- Was verstehen wir unter dem Begriff (Glossar)?
- Wer ist für die Messung verantwortlich?
- Wie messen wir (zum Beispiel durch eine Kundenumfrage)?
- Wer unterstützt uns dabei (zum Beispiel ein Marktforschungsinstitut)?

Arbeit mit Erfolgslogik

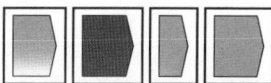

- Wie häufig messen wir (zum Beispiel jährlich)?
- Wann messen wir jeweils (zum Beispiel im Frühjahr)?
- Wer ist für die Auswertung verantwortlich?
- Wo werden die Daten abgelegt (zum Beispiel passwortgeschützt auf dem zentralen Server, vgl. auch Abschnitt 6.8 Dokumenten-Management)?

| 6.3.4 | Ist-Werte bestimmen |

Die Datenerhebung und -auswertung organisiert durchzuführen ist die Voraussetzung, damit man sich ein zutreffendes Bild der momentanen Situation machen kann. Es wird gelegentlich eingewandt, dass es zu aufwendig sei, für alle Erfolgsindikatoren die Ist-Werte zu bestimmen. Es ist durchaus legitim, in einem ersten Schritt eine Selbsteinschätzung vorzunehmen – besser diese als gar keine! Letztlich ist es eine Teamentscheidung, wie wichtig eine genaue Einschätzung der Erfolgsindikatoren jeweils ist und wie viele Ressourcen man in die genauere Erfassung des Ist-Zustands investiert (zum Beispiel durch eine neutrale Erhebung der Mitarbeiter- oder der Kundenzufriedenheit durch ein externes Marktforschungsinstitut).

Ziele und Soll-Ist-Vergleich beim Segeln

Wie bereits erwähnt, ist ein Erfolgsindikator beim Segeln das Erreichen eines Hafens, und ein konkretes Ziel könnte zum Beispiel der Hafen von St. Tropez sein. Der Navigator bestimmt nun laufend oder zumindest in regelmässigen Abständen den Standort. So findet fortwährend ein Soll-Ist-Vergleich statt, um festzustellen, ob das Segelboot noch auf Zielkurs ist oder ob der Steuermann den Kurs korrigieren muss. Ist eine massgebliche Abweichung vorhanden, so gibt der Navigator dem Steuermann als Signal eine neue Kursangabe. Er hat also die Funktion eines Signalgebers.

Vögele Shoes

Nachfolgend einige Beispiele zu den bearbeiteten Erfolgsindikatoren. Zuerst wurde ein Glossar erstellt. Das Ziel (Soll-Zustand) sowie der Ist-Zustand bei den qualitativen Zielen wurden mit Noten erfasst: 3 = ungenügend, 4 = genügend, 5 = gut, 6 = sehr gut. Es handelt sich dabei um grobe Einschätzungen; die qualitativen Ziele wurden im Rahmen des strategischen Controllings später noch genauer eingegrenzt.

Vögele Shoes (Forts.)	
Erfolgsindikatoren	**Ziel – heute und in 5 Jahren**
Attraktivität der Kollektion	Wir möchten in 5 Jahren die Attraktivität der Kollektion in der Schweiz und in Österreich auf gut bis sehr gut steigern. Wir schätzen heute die Attraktivität der Kollektion in der Schweiz mit gut und in Österreich mit genügend bis gut ein.
Bekanntheitsgrad	Wir streben an, dass Vögele Shoes in 5 Jahren in der Schweiz bei 80 % (hervorragend) und in Österreich bei 40 % (genügend) der Bevölkerung ungestützt bekannt ist. Vögele Shoes ist heute in der Schweiz bei 70 % (sehr gut) und in Österreich bei 20 % (ungenügend) der erwachsenen Bevölkerung im Einzugsgebiet ungestützt bekannt.
Filialdichte	Wir streben an, bis in 5 Jahren in der Schweiz 220 und in Österreich 100 Filialen zu betreiben, um heute bestehende geografische «weisse Flecken» abzudecken. Wir verfügen heute in der Schweiz über 200 und in Österreich über 81 Filialen.
Kundenzufriedenheit	Wir möchten in der Schweiz und in Österreich die Kundenzufriedenheit auf gut steigern. Die Kundenzufriedenheit in der Schweiz ist heute bei knapp gut, in Österreich genügend bis gut.

6.3.5 Signalfarben vergeben

Sobald Soll- und Ist-Werte für alle Erfolgsindikatoren erarbeitet – und eventuell vorhandene Zielkonflikte entschärft – worden sind, vergibt man in der Erfolgslogik Signalfarben, um kenntlich zu machen, wo man bei jedem einzelnen Ziel momentan steht:

- *Grün:* Das System ist «auf Kurs» und das Ziel wurde bzw. wird wahrscheinlich erreicht.
- *Gelb:* Es besteht eine Abweichung vom Ziel. Sofern nicht besondere Anstrengungen unternommen werden, wird es nicht erreicht.
- *Rot:* Die Abweichung vom Ziel ist gross und es besteht ein grosser Handlungsbedarf, um das Ziel überhaupt noch zu erreichen.

Arbeit mit Erfolgslogik

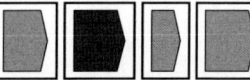

Dabei wird für jedes quantitative und qualitative Ziel der Abweichungsgrad definiert: Wird zum Beispiel eine zehnprozentige Abweichung mit Gelb oder schon mit Rot gekennzeichnet? Bei den Kosten kann eine fünfprozentige Abweichung schon «Rot» bedeuten, während beim Ziel Image eine fünfprozentige Abweichung noch «Gelb» bedeuten kann.

6.3.6 | Management-Cockpit

Mit der Identifikation der Signalfarben kann ein Management-Cockpit entwickelt werden, also ein umfassendes Steuerungsinstrument. Dieses Cockpit hilft, relevante Zielabweichungen schnellstmöglich zu erkennen. So wie Piloten ein Flugzeug über ihr Cockpit steuern, indem sie alle Vorgänge und Abläufe, die momentane Position wie auch das Flugziel im Blick haben, so haben jetzt auch die Mitglieder des Teams jederzeit das gesamte System mit allen Vernetzungen einschliesslich Ist- und Soll-Zustand im Blick.

Die Methode Netmapping unterscheidet zwei Darstellungsformen für das Management-Cockpit: ein tabellarisches und ein «erfolgslogisches».

6.3.7 | Tabellarisches Management-Cockpit: Entwicklung auf der Zeitachse

Das tabellarische Management-Cockpit bildet die Erfolgsindikatoren und die Signalfarben über mehrere Jahre ab und gibt somit eine Übersicht über deren Entwicklung auf der Zeitachse. Dabei werden die Signalfarben für die vergangenen Jahre sowie auf der Basis eines Forecasts auch für das laufende Jahr hinterlegt.

In tabellarischer Form lassen sich nötige Veränderungen über die Zeit hinweg mit Hilfe der Signalfarben kenntlich machen. Bei periodischen Reviews wird das Cockpit immer wieder dem Ist- und dem Soll-Zustand angepasst.

Vögele Shoes

▶ Abb. 39 hält die Entwicklung der Erfolgsindikatoren über mehrere Jahre fest. Beim Abwägen und Optimieren der verschiedenen Erfolgsindikatoren und der Festlegung der konkreten Ziele nahm das Managementteam von Vögele Shoes die im Leitbild festgehaltenen Werte als Basis.

Vögele Shoes (Forts.)

	Erfolgsindikator	Einheit	2005	2006	2007	Ziel 2008	Ziel 2009	Ziel 2010
Eigner/ Inhaber	Cashflow	Mio. CHF						
	Umsatz	Mio. CHF						
	Kosten	Mio. CHF						
Kunde/Markt	Kundenzufriedenheit	Note						
	Image	Note						
	Bekanntheitsgrad	Prozent						
	Filialdichte	Zahl						
	Qualität der Filialen	Note						
	Verkaufsqualität	Note						
	Attraktivität Kollektion	Note						
Mitarbeitende	Motivation	Note						
	Qualifikation	Note						
	...							
	...							

Legende:
Nov. 07: sind
wir auf Kurs?   Ja, gut   Mittel   Nein, schlecht

▲ Abb. 39   Tabellarisches Management-Cockpit (ohne Zahlen und leicht verändert;
             vgl. auch die farbige Darstellung auf der Umschlagklappe hinten)

Mit dem tabellarischen Management-Cockpit lassen sich mehrere Jahre miteinander vergleichen. Zusätzlich werden die Farben auch im erfolgslogischen Cockpit eingetragen, um den Überblick über das ganze System jederzeit aktuell zu halten.

6.3.8 Erfolgslogisches Management-Cockpit: Signalfarben in der Erfolgslogik

Zusätzlich zu vielen in der Praxis verbreiteten Cockpits (zum Beispiel in Balanced Scorecards) enthält das erfolgslogische Management-Cockpit auch die Hebel, mit welchen eine allfällige Zielabweichung korrigiert werden kann, sowie das Zeitverhalten und die Intensität der Wirkungszusammenhänge (vgl. Abschnitt 5.5, z. B. ◀ Abb. 35 auf Seite 117). Die Kombination von Erfolgslogik und Management-Cockpit schaffen die Grundlage, Komplexität wirksam zu steuern.

Arbeit mit Erfolgslogik

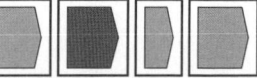

«Amöben» für Anspruchsgruppen

Es kann hilfreich sein, im Management-Cockpit zusätzlich die Erfolgsindikatoren grafisch zu clustern, um diejenigen der wichtigsten Anspruchsgruppen sichtbar zu machen. Dazu werden die Regionen, die jeweils für eine Anspruchsgruppe wichtig sind, in jeweils einer Farbe eingekreist (vgl. die «Amöben» in ▶ Abb. 40).

Vögele Shoes

Im Management-Cockpit wurden drei Anspruchsgruppen-Cluster gebildet: Kunde/Markt, Eigner/Inhaber und Mitarbeitende. Es ist erkennbar, dass das Unternehmen 2007 bei den Zielen Qualifikation, Motivation der Mitarbeiter, Verkaufsqualität und Bekanntheitsgrad im grünen Bereich, also auf Kurs, ist, während die übrigen Ziele mit Gelb markiert sind (Handlungsbedarf).

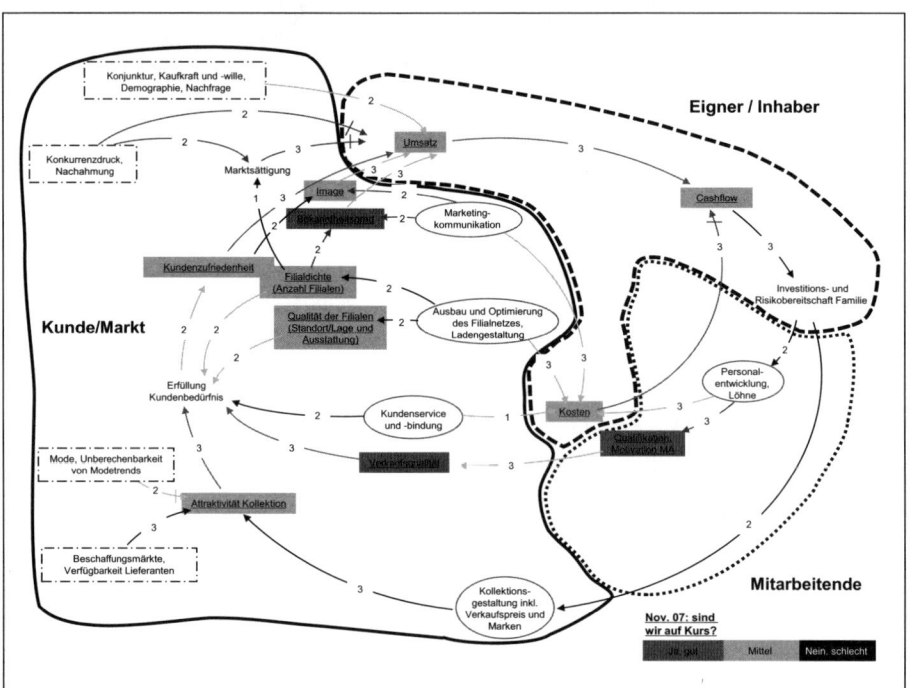

▲ Abb. 40   Erfolgslogisches Management-Cockpit (Einschätzungen leicht verändert; vgl. auch die farbige Abbildung auf der Umschlagklappe hinten)

Nun kann man aufgrund der identifizierten Zusammenhänge und der definierten Ziele die wirksamsten Hebel bzw. Massnahmen identifizieren, um alle Erfolgsindikatoren in den grünen Bereich zu bewegen bzw. im grünen Bereich zu halten.

6.3.9	Zielkonflikte und Komplexitätsmanagement

Wenn man *sämtliche* Erfolgsindikatoren bearbeitet hat, kann man sich ein Gesamtbild machen. Häufig erkennt man Zielkonflikte erst bei der vertieften Auseinandersetzung mit den gewünschten Soll-Zuständen. Deshalb sei an dieser Stelle der Umgang mit Zielkonflikten im Rahmen des Netmappings dargestellt.

Zielkonflikte

In einem Unternehmen beschwert sich der Marketingverantwortliche beim Produktionschef: Man habe dank erstklassiger Werbung, in der man den Kunden hohe Produktqualität und schnelle Lieferung zusagte, viele Aufträge hereingeholt. Doch jetzt hapere es an der Umsetzung: Manche Kunden beschweren sich, dass sie zu lange auf ihre bestellte Ware warten müssten, andere reklamierten schlechte Qualität. Daraufhin entgegnet der Produktionschef: Ziel des Unternehmens sei es immer gewesen, höchste Produktqualität zu liefern. Um diese zu erreichen, sei es nötig, Zeit in den Herstellungsprozess zu investieren, so dass man nicht so schnell liefern könne, wie es in der Werbung versprochen worden sei. Wenn aber aufgrund des hohen Auftrags- und Zeitdrucks schnell geliefert werden müsse, so gehe dies auf Kosten der Qualität, so dass eben Reklamationen in Kauf genommen werden müssten.

In der Folge wird die Werbung mit dem Versprechen der «schnellen» Lieferung abgeändert und die Produktqualität wieder auf ein einheitlich hohes Niveau angehoben. Doch nun tritt der Controller auf den Plan: Schon lange sei es Ziel des Unternehmens, die Kosten zu senken, die Produktion sei aber in der letzten Zeit eindeutig zu teuer geworden. Der Produktionschef entgegnet: Es sei nicht möglich, die hohe Qualität in der Herstellung zu halten, wenn gleichzeitig die Kosten gesenkt werden; Premiumqualität lasse sich eben nicht durch Einsparungen beim Material realisieren.

Das Unternehmen pendelt nun zwischen den drei Zielgrössen Kosten, Lieferzeit und Qualität hin und her (vgl. auch ▶ Abb. 41): Einmal wird mit schlechterer Produktqualität in kurzer Zeit geliefert, wobei die Kosten sich «im vorgegebenen Rahmen» halten, die Kunden aber unzufrieden sind; dann wird erstklassige Qualität geliefert, aber es hapert an der Termintreue des Unternehmens, was die Kunden ebenfalls unzufrieden sein lässt, und das Controlling bemängelt ausserdem die Kostenexplosion. Immer wieder kommt es zu Konflikten und Missverständnissen zwischen der Marketing-, der Produktions- und der Controlling-Abteilung, weil alle glauben, «Recht» zu haben und auf der Durchsetzung ihrer jeweiligen Ziele bestehen zu müssen.

Arbeit mit Erfolgslogik

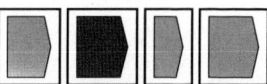

Folgende Beziehungen zwischen den Zielen sind möglich:

- *Indifferenz:* Eine Aktivität zur Erreichung des einen Ziels beeinflusst die Erreichung eines anderen Ziels nicht. Beide Ziele sind neutral. Zum Beispiel haben die Massnahmen zur Steigerung des Bekanntheitsgrades eines Unternehmens keine Auswirkung auf die Massnahmen zur Effizienzsteigerung in der Produktion.
- *Harmonie:* Eine Aktivität oder Massnahme trägt zur Erreichung zweier Ziele gleichzeitig bei: Es herrscht Kompatibilität der Ziele. Zum Beispiel fördern gute Weiterbildungsmassnahmen die Qualifikation wie auch die Motivation der Mitarbeiter.
- *Konflikt:* Die Erreichung eines Ziels be- oder verhindert die Erreichung eines anderen Ziels: Es herrscht eine Antinomie. Zum Beispiel erhöhen Marketingmassnahmen zur Verbesserung des Images die Kosten.

Ob die verschiedenen Ziele miteinander vereinbar sind, wird in der Praxis häufig nicht erkannt,

- weil zum Beispiel die Kommunikation zwischen verschiedenen Unternehmensebenen unzureichend ist oder
- weil verschiedene Managementinstrumente mit unterschiedlichen Ausrichtungen, Zeithorizonten und Abstraktionsgraden einen Abgleich von Soll- und Ist-Zustand unmöglich machen (vgl. das Beispiel in Kapitel 1),
- weil sie unbewusst verdrängt werden, um Einzelziele besser zu erreichen,
- weil die Vernetzungen und Spannungsfelder nicht transparent sind.

Zielkonflikte können lange unterhalb der Wahrnehmungsschwelle bleiben und plötzlich durch eine neue Herausforderung an die Oberfläche treten. In der Folge kommt es häufig zu Hektik, Stress, schlechter Stimmung, Kommunikationsproblemen und Uneinigkeit über das weitere Vorgehen und unkoordinierten Handlungen.

Ein klassischer Zielkonflikt

Ein geradezu «klassischer» Zielkonflikt besteht zum Beispiel zwischen Kosten, Marktleistungsqualität und Termintreue (vgl. ▶ Abb. 41): Wenn ein Unternehmen in einer wettbewerbsintensiven Branche gleichzeitig niedrigere Kosten, höhere Qualität und höhere Termintreue als der beste Mitbewerber anstrebt, so hört sich das in Bezug auf die Einzelziele zwar verlockend an. Allen Zielen den gleichen (hohen) Stellenwert einzuräumen, führt aber zwangsläufig dazu, dass sich die Mitarbeitenden gezwungen sehen, im Alltag selbst Prioritäten zu setzen, und so einzelne Ziele höher zu bewerten. Durch das unkoordinierte Setzen von Schwerpunkten entsteht aber ein Durcheinander: Steigt durch die getroffenen Massnahmen die Qualität, so steigen auch die Kosten; sinken dank weiterer Massnahmen

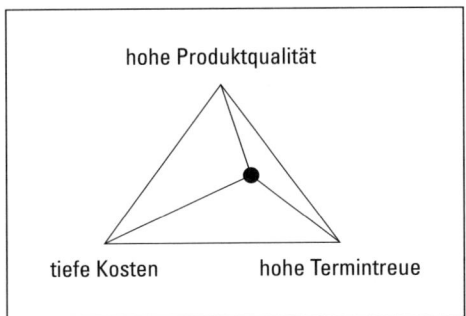

▲ Abb. 41   Ein typischer Zielkonflikt – mit bewusster Schwerpunktsetzung

endlich die Kosten, sinkt auch die Produktqualität; wird termingerecht geliefert, kann es passieren, dass durch den erhöhten Logistikaufwand sowohl die Kosten steigen als auch die Qualität sinkt usw.

Häufig wird vom Management versucht, mit einem «Jahresmotto» (zum Beispiel «Kosten senken») gegenzusteuern. Ganze Konzerne schwanken so hin und her zwischen dem Jahresmotto «Qualität erhöhen (um jeden Preis)» und dem (Folge-)Jahresziel «Kosten senken (koste es, was es wolle)» und dann «Geschwindigkeit erhöhen» etc. Dies führt dazu, dass die Ziele (bestenfalls) nacheinander, aber nie alle gleichzeitig erreicht werden können.

Ganzheitlicher und langfristig erfolgversprechender ist es, das Gesamt-Zielsystem zu optimieren und bei gewissen Zielen bewusst Abstriche zu machen – indem sich das Management zum Beispiel entscheidet, der schnellste und qualitativ beste Anbieter sein zu wollen und dies zu höheren Preisen als die Mitbewerber. Diesen bewussten Entscheid gilt es auch, den Mitarbeitern mitzuteilen.

Umgang mit Zielkonflikten

Mit Zielkonflikten kann man unterschiedlich umgehen: Man kann sie verdrängen, ignorieren oder konstruktiv und proaktiv gestalten. Das Letztere ist das Beste. Warum?

1. Bleiben Zielkonflikte verdeckt, so bestimmen Pannen und Probleme das Handeln, nicht jedoch Effektivitätskriterien.
2. Werden die möglichen Auswirkungen der Zielkonflikte nicht beachtet, so ist die Qualität der Problemlösungen unzureichend.
3. Werden die Zusammenhänge zwischen den Zielen nicht sorgfältig analysiert und modelliert, so werden Nebeneffekte zu spät erkannt, und es entsteht unnötiger Zeitdruck und Hektik.
4. Zielkonflikte sind auch vorhanden, wenn wir sie nicht bewusst wahrnehmen wollen. Es ist angenehmer, sich bewusst mit diesen auseinanderzusetzen, als überrascht zu werden.

Arbeit mit Erfolgslogik

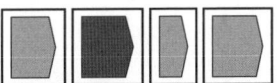

Verfolgt man sich widersprechende Ziele, so gibt es niemals eine beste oder eine «richtige» Lösung. Es muss zwischen verschiedenen Zielen abgewogen werden. Statt Maximieren ist Optimieren angesagt. Optimieren kann man aber erst, wenn die Zielkonflikte explizit gemacht und somit erkannt wurden – und zwar nicht erst bei Eintreffen, sondern möglichst früh, *bevor* man sich für bestimmte Aktionen (Massnahmen, Projekte und Handlungsanweisungen) entschieden hat.

Zentraler Aspekt beim konstruktiven Umgang mit inhaltlichen oder zeitlichen Zielkonflikten ist deren Visualisierung in der Erfolgslogik. Somit können Entscheidungen bewusst gefällt werden.

Zielkonflikte gehören zum Managementalltag. Sie lassen sich niemals vollkommen vermeiden, jedoch «optimieren» oder «balancieren». Es ist eine Aufgabe des Managements, Zielkonflikte zu erkennen und eine klare Entscheidung zu treffen. So nimmt man sich bei einer Zielgrösse bewusst weniger vor, um damit ein anderes Ziel leichter zu erreichen. Das heisst, die einzelnen Ziele werden gegeneinander abgewogen und man trifft eine bewusste Entscheidung: Ein bestimmtes Ziel wird (eventuell auch nur für einen bestimmten Zeitraum) zurückgestuft, um ein anderes zu erreichen (Prioritätensetzung). Die einseitige und kurzfristige Maximierung einzelner Ziele führt bei komplexen Systemen immer zur Minimierung anderer Ziele.

Zielkonflikte und Vision/Mission/Werte

Zieloptimierungen «purzeln» nicht automatisch aus der Erfolgslogik, sondern werden beim Netmapping auf der Basis der Erfolgslogik, der Vision, der Mission und der Werte geklärt.

Ist zum Beispiel «Zuverlässigkeit» ein hoher Wert, so wird die Priorität eher auf Termintreue als auf niedrigen Kosten liegen; ist jedoch «Preisbewusstsein» ein hoher Wert, so liegt die Priorität eher auf niedrigen Kosten als auf höchster Qualität. Werte sind die Basis, um bei der Zielfindung Schwerpunkte zu setzen.

Deshalb sollen idealerweise als Einstieg ins Netmapping oder spätestens nach dem Erstellen der Erfolgslogik die Vision, die Mission und die Werte überprüft und schriftlich festgehalten werden (vgl. Abschnitt 4.5).

Hat man sich auf die verschiedenen quantitativen und qualitativen Ziele geeinigt und deren Konsequenzen in der Erfolgslogik sichtbar vor Augen, so «kippen» die Beteiligten in ihrer Meinung nicht «um», wenn die erwarteten negativen Auswirkungen eintreten; vielmehr wird die nötige Geduld aufgebracht, damit die erwünschten positiven Wirkungen eintreten können.

Mittels Netmapping ist es gelungen, die qualitativen und quantitativen Erfolgsfaktoren unserer Unternehmen zu vernetzen und somit die Zusammenhänge und Zielkonflikte transparent zu machen. Diese nutzen wir nicht nur als Basis für strategische Überlegungen im Management-Team, sondern kommunizieren sie auch jedem neuen Mitarbeitenden. Beides unterstützt uns beim erfolgreichen Managen unseres starken Firmenwachstums.
Hermann Graf, Präsident des Verwaltungsrats der T&N AG

Konstruktiver Umgang mit Zielkonflikten

Die Mitglieder der Geschäftsleitung, der Finanzchef, der Verkaufsleiter, der Produktionsleiter und die Personalverantwortlichen haben den Auftrag, ihre Dreijahresziele und den entsprechenden Ressourcenbedarf zu definieren. In einem Workshop sollen diese Zielvorstellungen und Ressourcenpläne abgestimmt werden. Während des Workshops entsteht eine heftige Debatte über die strategischen Weichenstellungen:

- Der Verkaufsleiter verlangt, aufgrund des zunehmenden Konkurrenzdrucks die Preise jährlich um zehn Prozent zu senken. Nur so könne der Marktanteil gehalten werden.
- Der Produktionsleiter schlägt vor, drei Millionen in moderne Produktionsmittel zu investieren und so die Produktqualität zu erhöhen.
- Der Personalchef fordert eine dreiprozentige Lohnerhöhung für die nächsten drei Jahre und ein zusätzliches Personalentwicklungsbudget von 0,3 Millionen pro Jahr.
- Der Finanzchef weist darauf hin, dass es bei einem Umsatzrückgang von zehn Prozent und einem Kostenanstieg von rund zwanzig Prozent um den Gewinn schlecht bestellt sein werde und er deshalb empfehle, alle Forderungen zurückzuweisen.

Wie einigt man sich auf eine gemeinsame Strategie? Durch den Rückgriff auf die Erfolgslogik.

- Der Verkaufsleiter begreift, dass in dieser Branche der Preis nur kurzfristig ein Argument ist, langfristig die Kundenzufriedenheit aber entscheidend durch die überlegene Produktqualität beeinflusst wird. Er erklärt sich dazu bereit, das Preisniveau konstant zu halten. Man rechnet damit, dass der Umsatz im ersten und zweiten Jahr um fünf Prozent zurückgeht. Im dritten Jahr wird die durch die moderneren Produktionsmittel und die motivierteren Mitarbeiter höhere Produktqualität am Markt wirksam, und der Umsatz könnte wieder um zehn Prozent steigen.
- Die Modernisierung der Produktionsmittel wird bewilligt und von allen mitgetragen – umso mehr, als damit auch die Umweltbelastung zurückgeht und ein altes Imageproblem aus der Welt geschafft werden kann, was wiederum die Verkaufszahlen mittelfristig günstig beeinflussen wird.
- Der Personalchef sieht ein, dass bei dem aktuellen Lohnniveau von einer Lohnsteigerung nur geringe Auswirkungen auf Motivation und damit auf Produktqualität und Produktivität ausgehen würden, und damit ein Lohnanstieg von einem Prozent vertretbar ist. Hingegen wird das Personalentwicklungsbudget aufgestockt. Man ist sich allerdings bewusst, dass sich dies auf Qualifikation und Motivation erst gegen Mitte dieser Dreijahresperiode auswirkt.

Am Schluss kann sich die Geschäftsleitung über sämtliche Ziele einigen, und alle können die Gesamtstrategie mittragen, weil die Argumente transparent und logisch schlüssig sind. Dies setzt voraus, dass sich die Mitglieder der Geschäftsleitung bei einzelnen divergierenden persönlichen Einschätzungen der Gesamtsicht anschliessen. Eine offene Diskussionskultur, neutrale Moderation, aber vor allem auch die gemeinsame Einsicht in Zusammenhänge wirken unterstützend.

Arbeit mit Erfolgslogik

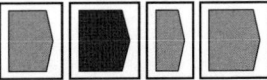

6.4   Reicht ein Cockpit zum Fliegen? Massnahmen herleiten und umsetzen

Die ganze Arbeit, die wir uns bisher mit der Erfassung der Erfolgsfaktoren, der Entwicklung der Erfolgslogik und des Cockpits gemacht haben, läuft darauf hinaus, im Unternehmen richtige – also *zielführende* – Aktionen (Massnahmen, Projekte und Handlungsanweisungen) herzuleiten. Denn letztlich geht es immer darum, mit *geeigneten* Aktionen die gesteckten *Ziele* zu erreichen. Die Verwechslung von Zielen mit Massnahmen ist leider weit verbreitet. Die glasklare Trennung von Erfolgsindikatoren, externen Einflüssen und Hebeln hingegen schafft die notwendigen Voraussetzungen zur Unterscheidung von Zielen und Massnahmen. Im Folgenden geht es darum, Massnahmen herzuleiten und Prioritäten zu setzen.

Ein Cockpit allein genügt nicht zum Fliegen: Wir haben zwar nun eine Einschätzung der externen Einflüsse vorgenommen (zum Beispiel Windstärke und -richtung) und auf dieser Basis unsere Ziele gesetzt oder angepasst (zum Beispiel Alpenrundflug und Landung in Mailand um 15 Uhr), aber wir sind noch nicht losgeflogen. Mit diesem Verständnis für die Wirkung der Hebel und der externen Einflüsse (Erfolgslogik und Szenarien) auf die Ziele werden nun die Hebel richtig gestellt.

Wir beginnen bei den Erfolgsindikatoren, deren Ist- und Soll-Zustand wir festgehalten haben. Die Signalfarben geben uns einen Hinweis für den Handlungsbedarf bei den Hebeln. Bei Grün werden Massnahmen abgeleitet, um auf Kurs zu bleiben. Bei Gelb oder Rot sind besondere Anstrengungen nötig, um in den grünen Bereich zu kommen. Wir lesen also die Erfolgslogik rückwärts in Gegenpfeilrichtung bis zu den wirksamsten Hebeln.

Massnahmen können ausschliesslich bei Grössen abgeleitet werden, die in der Erfolgslogik als Hebel identifiziert wurden.

Massnahmen finden beim Segeln

Stellt man aufgrund der laufenden Standortbestimmung Abweichungen vom richtigen Kurs fest, werden Massnahmen ergriffen. So wird zum Beispiel das Segel dichter geholt, um höher an den Wind zu gehen und wieder auf Zielkurs zu kommen.

Vögele Shoes

In der Erfolgslogik (vgl. ◄ Abb. 33 auf Seite 113) ist beispielsweise ein Hebel, der den Erfolgsindikator «Attraktivität der Kollektion» beeinflusst, die «Kollektionsgestaltung inkl. Verkaufspreis und Marken». Hier kann das Unternehmen ansetzen. Häufig lohnt es, gleichzeitig an mehreren Hebeln anzusetzen, denn die Erfolgschancen der Massnahmen vervielfachen sich im Vergleich zu eindimensionalen Eingriffen (die Erfolgslogik von Vögele Shoes zeigt bewusst nur einen Ausschnitt und deshalb nicht alle Hebel, die auf den Erfolgsindikator «Attraktivität der Kollektion» wirken).

So wie bereits die Ziele priorisiert und Zielkonflikte entschärft wurden, werden jetzt ebenfalls die Hebel priorisiert. Es gibt drei Möglichkeiten, Hebel auszuwählen:

1. Auswahl nach Stärke entsprechend der Wirkungsintensität (erkennbar an der Markierung der Pfeile mit Zahlen).
2. Auswahl nach Dringlichkeit oder Nachhaltigkeit: Mit welchem Hebel lassen sich sofort oder kurzfristig Wirkungen erzeugen; welche Hebel wirken vielleicht eher langfristig, dafür aber nachhaltig (erkennbar an der Markierung der Pfeile mit Farben oder unterschiedlichen Pfeildicken)?
3. Auswahl nach akuten Engpässen: Welches Ziel ist besonders wichtig, und welcher Hebel ist darum vorrangig anzusetzen?

Die Auswahl der Hebel erfolgt durch eine intensive Diskussion im verantwortlichen Team. Beim anschliessenden Herleiten der Massnahmen ist nicht nur relevant, was inhaltlich entschieden wird. Mindestens so wichtig ist, dass ein Managementteam in Hinblick auf gemeinsame Ziele mögliche Massnahmen bei den wirkungsvollsten Hebeln diskutiert. Dies als wichtige Voraussetzung dafür, dass nachher auch wirklich alle «an einem Strang» ziehen und die Umsetzung mittragen.

| 6.4.1 | Glossar und Stärken-Schwächen-Analyse |

Auch für die Hebel wird wiederum ein Glossar erstellt. Anschliessend wird pro Glossareintrag eine Stärken-Schwächen-Analyse[1] durchgeführt. Dabei ist hat es sich bewährt, die Stärken und Schwächen des eigenen Unternehmens oder der eigenen Institution immer in Bezug auf die Ziele zu analysieren, insbesondere auf die Ziellücken (in gelber oder roter Signalfarbe); ansonsten besteht die Gefahr, dass Allgemeinplätze oder zu allgemeine Stärken oder Schwächen aufgeschrieben werden (vgl. ▶ Abb. 42).

So sieht man zum Beispiel oft in Unternehmen, dass «Aus- und Weiterbildung» generell als Schwäche eingestuft wird. Sie ist aber nur ein Hebel und keine konkrete Schwäche; aufschlussreich ist, inwieweit die Aus- und Weiterbildung in Bezug auf die Ziele, die erreicht werden sollen, Schwächen zeigt. Wird zum Beispiel der Erfolgsindikator «Servicequalität» untersucht, so wird in der Stärken-Schwächen-Analyse festgehalten: Was machen wir heute in der Aus- und Weiterbildung gut im Hinblick auf Servicequalität? Was können wir in der Aus- und Weiter-

---

1 Ein Beitrag zur Ordnung der Management-Toolbox: Die Stärken-Schwächen-Analyse (SW-Analyse, S = Strengths, W = Weaknesses aus der SWOT-Analyse) macht vor allem beim Ableiten von Massnahmen für die einzelnen Hebel Sinn. Die Chancen-Gefahren-Analyse (Opportunities/Threats) wurde im Rahmen der Szenarioarbeit behandelt.

Arbeit mit Erfolgslogik

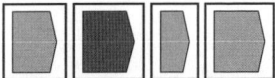

bildung im Hinblick auf die gesteckten Ziele bei der Servicequalität verbessern? Möglicherweise stellt sich heraus, dass die fachliche Bildung gut ist (= Stärke), es hingegen keine Aus- und Weiterbildungsangebote zum Thema Sozialkompetenz (= Schwäche) gibt. Auf diese Weise wird klar, wo bei den Massnahmen anzusetzen ist: Ausgewählte Aus- und Weiterbildungsveranstaltungen werden mit Inhalten zur Förderung der sozialen Kompetenz ergänzt.

Es empfiehlt sich, die Stärken und die Schwächen möglichst präzise auszuformulieren, nicht nur Schlagworte aufzuschreiben. Das erleichtert es, die richtigen Massnahmen abzuleiten. Die festgehaltenen Stärken, Schwächen und Massnahmen müssen nachvollziehbar sein, damit das Team und Dritte, die man einbeziehen will, sie verstehen und mittragen – eine wichtige Voraussetzung für die erfolgreiche Umsetzung.

| 6.4.2 | Aktionen herleiten |

Im nächsten Schritt werden nun Aktionen (Massnahmen, Projekte und Handlungsanweisungen) definiert, welche die Stärken fördern und/oder die Schwächen abbauen – immer unter Berücksichtigung der Ziele und der Signalfarben (vgl. Abschnitt 6.3). Um völlig neue Möglichkeiten zu generieren, können in dieser Phase auch Kreativitätstechniken wie Brainstorming oder Morphologischer Kasten eingesetzt werden. In der Theorie zur klassischen Entscheidungsmethodik wird verlangt, dass man Alternativen sucht, diese bewertet und sich dann für eine entscheidet. Die Praxis zeigt jedoch: Wurde die Stärken-Schwächen-Analyse sorgfältig durchgeführt, so kommt man häufig *direkt* auf Massnahmen und Handlungsanweisungen, weil sie geradezu «auf der Hand» liegen.

Es gibt allerdings Projekte von grosser Tragweite – zum Beispiel Investitionsentscheidungen oder Reorganisationen (vgl. auch Abschnitt 8.2) –, bei denen man im Anschluss an die Stärken-Schwächen-Analyse folgende Schritte durchführen sollte:

1. Suche von Alternativen (zum Beispiel mit Hilfe von Kreativitätsmethoden)
2. Bewertung von Alternativen (zum Beispiel mit Hilfe einer Nutzwertanalyse)
3. Entscheidung für eine der Alternativen (auf der Basis der Bewertung)

6.4.3 Handlungsanweisungen formulieren

Als Ergänzung zu den Massnahmen hat sich die Formulierung von Handlungsanweisungen bewährt. Diese beruhen auch auf der Stärken-Schwächen-Analyse, haben aber im Gegensatz zu Massnahmen und Projekten keinen Endtermin, sondern sind immer gültig.

Handlungsanweisungen sind Regeln, die generell und immer gültig sind. Man verspricht sich von deren Einhaltung eine leichtere Zielerreichung.

Beispiele für mögliche Handlungsanweisungen:

- «Bei Stellenbesetzungen werden grundsätzlich zuerst interne Kandidaten gesucht.»
- «Die fachliche Aus- und Weiterbildung wird primär mit eigenen Referenten durchgeführt.»
- «Zweimal im Jahr findet ein Management-Review-Workshop statt.»

6.4.4 Verantwortlichkeiten und Termine festlegen

Für die Einhaltung der Handlungsanweisungen sollte man ebenso einen Verantwortlichen bestimmen wie für die Massnahmen und Projekte. Letztere sind zusätzlich mit einer Aufwandsschätzung und einem oder mehreren Terminen (Meilensteinen) zu versehen.

Hebel:								
Glossar	Heutige Stärken (in Bezug auf Ziele)	Heutige Schwächen (in Bezug auf Ziele)	Handlungsanweisung	Verantwortung liegt bei	Projekte/Massnahmen zur Zielerreichung	Aufwand (Personentage, finanziell)	Verantwortung liegt bei	Termin

▲ Abb. 42   Zielorientierte Massnahmen ableiten

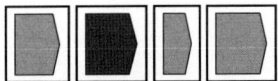

Mittels Netmapping haben wir beim SV Service Betriebsgruppe Credit Suisse die Mittel-fristplanung effizient realisiert. Das gemeinsame Verständnis der Zusammenhänge erleichtert uns die Umsetzung der beschlossenen Massnahmen im Alltag. Wir lernten, unsere Energie auf die lenkbaren Faktoren zu bündeln, um dadurch ein konkretes Ziel unter Berücksichtigung von Stärken und Schwächen zu erreichen.

Siegfried Braun,
damals Betriebsgruppenleiter SV Service Betriebsgruppe Credit Suisse, 1999

Kybernetische Lenkungsregeln

Zur Überprüfung und Ergänzung der erarbeiteten Massnahmen und Projekte kann es sich lohnen, die sieben kybernetischen Lenkungsregeln von Frederic Vester zu reflektieren, auch wenn sie sich zum Teil etwas abstrakt anhören:

1. Regel: Passe deine Eingriffe der Komplexität der Fragestellung an.
Für einfache Ziele eignen sich einfache Massnahmen; bei komplexen braucht es ein Verständnis für Gesamtzusammenhänge und einen koordinierten Eingriff bei mehreren Hebeln.

2. Regel: Richte deine Massnahmen auf aktive und kritische Grössen aus.
Vgl. dazu auch die Ausführungen zur Kategorisierung der Erfolgsfaktoren in Abschnitt 5.5.

3. Regel: Vermeide ein Überschiessen durch stabilisierende Kreise.
Es sind Mechanismen einzubauen, die überschiessende Entwicklungen verhindern: Wenn das Ziel die Erhöhung des Absatzes ist, dieser aber durch Massnahmen unkontrolliert schnell anwachsen könnte, so kann dies zur Überlastung und schliesslich zum Kollaps des Systems führen. Deshalb sollte überprüft werden, ob die Erfolgslogik auch stabilisierende Kreisläufe enthält.

4. Regel: Nutze die Eigendynamik der Problemsituation.
Oft werden unnötigerweise Mittel für die Verfolgung zweier scheinbar getrennter Ziele aufgewendet. Das Verständnis der Zusammenhänge und der selbstverstärkenden Kreisläufe hilft, die Eigendynamik des Systems für die Zielerreichung zu nutzen.

5. Regel: Finde ein Gleichgewicht zwischen Bewahrung und Wandel.
Es ist wichtig, bei der Entwicklung von Zielen und Massnahmen realistisch zu bleiben. Was auf dem Papier gut aussieht, kann sowohl Mitarbeiter überfordern als auch finanzielle und technische Mittel übersteigen. Auf Bewährtem soll aufgebaut werden, aber nicht einfach auf Vorhandenem.

6. Regel: Fördere die Autonomie der kleinsten Einheit.
Zu oft werden Grössenvorteile überschätzt: Grosse Einheiten sind extrem schwerfällig, schwer zu durchschauen und haben die Tendenz, sich mit sich selbst zu beschäftigen. Demgegenüber zeichnen sich kleine Gebilde durch Flexibilität, Spontaneität und Einfachheit aus.

7. Regel: Erhöhe mit jeder Lösung die Lern- und Entwicklungsfähigkeit.
Bei der Umsetzung sollte der Gesamtzusammenhang nicht aus den Augen verloren werden. Die Durchführung von Reviews stellt das periodische Hinterfragen der Entscheidungen sowie das gemeinsame Lernen und Entwickeln sicher.

Vögele Shoes

Hier folgen ein kleiner Auszug aus den Massnahmen, die im Vögele-Team beschlossen wurden, sowie die Definitionen im Glossar:

Hebel «Kundenservice und Kundenbindungsmassnahmen

Glossar:

Massnahmen im Bereich Kundenservice und -bindung dienen der Steigerung der Kundenzufriedenheit und -treue. Die Karl Vögele AG setzt in diesem Bereich auf die 100-Prozent-Garantie (Schuhumtausch ohne Diskussion), Lieferservice (Gratisversand bei Nichtverfügbarkeit in der Filiale) und den Shoe-Bonus (Treuesystem: erfasste Clubmitglieder erhalten Modeinformationen, Vergünstigungen und Exklusivangebote).

Massnahmen:

- Weiterführung der 100-Prozent-Garantie: Wir halten an der 100-Prozent-Garantie fest. Wir müssen den internen Umgang damit aber verbessern (Handling) und die Leistung verstärkt den Kunden kommunizieren.
- Lieferservice: Ist ein Schuh nicht verfügbar, wird er innert einer Woche gratis in die Filiale oder nach Hause gesandt.
- Shoe-Bonus: Wir erhöhen die Attraktivität dieses Kundenbindungsprogramms mittels innovativer, überraschender Leistungen/Angebote für die Kunden.»

6.5   Planungswände erstellen und Planungsraum einrichten

Die Navigationsecke beim Segeln

Ein zentraler Ort auf jedem Segelschiff ist die Navigationsecke. Es ist der «Planungsraum» für die laufende Navigation und die regelmässigen Standortbestimmungen. Gleichzeitig ist die Navigationsecke quasi die Kommandozentrale für die Schiffsführung.

Vögele Shoes

Nachdem Erfolgslogik und Cockpit eingeführt worden waren, wird nun mit Netmapping gearbeitet. Die gemeinsam entwickelten Ergebnisse wurden umfassend dokumentiert: Jeder im Führungsteam erhielt einen Ordner mit dem Leitbild des Unternehmens, der

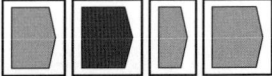
Arbeit mit Erfolgslogik

Vögele Shoes (Forts.)

Visualisierung der komplexen Zusammenhänge in Form der Erfolgslogik, den strategischen Zielen, Szenarien, Cockpit in grafischer und tabellarischer Form sowie den Handlungsanweisungen, geplanten Massnahmen und Projekten. Für weitere Führungsebenen wesentliche Inhalte werden regelmässig bei Führungskräfte-Treffen kommuniziert und diskutiert – bis auf die Ebene der Filialleiter.

Doch bald traten dieselben typischen Schwierigkeiten auf, wie sie alle Unternehmen haben, die ein neues Managementinstrument einführen: «Wenn man in Klausur ist, beschäftigt man sich gerne mit Strategie, aber im Alltag wird man oft von operativer Hektik und Spontanentscheidungen aufgefressen», so Max Manuel Vögele.

Eine andere Schwierigkeit bestand in der Kommunikation mit weiteren Führungsebenen, die nicht an der Erarbeitung der Erfolgslogik und des Cockpits teilgenommen hatten, aber natürlich auch regelmässig informiert und in die Massnahmenumsetzung involviert werden sollten. Die angelegten Ordner taugten zwar als Dokumentation, waren aber weniger geeignet, um mit weiteren Ebenen regelmässig zu kommunizieren. Es fehlte die Integration der aus der Erfolgslogik abgeleiteten Massnahmen ins Tagesgeschäft.

Daher wurde ein spezieller Planungsraum als «Navigationsecke» eingerichtet, in dem einerseits der Netmapping-Prozess – mit Erfolgslogik, Leitbild, Szenarien, Zielen, Cockpit und Massnahmen – grossformatig, übersichtlich und jederzeit für alle sichtbar dargestellt wird und in dem andererseits Review-Workshops sowie kurze monatliche Standortbestimmungen durchgeführt werden können (vgl. Kapitel 7).

| 6.5.1 | **Vorteile eines Planungsraums** |

Für die tägliche Anwendung der Methode Netmapping wurden Planungswände[1] eingeführt und die Idee eines «Planungsraums» entwickelt und umgesetzt. Hier wird pragmatisch und «real» mit Karten und Papier, mit Pinnwänden und Haftnotizzetteln sowie mit Farben gearbeitet.

Der Planungsraum ist zugleich das «strategische Diskussionszentrum» des Management-Teams, und zwar sowohl für diejenigen, die an der Erarbeitung der Erfolgslogik und des Cockpits beteiligt waren, als auch für weitere Mitarbeiter und Führungsebenen, die nach Bedarf hinzugezogen werden können – für laufende Planungen, für neue Massnahmen, für die Lösung operativer Fragen im Tagesgeschäft, für regelmässige Standortbestimmungen, für die Erarbeitung neuer Ziele wie auch für Review-Workshops.

---

1   Auf die Idee von Planungswänden, deren Gliederung und Einsatzmöglichkeiten wurde ich durch Hubert Bienz *(www.mehrsicht.net)* aufmerksam.

Im Planungsraum wird die Arbeit an der Unternehmensstrategie zu einer «Dauerbaustelle» – die Managementdokumente sind leicht veränderbar und lebendig. Die strategische Arbeit an Zielen und mit Massnahmen lässt sich im Planungsraum kontinuierlich pflegen, über Jahre hinweg fortführen und somit fest installieren. So wird Netmapping lebendig gehalten.

6.5.2 Einrichtung des Planungsraums

Als Planungsraum eignet sich im Prinzip jedes leere Sitzungszimmer; wer nicht genügend Platz hat, um ständig einen Raum freizuhalten, der sollte zumindest mehrere mobile Stell- bzw. Planungswände bereithalten.

Auf der einen Seite des Raums werden sämtliche Dokumente (von der Erfolgslogik bis zu den Aktionsplänen) aufgehängt. Ein grossformatiges Cockpit mit einer übersichtlichen farbigen Darstellung ermöglicht es, dass alle Diskussionsteilnehmer jederzeit die komplexen Erfolgsfaktoren im Blick haben.

Auf der anderen Seite werden auf den Planungswänden die beschlossenen Massnahmen und Projekte auf der Zeitachse visualisiert. Massnahmen und Projekte inklusive Verantwortlichkeiten werden auf Kärtchen übertragen und auf der Zeitachse platziert.

Mit dem Moderationszubehör (Stellwänden, Tafeln, farbigen Karten, Stiften, Nadeln, Flipcharts, Schere, Klebestifte usw.) können besprochene Veränderungen unkompliziert durch Umhängen, Abnehmen und Einfügen von Karten, Notizen usw. für alle sichtbar während der Diskussion dargestellt werden. Weil das ganze System auf diese Weise jederzeit aktuell gehalten wird, sind Meetings der Teammitglieder möglich, ohne dass jeder Einzelne zuvor grössere Arbeitsvorbereitungen treffen muss (vgl. ▶ Abb. 43).

6.5.3 Gliederung der Planungswände

Es empfiehlt sich eine Gliederung der Planungswände, zum Beispiel nach den «Amöben» in der Erfolgslogik (vgl. Abschnitt 6.3), nach Hebeln oder auch nach Hierarchieebenen. Bei einem Kunden wurde zusätzlich eine Zeile für ein Grossprojekt reserviert, welches die ganze Firma in Atem hält, um die Meilensteine des Projekts ständig vor Augen zu haben und auf die anderen Massnahmen abzustimmen.

Je nach Bedarf können weitere Gliederungsebenen aufgenommen werden, die sich bei Kunden bewährt haben:

Arbeit mit Erfolgslogik

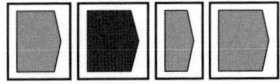

- *Reflexionsebene:* Hier bestimmt man die Zeitpunkte, in denen über den Net-mapping-Prozess, über das Unternehmen oder die Institution als Ganzes nach-gedacht wird. Es ist wichtig, solche Zeitfenster einzuplanen und sich deren Bedeutung für die Unternehmensentwicklung bewusst zu sein.
- *Gefühls-/Beziehungsebene oder Ebene der Menschen:* Hier beschreibt man vermutete Reaktionen, Verhaltensweisen, Gefühle etc. der Menschen in der Organisation und überlegt sich weitere Aktionen.

Wichtig ist es, bei der Arbeit mit den Planungswänden die Wechselwirkungen, die zwischen den verschiedenen Ebenen bestehen, einzubeziehen. Dabei kann die Beantwortung folgender Fragen die erfolgreiche Umsetzung von Aktionen weiter unterstützen:

- In welchen Aktionen steckt «Sprengstoff»?
- Wie wollen wir bei diesen Aktionen kommunizieren?
- Was bedeutet dies für die Rolle der Führungskräfte?
- Sollten wir weitere Aktionen ergreifen, um präventiv zu handeln?

Vögele Shoes

«Wir gehen mit allen involvierten Führungskräften einmal pro Monat in den Planungs-raum, um die strategische Arbeit lebendig zu halten. Wenn wir nur ein- oder zweimal im Jahr unsere Strategie für einen Workshop aus einem Ordner holen oder am PC an-schauen würden, wären uns die komplexen Zusammenhänge im Alltag zu wenig bewusst; wir würden sie in der allgemeinen Tendenz zur operativen Hektik im Tagesgeschäft wie-der aus den Augen verlieren.

Durch die ansprechende Visualisierung lebt das ganze System, und wir können es auch anderen Führungsebenen leicht verständlich machen und erklären. Uns ist der ge-samte Strategieprozess mit allen Ursachen und Wirkungen jederzeit vor Augen; markante Abweichungen erkennen wir sehr schnell. Die Strategie geht uns auf diese Weise mehr und mehr ‹in Fleisch und Blut› über und wir lernen, auch im Alltag vernetzt zu denken», er-klärt Max Bertschinger zur Nutzung des Planungsraumes.

▲ Abb. 43   Planungsraum (Ausschnitt)

Durch die monatliche Besprechung der Kennzahlen aus dem operativen Controlling sowie die Dokumentation des Umsetzungsstands der Aktionen im Planungsraum kann nun eher sichergestellt werden, dass eine Verbindung zwischen der strategischen, langfristigen Arbeit und dem operativen Alltag hergestellt wird.

Im folgenden Abschnitt wird dargestellt, wie eine softwaregestützte Simulation helfen kann, die Wirkung von Aktionen auf die Zielgrössen noch besser zu verstehen.

6.6 Exkurs: Strategie-Simulation

Strategie-Simulationen sind eine Möglichkeit, eine Erfolgslogik mittels Software zu dynamisieren sowie Szenarien und Strategien «durchzuspielen» (zum Beispiel die Veränderung externer und interner Einflüsse oder alternative Aktionen). In zahlreichen Workshops haben wir mit so die Erkenntnisse aus dem Netmapping verfeinert. Im Folgenden soll deshalb aufgezeigt werden, wie Strategie-Simulationen prinzipiell funktionieren und welcher Nutzen sich daraus ziehen lässt.

6.6.1 Abgrenzung des Begriffs Simulation

Man kann versuchen, komplexe Systeme durch ein Modell zu erfassen, abzubilden und ihr dynamisches Verhalten durch Simulationen zu beobachten und zu erklären. Dabei gilt es, Folgendes zu beachten: Ein Modell ist die Nachbildung eines Realitätsausschnittes. Es ist daher verständlich, dass nur ein Teil des gesamten Realitätsgefüges berücksichtigt werden kann.

Für das richtige Verständnis von Simulationsergebnissen ist es wichtig festzuhalten: Modelle sind bewusst vereinfachte Abbilder der Realität oder, genauer gesagt, Abbilder ausgewählter Aspekte der Realität.

6.6.2 Voraussetzungen erfolgreicher Simulationen

Bevor mit einer Simulation begonnen werden kann, müssen einige Voraussetzungen erfüllt sein. Bei der Wahl der Software muss abgeklärt werden, ob sie sich für komplizierte (eher lineare) Zusammenhänge oder für komplexe (eher zirkuläre) Zusammenhänge eignet (vgl. Kapitel 2).

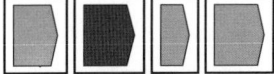

Arbeit mit Erfolgslogik

Als Nächstes muss eine Erfolgslogik erstellt werden – am besten zuerst im Team auf einem Whiteboard, also noch ohne Software. Dann müssen die Erwartungen an die Resultate der Simulation geklärt werden; gegebenenfalls muss das Simulationsmodell verfeinert werden. Dies beansprucht zwar auch Ressourcen, der Aufwand relativiert sich jedoch, wenn man ihn mit den Folgekosten von Fehlentscheidungen vergleicht. Die wichtigsten Voraussetzungen für eine Strategie-Simulation sind folgende:

- Visualisierung der Zusammenhänge einer komplexen Fragestellung (Erfolgslogik)
- Formulierung interessierender Fragen als Input für die Simulation (Szenarien, Strategiealternativen)
- Auswahl einer geeigneten Simulationssoftware und Erfassen der Erfolgslogik
- Interpretation der Ergebnisse
- Iteratives Vorgehen (mehrfaches Durchlaufen der Phasen Modellbildung–Simulation–Interpretation–Modellbildung)

6.6.3 | Nutzen von Simulationen

Der offensichtlichste Nutzen einer Strategie-Simulation ist die Unterstützung der Entscheidungsfindung. Entscheidungen können schneller und risikoloser getroffen werden, als wenn das Verhalten des Systems erst in der Realität beobachtet werden müsste. Die frühzeitige Kenntnis des dynamischen Verhaltens eines Systems spart also Zeit und finanzielle Mittel.

Zudem beschleunigt die Strategie-Simulation den Lernprozess. Auch können beliebig viele Varianten simuliert und die unterschiedlichen Auswirkungen betrachtet und zurückgesetzt werden. Die Simulation am Computer ist zudem gefahrlos, da das System im Modell nicht zerstört wird.

Wird der Nutzen in Verbindung mit der Methode Netmapping betrachtet, so gilt zusätzlich: Die Erfolgslogik wird verifiziert und weiter verfeinert und es kann eine noch grössere Sensibilisierung für Zusammenhänge, Abhängigkeiten und Intensitäten erreicht werden. Nachfolgend werden die wichtigsten Nutzen zusammengefasst:

- Nutzen der Simulation im Allgemeinen:
  - bessere Entscheidungen dank Entscheidungsunterstützung
  - beschleunigtes und gefahrloses Lernen
  - geringe Kosten

- Nutzen einer Strategie-Simulation:
  - ☐ vertiefte Sensibilisierung für Zusammenhänge
  - ☐ Auswirkungen verfeinert erkennbar
  - ☐ spielerischer Umgang mit Komplexität
  - ☐ Verifizierung und allfällige Verbesserung der Erfolgslogik

- Unterstützung der Szenariotechnik

6.6.4	**Grenzen computergestützter Simulationen**

Da ein Simulationsmodell ein Ausschnitt der Realität ist, hängt das Resultat der Simulation stark von der Güte des Modells ab.

Aus diesem Wissen heraus muss davor gewarnt werden, Entscheidungen vollständig auf Simulationsergebnisse abzustützen. Die Simulation soll zum Denken anregen, dieses aber nicht ersetzen. Ausschlaggebend für gute Problemlösungen wird immer das Urteilsvermögen und die Fähigkeit des Menschen zur Interpretation sein: Beispielsweise gibt es mehrere Modelle, die das Wettergeschehen simulieren. Die *Interpretation* der Ergebnisse obliegt aber nach wie vor dem Menschen.

Natürlich ist es einfacher, mit Zahlen und Fakten, welche man durch Simulationen erhält, zu argumentieren, als mit Gefühlen und der eigenen Erfahrung. Letztere sind aber beim Management komplexer Herausforderungen ebenso wertvoll. Grenzen und Gefahren der Strategie-Simulation sind:

- *«Garbage in, garbage out»:* Die Resultate einer Strategie-Simulation sind nur so gut wie das zugrunde liegende Modell. Dieses wiederum hängt von Wissen und Erfahrung der Anwendenden ab.
- Zahlen- und Computergläubigkeit kann zu blindem Vertrauen in die Ergebnisse führen und Denkprozesse «ausschalten».
- Strategie-Simulationen beruhen wie unser tägliches Handeln auf Annahmen. Sind diese nicht transparent, besteht die Gefahr von Fehlentscheidungen.
- Simulationen nehmen uns das Denken und Interpretieren nicht ab, sondern sollen es fördern. Ist man dazu nicht bereit, so können die Resultate auch enttäuschen, da nicht automatisch (Muster-)Lösungen generiert werden.

Ist man sich dieser Punkte stets bewusst, so sind Simulationen ein wertvolles Hilfsmittel für ein ganzheitliches Management.

Arbeit mit Erfolgslogik

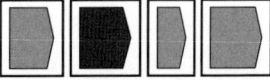

| 6.6.5 | **Simulationen in der Praxis** |

Das Thema Simulation wird häufig mit akademischem oder theoretischem Arbeiten assoziiert. Tatsächlich kann eine Simulation aber eine noch stärkere Verbindung zwischen methodischen Ansätzen wie der Methode Netmapping und der Praxis schaffen. Vorhandenes Wissen und Erfahrungen werden in das Simulationsmodell eingebracht. Gleichzeitig können aus praktischen Erfahrungen neue Erkenntnisse gewonnen, verallgemeinert und in Form neuer Hypothesen abstrahiert werden.

Während der Strategie-Simulation befanden wir uns im Workshop wie im echten Alltag. Wir konnten die Auswirkungen unserer Unternehmensentscheidungen realitätsnah an den strategischen Messgrössen überprüfen und uns dadurch in der praktischen Strategieumsetzung trainieren. Und das Ganze hat enormen Spass gemacht.
Bruno Keller, ehemaliger Ausbildungsleiter Schweizer Verband der Raiffeisenbanken

| **6.7** | **Exkurs: Netmapping und Balanced Scorecard** |

Im Folgenden wird der Zusammenhang zwischen Netmapping und dem Strategieinstrument Balanced Scorecard (BSC) untersucht.[1] Anfang der 1990er-Jahre wurde die Balanced Scorecard von den Harvard-Professoren Robert Kaplan und David Norton entwickelt. Mit der BSC lässt sich die Erreichung strategischer Ziele über ein Kennzahlensystem messen und grafisch darstellen. Dabei sollen nicht nur finanzielle, sondern auch kunden-, prozess- und mitarbeiter-/entwicklungsorientierte Kennzahlen einbezogen werden. Ausserdem sollen die Kennzahlen sowohl monetärer als auch nicht-monetärer Natur sowie vergangenheits- und zukunftsorientiert sein. Scorecards nach Kaplan/Norton betrachten darum üblicherweise vier Perspektiven:

1. Die *finanzielle Perspektive:* Wachstums-, Gewinn und Risikostrategien aus Sicht der Stakeholder,
2. die *Kundenperspektive:* Strategie zur Wertschöpfung und Differenzierung aus Kundensicht,
3. die *interne Prozessperspektive:* interne Ablaufprozesse, um Kunden und weitere Stakeholder zufrieden zu stellen,
4. die *Lern- und Entwicklungsperspektive:* Strategien für Wandel, Innovation und Wachstum.

---

1   Mit der Einführung eines Management-Cockpits (vgl. Abschnitt 6.3) erübrigt sich die separate Entwicklung einer BSC. Da diese aber in vielen Unternehmen und Institutionen eingeführt wurde, wird hier der Zusammenhang zwischen Netmapping und BSC sowie die Möglichkeit zu deren Verknüpfung aufgezeigt.

Der BSC liegt eine einfache Kausallogik (Ursache–Wirkung) zugrunde, welche die einzelnen Perspektiven hierarchisch und weitgehend linear erfasst: Alle betrachteten Zusammenhänge laufen auf die Finanzkennzahlen hinaus. Eine Vernetzung der Ziele und Hebel ist mit der BSC nicht möglich und auch nicht vorgesehen.

Das Ursache-Wirkungs-Diagramm der BSC wird oft zum direkten Ableiten von Massnahmen gebraucht. Und dies, obwohl sie keine Verknüpfung mit den Hebeln enthält und vorsieht. Dies führt oft zu unspezifischen Massnahmen (zum Beispiel «Schulung»), die ausserdem im Voraus in der BSC hinterlegt werden. Effektiver wäre eine Ursachenanalyse mittels der Erfolgslogik, um dann die wirksamsten Hebel auszuwählen und massgeschneiderte Massnahmen abzuleiten.

Kennzahlen

Allen, die schon Erfahrungen mit einer BSC gesammelt haben, wird aufgefallen sein, dass die Erarbeitung der Erfolgslogik und des Cockpits zu einem Resultat führt, das einer Scorecard nicht unähnlich ist, insbesondere im Hinblick auf die festgelegten konkreten Ziele, die den Kennzahlen in der BSC entsprechen. In der Tat ist eine BSC eine Art Nebenprodukt der Netmapping-Phase «Management-Cockpit», welches «automatisch» generiert wird. Es ist ausserdem möglich, das Management-Cockpit in eine Software zu überführen, um die Zielerreichung mit verschiedenen Diagrammen auch grafisch darzustellen.

Es gibt in der Praxis zwei Situationen hinsichtlich des Einsatzes von BSC (oder anderer strategischer Controlling-Instrumente) und Netmapping.

6.7.1 | **Netmapping-Einsatz, falls keine BSC vorhanden ist**

Im Unternehmen wurde bisher *keine* BSC (oder ähnliche Instrumente) eingeführt. In diesem Fall ist mit der Erfolgslogik und dem Cockpit der wesentliche Teil einer BSC quasi als «Nebenprodukt» entstanden: Die relevanten Erfolgsindikatoren wurden erfasst und im Glossar beschrieben, die konkreten Ziele (Soll-Zustand) definiert, Soll und Ist verglichen und Signalfarben vergeben. Der Unterschied besteht lediglich darin, dass in der BSC die Zielgrössen nach Perspektiven sortiert werden. Dies kann in der Praxis aber zu Verwirrung bezüglich der Zuständigkeiten führen: So kann man beobachten, dass die Kundenperspektive dem Verkaufsleiter zugeordnet wird, die Prozessperspektive dem Produktionsleiter, die Finanzperspektive dem Finanzchef. Das ist aber gefährlich, weil natürlich zum Beispiel auch der Verkaufsleiter für gewisse Prozesse verantwortlich ist und für das Einhalten der Finanzziele letztlich alle verantwortlich sind. Wird das Management-Cockpit mittels Netmapping erarbeitet, so kann der Prozess deutlich strin-

Arbeit mit Erfolgslogik

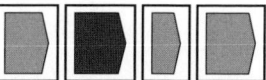

genter gestaltet werden, das Wirkungsgefüge wird realitätsnäher (zirkuläre Zusammenhänge) und aussagekräftiger, da die Ziele *und* die Hebel sowie die Dauer *und* die Stärke der Wirkungen auf die Ziele erfasst sind.

| 6.7.2 | **Netmapping-Einsatz, falls BSC vorhanden ist** |

Das Unternehmen arbeitet bereits mit einer BSC (oder einem ähnlichen Instrument). In diesem Fall lässt sich anhand des Netmapping-Prozesses, der erarbeiteten Erfolgslogik und des Cockpits überprüfen, ob ein gemeinsames Verständnis über Begriffe und Zusammenhänge vorhanden ist und die wirksamsten Hebel identifiziert wurden. Dies ist eine wesentliche Voraussetzung für das Arbeiten mit der BSC. Auch kann überprüft werden, ob mit der BSC tatsächlich die Erreichung von Zielen gemessen wird und nicht etwa die Umsetzung von Massnahmen. Die Verwechslung von Zielen mit Massnahmen kommt – auch unabhängig von der BSC – häufig vor, wie das folgende Beispiel zeigt.

Verwechslung von Zielen mit Massnahmen

In einem Unternehmen (mit BSC, ohne Erfolgslogik) ging es darum, die Kundenzufriedenheit zu erhöhen, um mehr zu verkaufen. Aufgrund früherer Analysen ging man davon aus, dass die «Kundenzufriedenheit» steigt, wenn die Kunden öfter besucht werden. Dies, so der an sich richtige Gedanke, weil der Mitarbeiter damit den Kunden besser kennenlernen, früher und schneller aus Kundenbedürfnissen Innovationsideen für Produkte und Dienstleistungen generieren und damit die Kundenzufriedenheit weiter steigern kann. Also wurde die Anzahl der Kundenbesuche pro Mitarbeiter als Messgrösse festgelegt, weil diese natürlich im Gegensatz zum weichen Faktor «Kundenzufriedenheit» leicht zu quantifizieren und zu messen war. Man ging sogar dazu über, daran einen Bonus zu knüpfen – mit anderen Worten: Man machte die Massnahme «Kundenbesuche» gleich zum Ziel. Es ist kaum überraschend, dass die Anzahl der Kundenbesuche immer weiter anstieg, so dass die Bonuszahlungen stetig zunahmen. Man bemerkte jedoch, dass die Kundenzufriedenheit nicht wuchs und auch die angestrebten Verkäufe sich nicht erhöhten, sondern im Gegenteil sogar sanken. Nun stand man vor der kritischen Situation, dass man einerseits den Mitarbeitern immer höhere Bonuszahlungen ausschütten musste, diese aber andererseits durch sinkende Verkaufseinnahmen immer schwerer finanzieren konnte. Was war passiert?

Man hatte die Massnahme «Kundenbesuche» zum Ziel gemacht, worauf sich das Verhalten der Mitarbeiter und das der Kunden geändert hatte: Die Aussendienstmitarbeiter waren verständlicherweise bestrebt, ihre Kunden möglichst oft zu besuchen, um hohe Bonuszahlungen einzustreichen; die Kundenbesuche wurden somit zum Selbstzweck. Um sich die Arbeit zu erleichtern, suchten sie natürlich eher Stammkunden auf, aber weniger potenzielle neue Kunden. Die Stammkunden fassten die häufigen Besuche der Vertreter

Verwechslung von Zielen mit Massnahmen (Forts.)

offenbar mehr als «Kaffeeplausch» denn als Aufforderung zur Bestellung von Waren auf. Vermutlich waren sie das auch, denn die Vertreter wussten ja, dass sie ohnehin ihren Bonus bekamen, unabhängig davon, ob sie bei ihren Besuchen auf die Kundenbedürfnisse eingingen und Bestellungen aufnahmen oder nicht.

Das ganze System war unsinnig und durch kontraproduktive Massnahmen in die falsche Richtung gelenkt worden, weil man

1. die Vernetzungen und die Zielkonflikte der Faktoren untereinander nicht gesehen und nur linear gedacht hatte (mehr Kundenbesuche → höhere Kundenzufriedenheit → Mehrverkauf),
2. Ziele mit Massnahmen verwechselt hatte und
3. sich ausschliesslich an quantifizierbaren Grössen orientiert und «weiche» Grössen unberücksichtigt gelassen hatte.

Durch die Entwicklung einer Erfolgslogik wurden zum einen sinnvollere Ziele definiert. So haben die Mitarbeiter heute konkrete Zielvorgaben bezüglich Kundenkenntnis und Innovation. Zum anderen wurde sichtbar, dass die Erfolgsindikatoren «Innovationen» und «Kundenzufriedenheit» über weitere Hebel, wie zum Beispiel «Pflege der Kundendatenbank» (Ziel: hohe Kundenkenntnis) sowie «Personalentwicklung» (Ziel: hohe Beratungsqualität) beeinflussbar war. Weiterbildung im Bereich der sozialen Kompetenz sowie die regelmässige Pflege der Datenbank nach Kundenbesuchen führten zu einer höheren Qualität der Dienstleistungen sowie besserer Kundenkenntnis, diese wiederum zu einer besseren Abdeckung der Bedürfnisse und letztere zu einer höheren Kundenzufriedenheit und mehr Umsatz.

Zielerreichung bewerten

Manchmal wird eingewendet, man dürfe zur Einschätzung der Zielerreichung auch messen, inwieweit geplante Massnahmen umgesetzt wurden, weil es sich um Vorsteuergrössen oder Treiber der Zielerreichung handele. Letzteres stimmt zwar, aber bei der Interpretation einer BSC ohne Verbindung zur Erfolgslogik besteht die Gefahr, eine Mischung aus Zielen und Massnahmen zu messen; deshalb empfiehlt es sich, im Management-Cockpit die Zielerreichung zu bewerten und noch nicht, ob Massnahmen umgesetzt wurden.

Damit diese Aussagen zur BSC nicht falsch verstanden werden: Es ist der Verdienst von Kaplan und Norton, mit der BSC auf die Bedeutung der ausgewogenen Messung der Strategieumsetzung hingewiesen und ein Instrument vorgestellt zu haben, welches dies ermöglicht. Mit einer *guten* Scorecard (also mit passenden Zielgrössen und ohne Vermischung von Zielen und Hebeln) lässt sich die strategische Zielerreichung ausgezeichnet ganzheitlich, quantitativ und qualitativ messen und visualisieren.

Arbeit mit Erfolgslogik

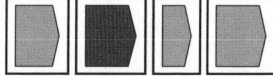

Beim Einsatz der BSC können jedoch einige Schwierigkeiten auftreten, die verschiedentlich Anfragen auslösten, eine vorhandene BSC durch Netmapping «zum Leben zu erwecken» oder die Einführung der BSC in anderen Unternehmensereichen mittels Netmapping zu unterstützen. Unternehmen und öffentliche Institutionen beklagen sich gelegentlich, dass sie zwar eine BSC haben, diese aber «nicht lebt» (vgl. dazu das einführende Beispiel in Kapitel 1). Es kann sogar vorkommen, dass man im Gespräch mit einem Neukunden gebeten wird, das Kürzel «BSC» in den geplanten Workshops nicht zu verwenden, weil das Instrument im Unternehmen mit grossem Aufwand über mehrere Stufen eingeführt wurde (wogegen nichts einzuwenden ist), aber leider nie erfolgreich eingesetzt wurde, sondern vielmehr das Management verwirrt hat und sogar zum Schimpfwort geworden ist. Die BSC wurde kurzerhand wieder aus der Management-Toolbox verbannt und das Kürzel stigmatisiert. Wo liegen die Schwierigkeiten?

- Die Wahl der «richtigen», das heisst aussagekräftigen Kennzahlen ist nicht trivial. Es besteht die Gefahr, dass falsche Messgrössen ausgewählt werden, weil versucht wird, schwer messbare «weiche» Zielgrössen zu vermeiden. Dies ist ein Grund dafür, dass in vorhandenen Scorecards zwar viel gemessen wird, aber manchmal nicht das wirklich Erfolgsrelevante.
- Sind die Kennzahlen einmal bestimmt, so ist die Interpretation von Veränderungen der Scores oft schwierig. Was bedeutet es zum Beispiel, wenn die Werte von zehn Kennzahlen steigen und gleichzeitig jene von drei Kennzahlen sinken? Die Visualisierung der Zusammenhänge zwischen Zielen und Hebeln ist eine Voraussetzung für die Interpretation einer Scorecard (gemeinsames Verständnis).
- In vielen BSC sind für die Kennzahlen bereits im Voraus bestimmte Massnahmen aufgeführt, die zu treffen sind, wenn die Ziele nicht erreicht werden. Abgesehen davon, dass diese Massnahmen häufig zu generell sind (zum Beispiel «Schulung», falls Umsatzziele nicht erreicht werden), greifen sie meist zu kurz. Es besteht die Gefahr, dass diese Massnahmen jeweils isoliert nur für diese eine Kennzahl ergriffen werden. Es gibt aber kaum einen Eingriff in ein komplexes System, der sich nur auf *ein* Element des Systems auswirkt. Immer ist mit Neben- und Rückwirkungen zu rechnen, die zudem zeitverzögert eintreten können. Mit der Erfolgslogik wird es möglich, die komplexen Zusammenhänge realitätsnah abzubilden, mögliche Auswirkungen geplanter Massnahmen abzuwägen und bewusste Entscheidungen zu treffen.

Noch bedeutender ist, dass es schwierig oder sogar unmöglich ist, schon beim Erstellen einer BSC die Ursachen für eine zukünftige Zielverfehlung zu kennen. Vielmehr müssen diese durch die *Interpretation* des Cockpits eruiert werden. So ist es zum Beispiel schwierig, im Voraus festzulegen, was man persönlich in einem Jahr tun muss, wenn man sein Gesundheitsziel nicht erreichen sollte. Dies kann viele Ursachen haben, die man dann zuerst eruieren muss, um die wirkungsvollsten Hebel zu identifizieren.

Die Entwicklung einer BSC ist mit einem respektablen Aufwand an Investitionsmitteln, Zeit und Geduld verbunden. Wird das Falsche gemessen und besteht keine Einigkeit über den Ursache-Wirkungs-Zusammenhang zwischen Zielen und Hebeln, kann die Scorecard kaum im Team interpretiert werden. Bleiben komplexe Vernetzungen unberücksichtigt, so dass sich ungewollte Nebeneffekte einstellen, so sind Ärger und Frustration programmiert. Dies legt die Forderung nahe:

Vor Einführung einer Scorecard (dasselbe gilt natürlich auch für das Netmapping-Management-Cockpit) sollten eine Erfolgslogik sowie gegebenenfalls Szenarien erstellt werden, um einen Überblick und ein gemeinsames Verständnis über den Gesamtzusammenhang des Systems – also des Unternehmens oder der Institution – zu gewinnen sowie eine sinnvolle Interpretationsbasis bei Nichterreichen von Zielen zu haben. Ist die Scorecard schon eingeführt, sollte mindestens die Erfolgslogik als Interpretationsinstrument «nachgereicht» werden.

| **6.7.3** | **Gemeinsamkeiten von BSC und Netmapping** |

Das Managementinstrument Balanced Scorecard und das Management-Cockpit der Methode Netmapping haben einiges gemeinsam: Beide erlauben die systematische Messung des Zielerreichungsgrades und des Umsetzungserfolges. Beide stellen die Soll- und Ist-Werte sowie allfällige Abweichungen klar, übersichtlich und aussagekräftig dar. Der Nutzen einer Scorecard wird durch die Verbindung mit Netmapping weiter erhöht.

- Alle für das Verständnis der Zusammenhänge relevanten Faktoren werden abgebildet und im Managementteam diskutiert sowie abgeglichen.
- Netmapping hilft beim Bewusstmachen, Interpretieren und Managen von Zielkonflikten.
- Bei der Ursachenanalyse hilft die Erfolgslogik, schneller die möglichen internen und externen Gründe für eine Zielabweichung zu identifizieren.
- Die Identifikation der Hebel hilft beim Definieren von Massnahmen bzw. strategischen Initiativen.
- Nach Aussagen von Kunden, welche bereits eine Scorecard eingeführt hatten und nun mit einer Erfolgslogik arbeiten, ist der Netmapping-Erarbeitungsprozess klar strukturiert und stringent, was die Ableitung und Interpretation des Management-Cockpits erleichtert und beschleunigt.

Arbeit mit Erfolgslogik

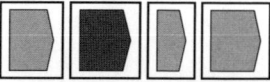

Ein Cockpit allein genügt nicht zum Fliegen. Um die Hebel richtig stellen zu können, brauchen wir zur Zielerreichung zusätzlich ein Verständnis für die Zusammenhänge zwischen Zielen, externen Einflüssen und Hebeln.

Im Rahmen einer Weiterbildung an der Universität St. Gallen haben wir eine Umfrage zur Verbreitung und zum Einsatz der BSC durchgeführt. Sie brachte (vor allem) in Klein- und Mittelunternehmen (KMU) eine sehr tiefe Verbreitung und Einsatzquote zu Tage. Ein Grund dafür dürften Schwächen im Konzept der BSC sein. Eine zentrale Schwäche ist zum Beispiel das Ursache-Wirkungs-Diagramm. Diese Darstellung strategischer Zusammenhänge greift zu kurz und ist zu statisch. Vor allem aber handelt es sich bei strategischen Zusammenhängen nicht um unidirektionale Wegstrecken, sondern um Regelkreisläufe, eigentliche Netzwerke. Dazu kommt, dass in den Ursache-Wirkungs-Diagrammen vielfach Ziele und Massnahmen vermischt sind.

Dominik Hug, Leiter Marketing und Verkauf bei der Ringier Print Adligenswil

6.7.4 | Praktisches Vorgehen

Liegt bereits eine Scorecard vor, so kann sie folgendermassen genutzt werden:

1. Zusammen mit der Erfolgslogik wird die Scorecard in festgelegten Zeitabständen ausgewertet. Es wird festgehalten, ob man bei den strategischen Zielen auf Kurs ist (Früherkennung) und welche Korrekturen zur Zielerreichung notwendig sind.

2. Mittels der Erfolgslogik werden insbesondere bei Abweichungen die Ursachen analysiert. Fast immer ist es so, dass komplexe Vernetzungen nicht berücksichtigt wurden. Die Erfolgslogik wird vom entsprechenden strategischen Ziel ausgehend «rückwärts» – also gegen die Pfeilrichtung – gelesen, um mögliche externe und interne Ursachen zu finden, warum man nicht im grünen Bereich ist. Dabei ist es wichtig, die Veränderung einer Kennzahl im Gesamtzusammenhang des Systems zu interpretieren.

   Geht zum Beispiel die Kostendeckung zurück, während alle anderen Kennzahlen unverändert bleiben, so kann ein Kostensparprogramm die richtige Massnahme sein. Wenn aber die Kostendeckung zurückgeht und gleichzeitig die Kundenzufriedenheit steigt, weil investiert wurde und man gemäss Erfolgslogik in drei bis sechs Monaten wieder mit zunehmendem Deckungsgrad rechnen kann, so wird man *keine* kurzfristige Kostensparaktion starten. Der Grund und die Folgen der kurzfristigen Abweichung vom Zielwert lassen sich in den Gesamtzusammenhang des Unternehmens einordnen. Weil die Wirkungszusammenhänge in der Erfolgslogik verfolgt werden können, ist sich das Unternehmen des Zielkonfliktes zwischen kurzfristig niedrigerer Kostendeckung und langfristigem Erfolg bewusst und trifft keine übereilten und mittelfristig eventuell kontraproduktiven Massnahmen.

3. Es werden im Team die relevanten Hebel ausgewählt und Aktionen (Mass-nahmen, Projekte und Handlungsanweisungen) zur Zielerreichung abgeleitet. Die Aktionen sind den «Initiativen» der BSC ähnlich, aber beim Netmapping werden die Massnahmen aus der Erfolgslogik abgeleitet; damit sind Ziele und Massnahmen im Cockpit klar voneinander unterschieden – womit eher ge-währleistet ist, dass die Ziele auch erreicht werden.

4. Periodische Reviews dienen der Umsetzungskontrolle, der Modellpflege und der Erfolgskontrolle. Wurden die Massnahmen umgesetzt? Wurden die Ziele erreicht? Müssen neue Massnahmen ergriffen werden? Müssen die Ziele (nach unten oder oben) angepasst werden? Bildet die Erfolgslogik die Zusammen-hänge noch korrekt ab oder haben sich diese verändert? Sind neue Elemente oder Beziehungen hinzugekommen? Die Review-Workshops dienen neben der Pflege des Management-Cockpits auch der regelmässigen Ergänzung der Er-folgslogik sowie der Szenarien.

Um Erfolgslogik und Scorecard erfolgreich anzuwenden, müssen die Führungs-kräfte geschult werden.

Das Cockpit für verschiedene Hierarchieebenen erarbeiten

Es lohnt sich, das Cockpit auf weitere Ebenen «herunterzubrechen», wenn Net-mapping zum Beispiel für die Geschäftsleitungsebene eingeführt wurde. Dieses «Herunterbrechen» kann geschehen, indem für jede Hierarchie- bzw. Betrach-tungsebene eine Erfolgslogik mit dazugehörigem Cockpit entwickelt wird.

6.7.5	Nutzen der Kombination von BSC und Netmapping

Sich bei der Erarbeitung einer Scorecard auf eine Erfolgslogik abzustützen, bringt folgenden Nutzen:

- Es wird sehr viel Zeit bei der Entwicklung der Scorecard eingespart, weil sich das Team von Anfang an auf die Konkretisierung der relevanten Erfolgsindika-toren konzentriert.

- Durch den ständigen Bezug zur Erfolgslogik sind die Diskussionen im Team zielführend und effizient. Dies wurde vor allem bei der Überarbeitung fremd-erstellter Scorecards offensichtlich, die ohne Erfolgslogik erarbeitet wurden.

- Das vorherige Entwickeln einer Erfolgslogik ermöglicht es,
  - ein gemeinsames ganzheitliches Verständnis der relevanten Erfolgszusam-menhänge, Ziele und Massnahmen hervorzubringen und
  - permanent strategisch zu lernen.

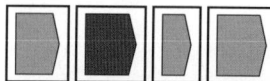

Arbeit mit Erfolgslogik

- Die Kombination der BSC mit der Erfolgslogik ermöglicht die oft fehlende Verknüpfung von Zielen mit den für die Zielerreichung nötigen Massnahmen.

- Zielkonflikte werden erkannt und Timelags zwischen Eingriffen und deren Auswirkungen auf das System bzw. die Kennzahlen berücksichtigt. Dies ist eine hervorragende Grundlage, um strategieorientiert Prioritäten zu setzen.

- Durch das Herunterbrechen auf weitere Hierarchieebenen werden die strategischen Ziele im ganzen Unternehmen verfolgt.

6.8   Dokumenten-Management: Ordnung in der Management-Toolbox

Die Orientierung an den Phasen des Netmappings hilft auch, Ordnung in die verschiedenen Strategie-Dokumente zu bringen. Es empfiehlt sich, einen Ordner anzulegen, der zu allen Strategie-Workshops, Reviews und weiteren strategisch relevanten Treffen mitgenommen wird. Er wird jährlich aktualisiert.

Register im Strategieordner

Die Register im Strategieordner können zum Beispiel folgendermassen beschriftet werden:

- Vision und Mission
- Werte und Leitbild
- Strategie
- Erfolgslogik und Glossar
- Szenarien
- Management-Cockpit
- Ziele
- Aktionen
- Reviews

Die gleiche Struktur übernimmt man am besten in ein elektronisches Verzeichnis.

Für die Pflege der Dokumente wird ein Verantwortlicher bestimmt, der auch sicherstellt, dass im Strategieordner, im Planungsraum und auf dem zentralen EDV-System (passwortgeschützt und mit entsprechender Zugriffsberechtigung) immer die aktuellen Dokumente verfügbar sind und alle mit den gleichen und aktuellen Dokumenten arbeiten. Dadurch wird vermieden, dass alle sich aufgrund der umständlichen Datenpflege auf den softwaretechnischen Abgleich anstatt auf die regelmässige Diskussion über erfolgrelevanten Ziele und Massnahmen konzentrieren.

Es empfiehlt sich, weitere (physische und elektronische) Ordner anzulegen, zum Beispiel für Handbücher (Organisation, Mitarbeiterführung, Qualitätsmanagement, Prozessmanagement etc.) und andere Dokumente. Jeder einzelne kann zusätzliche Analysen in seinem Strategieordner ablegen und findet diese so jederzeit (zum Beispiel eine Verbandsdokumentation zu Trends in der Branche im Register «Szenarien»). Für weitere Hierarchieebenen können Auszüge aus diesen Dokumenten zugänglich gemacht werden.

Vögele Shoes

Bei Vögele Shoes wurde ebenfalls ein Strategieordner angelegt. Zusätzlich existieren sogenannte Fachhandbücher, zum Beispiel ein Organisationshandbuch, ein Führungs- und Personalhandbuch sowie ein Handbuch Ladenbau. Der Strategieordner wird jährlich einmal aktualisiert. Der Controller hält die elektronische Ablage sowie den Planungsraum *à jour*. Die Filialleiter erhalten eine Arbeitsmappe mit folgenden Inhalten:

- Leitbild
- Auszüge zu den lang-, mittel- und kurzfristigen Zielen
- Auszüge zu den beschlossenen Aktionen
- Elemente aus den Fachhandbüchern

▮ 6.9 ▮ Nutzen der Netmapping-Phase «Arbeit mit der Erfolgslogik»

Die Arbeit mit der Erfolgslogik bringt folgenden Nutzen:

- Die Szenarioarbeit ermöglicht es, die Entwicklung der wichtigsten externen, nicht lenkbaren Faktoren und deren Wirkung auf die Erfolgsindikatoren über einen bestimmten Zeitraum einzuschätzen, um realistische Zielen und Massnahmen zu formulieren.
- Klar definierte und aufeinander abgestimmte Ziele helfen den Verantwortlichen, sich im Alltagsgeschäft zu orientieren. Das ermöglicht Konzentration statt Verzettelung.
- Es besteht Transparenz und Übersicht über den Ist-Zustand und das angestrebte Soll. Die Signalfarben im Cockpit geben einen Überblick über den Handlungsbedarf und sind Basis für die Prioritätensetzung bei den Hebeln.
- Es werden die richtigen Messgrössen überprüft. Schwerpunkte können gesetzt werden, weil proaktiv statt reaktiv gehandelt werden kann.
- Eine Verknüpfung einer allenfalls schon vorhandenen BSC mit der Erfolgslogik ist für die Interpretation der BSC und das Finden effektiver Massnehmen notwendig.

Arbeit mit Erfolgslogik

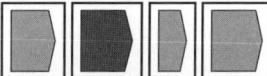

- Unternehmen, die keine BSC haben, bekommen durch das Netmapping-Management-Cockpit die relevanten Messgrössen und Informationen.
- Durch die klare Trennung zwischen Zielen und Massnahmen können geeignete wirksame Massnahmen von ungeeigneten und unwirksamen unterschieden werden.
- Im Team entwickelt sich Schritt für Schritt ein Konsens über die Herleitung geeigneter, zielführender Massnahmen, über Projekte und über Handlungsanweisungen. Die gemeinsam getroffenen Entscheidungen werden von allen Teammitgliedern getragen und unterstützt.
- Dies vermeidet Ärger, Frustration, Reibungsverluste und Verfehlung der Ziele.
- Dank umfassender Dokumentation können sowohl die Ziele als auch die Massnahmen nachvollzogen und kommuniziert werden.
- Das Managementteam hat dank klarer Gliederung und geregelter Pflege der Dokumente physisch und elektronisch Zugriff auf alle relevanten Informationen. Alle arbeiten mit den gleichen und mit den gleich aktuellen Dokumenten.
- Die Arbeit im Planungsraum (bzw. mit den Planungswänden) verbindet strategische und operative Entscheidungen. Der Planungsraum dient als «Navigationsecke» fürs Management und unterstützt die monatlichen Standortbestimmungen sowie die jährlichen Reviews.
- Die Ziele werden einfacher, rascher und mit weniger Aufwand erreicht.

6.10   Zusammenfassung der Schritte: Mit der Erfolgslogik arbeiten

1. Für die externen Einflussgrössen, die Erfolgsindikatoren und die Hebel wird ein Glossar erstellt.
2. Für die relevanten externen Einflussgrössen werden Szenarien erstellt – inklusive einer Einschätzung der Chancen und Gefahren.
3. Jeder in der Erfolgslogik erarbeitete Erfolgsindikator – gleich ob quantitativ oder qualitativ – wird nach der SMART-Regel zu einem Ziel konkretisiert. Mögliche Zielkonflikte werden optimiert, indem die Ziele untereinander abgeglichen werden. In einer Tabelle wird festgehalten, wie sich die Ziele über mehrere Jahre zeitlich verändern.
4. Pro Erfolgsindikator wird der Ist-Zustand erfasst. Eine klare Organisation der Datenerhebung stellt sicher, dass die nötigen Informationen vorhanden sind (wer, wann, wie oft, wie, wo?).
5. Auf der Basis eines Soll-Ist-Vergleichs wird für jeden Erfolgsindikator eine Signalfarbe (rot, gelb, grün) vergeben. Dadurch wird der Zielerreichungsgrad sowie der Handlungsbedarf für eine erfolgreiche Zielerreichung in der Zukunft ersichtlich.

6. Durch die Übertragung der Signalfarben in die Erfolgslogik entsteht das Management-Cockpit. Es zeigt auf, welche Hebel wie stark und wie schnell auf den entsprechenden Erfolgsindikator wirken. Im Cockpit werden die Erfolgsindikatoren zudem pro Anspruchsgruppe geclustert.

7. Im Weiteren dienen die Hebel als Ansatzpunkte für die Herleitung von wirkungsvollen, zielführenden Aktionen: Auf der Basis einer Stärken-Schwächen-Analyse werden Handlungsanweisungen, Massnahmen und Projekte definiert und Prioritäten gesetzt.

   Für die Suche und Bewertung von Alternativen können weitere Instrumente hinzugezogen werden (zum Beispiel Kreativitätstechniken, kybernetische Lenkungsregeln, Nutzwertanalyse).

8. Es werden für alle Massnahmen und Projekte jeweils Verantwortliche bestimmt, der Aufwand (in Personentagen und finanziell), Termine und nötigenfalls Zwischentermine (Meilensteine) für die Durchführung festgelegt. Auch für die Einhaltung der Handlungsanweisungen werden Verantwortliche bestimmt.

9. Die beschlossenen Massnahmen und Projekte werden auf Planungswänden übersichtlich dargestellt. Falls möglich, wird ein Planungsraum für die Durchführung des periodischen operativen und strategischen Controllings eingerichtet.

10. Das Dokumenten-Management wird organisiert: Wer ist verantwortlich? Wo sind die Dateien abgelegt? Wie häufig werden sie aktualisiert?

Arbeit mit Erfolgslogik

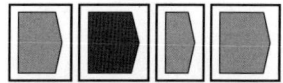

7
Dranbleiben!
Regelmässig Reviews durchführen

Reviews beim Segeln

Bei Hochleistungs-Regatten, wie zum Beispiel dem America's Cup, werden nach jedem Rennen detaillierte Raceaudits (Reviews) durchgeführt. Alle während des Rennens gesammelten Daten und Beobachtungen werden ausgewertet, um die Leistung von Schiff und Crew weiter zu optimieren. Diese Optimierungsreviews finden nicht nur bei den entscheidenden Schlussrennen statt, sondern bei jedem Rennen während der gesamten Vorbereitungsphase über mehrere Jahre hinweg.

7.1	**Wozu Reviews institutionalisieren?**
7.1.1	**Methoden, die nicht «leben»**

Viele Managementinstrumente und -methoden sind mehr *l'art pour l'art* und «leben» nicht wirklich im Unternehmen, wenn sie nicht gepflegt, das heisst regelmässig überarbeitet sowie aktualisiert und kommuniziert werden können oder dies für alle Beteiligten mit einem zu hohen Aufwand verbunden ist. Immer wieder stellt sich die Frage: Warum behalten manche Unternehmen oder Institutionen ein einmal eingeführtes Managementinstrument nicht bei und nutzen es nicht kontinuierlich? Dafür gibt es verschiedene Gründe:

1. Neues verdrängt Altes: Alles Neue – neue Methoden, neue Ideen, neue ungewohnte Anforderungen im Tagesgeschäft – absorbieren schnell die gesamte Aufmerksamkeit und verdrängen Altes.
2. Bereits vorhandene Instrumente werden als zwar nicht ideal angesehen, aber der Aufwand, um zu wechseln, wird als zu gross empfunden. Bequemlichkeit, verbunden mit der Einstellung «es funktioniert ja auch so irgendwie», trägt dazu bei, in alten Verhaltensmustern stecken zu bleiben.
3. Es kommt kein Rhythmus auf, weil man das Instrument – nach einem einmaligen Einsatz – nicht institutionalisiert hat.
4. Es fehlt an einem internen Paten: Der Chef der jeweiligen Ebene steht nicht voll hinter der Methode.
5. Die Bedeutung der laufenden Pflege wird nicht erkannt. Man begnügt sich mit einem einmaligen Erfolg und lässt es dabei bewenden.
6. Niemand fühlt sich für die Pflege verantwortlich. Meist fehlt es an einem «Wadenbeisser», der die Teammitglieder an ihre Aufgaben erinnert, die Einhaltung von Terminen und die aktuellen Projektstände überprüft und gegebenenfalls anmahnt.

Review

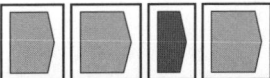

7. Das Managementinstrument wird in der Tagesarbeit für Diskussionen, Entscheidungsfindung, Geschäftsleitungssitzungen usw. nicht beigezogen.
8. Es ist nicht klar, wie sich das neue Managementinstrument mit anderen bereits vorhandenen verknüpfen lässt. Verschiedene Instrumente und Methoden scheinen inkompatibel zu sein, so dass sich die Ergebnisse nicht miteinander vergleichen lassen (zur Verknüpfung von Netmapping mit weiteren Instrumenten vgl. Kapitel 8).

Auch Netmapping ist wie jedes Managementinstrument nur dann lebendig, wenn es regelmässig, das heisst auch im operativen Tagesgeschäft, eingesetzt wird. Es nützt nichts, nur einmal eine Erfolgslogik und ein Cockpit zu entwickeln, denn der Sinn besteht ja darin, *täglich und langfristig* damit zu arbeiten. Für eine einmalige Anwendung stimmt der Aufwand zwischen der Erstellung der Erfolgslogik und des Cockpits sowie dem Nutzen nicht.

Der in vielen Unternehmen jährlich durchgeführte Controlling-Workshop ist zwar wertvoll und besser als nichts. Er genügt jedoch nicht, um frühzeitig zu erkennen, ob und inwieweit man Ziele erreicht oder verfehlt hat. Innerhalb eines Jahres kann die Signalfarbe eines Erfolgsindikators schon längst von grün auf rot gewechselt haben, so dass proaktiv Aktionen erforderlich sind, um die Ziele zu erreichen. Um ein Unternehmen wirklich «auf Kurs» zu halten – also zu erkennen, wenn sich die Signalfarbe ändert – genügt eine Überprüfung der Ziele im Jahresrhythmus nicht. Auch unvorhergesehene externe Einflüsse werden nur unzureichend erkannt und verarbeitet, wenn sie lediglich einmal pro Jahr betrachtet werden.

Vögele Shoes

Um die Erkenntnisse aus Netmapping kontinuierlich zu nutzen, wurden Review-Workshops mit dem Managementteam eingeführt, die zweimal jährlich stattfinden. Zusätzlich wird eine der monatlichen Management-Sitzungen im Planungsraum durchgeführt, moderiert vom CEO Max Manuel Vögele. Zusammen mit den für gewisse Ziele und Aktionen verantwortlichen Kadermitarbeitern wird eine kurze Standortbestimmung vorgenommen, um regelmässig die Wirkung der Massnahmen sowie die Erreichung der Ziele zu überprüfen.

7.1.2	Reviews als Lernchance

Gedacht heisst nicht immer gesagt,
gesagt heisst nicht immer richtig gehört,
gehört heisst nicht immer richtig verstanden,
verstanden heisst nicht immer einverstanden,
einverstanden heisst nicht immer angewendet,
angewendet heisst noch lange nicht beibehalten.   *Konrad Lorenz*

Regelmässige Reviews sind unabdingbar für die strategische Arbeit. Daher die folgenden Empfehlungen:

- Man sollte von Anfang die bewusste Entscheidung treffen, «dran bleiben» zu wollen und die Erfolgslogik periodisch zu pflegen.
- Es hilft, sich schon im Workshop den Tagesbetrieb vorzustellen und sich zu überlegen, wie die Ergebnisse des Netmappings ins operative Tagesgeschäft integriert werden können.
- Am besten wir ein Rhythmus bestimmt, in dem die Reviews stattfinden sollen, sowie deren Dauer.
- Es lohnt sich, einen internen Verantwortlichen für den Netmapping-Prozess zu bestimmen.
- Idealerweise zieht man nach Möglichkeit einen externen neutralen Experten als Moderator für Netmapping bei.

Die zeitlichen Abstände der Reviews sollte jedes Unternehmen und jede Institution nach eigenen Bedürfnissen festlegen. Meist wird einmal jährlich ein Controlling-Workshop durchgeführt – in der Regeln mit Blick auf die neu zu formulierenden Ziele fürs nächste Jahr. Doch reicht dies, wie bereits ausgeführt, häufig nicht aus, um Zielabweichungen zu erkennen und rechtzeitig Massnahmen zu ergreifen:

Je später eine Zielabweichung oder die Veränderung einer relevanten externen Einflussgrösse erkannt wird, desto aufwendiger ist es gegenzusteuern. Der Energie-, Zeit- und Personalaufwand bei der Umsetzung zielführender Massnahmen steigt mit dem Grad der Zielabweichung überproportional an. Zudem reduziert sich aufgrund der abnehmenden verfügbaren Zeit die Auswahl an Aktionsmöglichkeiten und möglicherweise deren Wirksamkeit.

Wenn es schon irgendwo «brennt», kann es notwendig werden, die Prioritäten zu ändern, gewisse Ziele vorübergehend nicht weiter zu verfolgen und alle Kräfte zu konzentrieren, um das Feuer zu löschen. Von daher ist es empfehlenswert, *zweimal jährlich* einen Review-Workshop durchzuführen sowie monatlich eine Standortbestimmung vorzunehmen und die Ergebnisse auf die Planungswände zu über-

Review

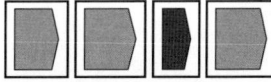

tragen, zum Beispiel im Rahmen einer periodisch stattfindenden Management-sitzung.

Vor zehn Jahren haben wir erstmals für unsere Holding sowie die Tochtergesellschaften eine Erfolgslogik erstellt. Darauf basierend erarbeiteten wir Szenarien, aufeinander abgestimmte Ziele und klare Massnahmen. Jährlich überprüfen und aktualisieren wir diese Dokumente in zwei fix geplanten und moderierten Review-Workshops. Dies auch als Basis für die Jahresziele aller Führungskräfte. Ich bin immer wieder begeistert von der Stringenz und Effektivität der Methode und der Moderation. Deshalb nutzen wir auch immer wieder einzelne Module des Netmappings, um neue Projekte wie zum Beispiel Firmengründungen oder -akquisitionen im Team zu strukturieren und unser Handeln aufeinander abzustimmen.

Susanne Rau, Präsidentin des Verwaltungsrats der Walter Reist Holding

7.2	**Methodisches und inhaltliches Review periodisch durchführen**
7.2.1	**Methodisches Review**

Ein Review sollte sowohl methodische als auch inhaltliche Aspekte umfassen. Methodisch geht man zu Beginn des Workshops alle Elemente der Erfolgslogik durch und überprüft, inwieweit sie noch aktuell sind. Die Teammitglieder vergleichen ihre Sichtweisen untereinander: Werden Erfolgsindikatoren, Hebel und externe Einflüsse noch genauso gesehen wie zuvor? Messen wir noch richtig? Meist verändern sich einige Dinge: Neue Faktoren kommen hinzu, alte fallen weg, die Pfeile verändern sich, oder es werden neue Hebel gefunden. Zusammen mit den Instrumenten werden auch die Szenarien überprüft. Sollte beispielsweise für einen neuen externen Einfluss ein neues Szenario erstellt werden?

7.2.2	**Inhaltliches Review**

Das inhaltliche Review ist im Prinzip ein wiederholtes Durchlaufen der Prozesse, wie sie in Kapitel 6 beschrieben wurden. Man fragt sich, welches Szenario eingetreten ist oder eintreten könnte; jedes Szenario wird durchgesprochen und gegebenenfalls angepasst. Dies ist eine hervorragende Basis, um zu reflektieren, inwiefern die Ziele erreicht wurden.

Bei der Kontrolle der Zielerreichung und der Umsetzung der Massnahmen arbeitet man mit dem Management-Cockpit und an den Planungswänden und analysiert die Ursachen des Erfolgs oder Misserfolgs.

Vor dem Workshop werden im Cockpit die Signalfarben aktualisiert, um folgende Fragen klären zu können: Welche Ziele wurden nicht erreicht (rot), bei welchen Zielen ist die Erreichung gefährdet (gelb), und welche Ziele wurden erreicht (grün)? Es wird gemeinsam überlegt, warum bestimmte Ziele verfehlt wurden und welche Ziele allenfalls angepasst werden sollten. Bei den Hebeln wird die Stärken-Schwächen-Analyse aktualisiert; gegebenenfalls werden neue Aktionen abgeleitet. Man überlegt sich auch, welche Massnahmen delegiert werden können und ob die gesetzten Termine eingehalten werden können.

Zuletzt gilt es, mit Distanz und aus der notwendigen «Flughöhe» kritisch zu fragen: Wenn wir das jetzt Beschlossene tun, gelingt es uns dann, die Ziele zu erreichen? Man sollte sich nicht mit zu vielen Zielen und Massnahmen überfordern, denn das operative Tagesgeschäft verlangt allen viel ab; andererseits sollten die Ziele auch nicht zu niedrig gesteckt sein, sonst sind keine motivierenden Fortschritte erkennbar.

7.3   Nutzen der Netmapping-Phase «Reviews»

- Durch die periodisch durchgeführten Reviews lernt sowohl der Einzelne als auch das gesamte Managementteam immer besser, erfolgreich mit Komplexität umzugehen.
- Bewusst eingeplante Reviews geben die Sicherheit, dass Ziele und Massnahmen später auch regelmässig auf deren Realisierung überprüft werden.
- Reviews machen transparent, warum Massnahmen nicht umgesetzt oder Ziele nicht erreicht wurden.
- Reviews halten die Ergebnisse aus dem Netmapping-Prozess im Unternehmen immer aktuell.
- Planungswände und -räume ermöglichen eine unkomplizierte Kommunikation und ein müheloses Update.
- Die Teilnehmer werden immer mehr zu einem eingespielten Team; die Kommunikation wird besser, es entwickelt sich eine Offenheit und Einigkeit über gewisse Dinge.
- Das Team lernt die komplexe Fragestellung immer besser kennen und entwickelt eine gemeinsame Sicht und Sprache (Entwicklung zur lernenden Organisation).
- Das Bewusstsein des Führungsteams für die komplexen Zusammenhänge bleibt durch Reviews wach und wird im Laufe der Zeit mehr und mehr sensibilisiert. Alle Teammitglieder werden in den Planungsprozess einbezogen und verstehen Zusammenhänge zwischen verschiedenen Entscheidungen.

Review

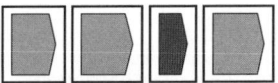

■ Die operative Hektik bei unvorhergesehenen Anforderungen im Tagesgeschäft
  wird auf ein Minimum reduziert, weil die komplexen Zusammenhänge und
  damit die Wirkungen von Massnahmen jederzeit präsent und transparent sind.

■ Regelmässige Reviews verhindern ernste Unternehmenskrisen, weil rechtzeitig und frühzeitig Gefahren erkannt und somit gegengesteuert werden kann.

*Die Planungswände bringen den Aspekt der Planung weg von der Einzelperson ins Team.
Durch die Arbeit mit Pinnwand und Haftnotizzetteln wird die Planung zu einer Baustelle,
das Produkt bleibt unfertig, unperfekt, lebendig und veränderbar. Planungswände eignen
sich vorzüglich, um Veränderungsprojekte zu planen und dauernd wieder anzupassen.*

Hubert Bienz, Inhaber mehrsicht.net

7.4   Zusammenfassung der Schritte: Dranbleiben – regelmässig Reviews durchführen

■ *Methodisches Review*
  Alle Elemente der Erfolgslogik (Erfolgsfaktoren, Zusammenhänge, Erfolgsindikatoren, externe Einflüsse, Hebel) werden auf ihre Relevanz und Richtig-
  keit überprüft und gegebenenfalls ergänzt, geändert oder gestrichen.

■ *Inhaltliches Review*
  1. Die Szenarien werden aktualisiert.
  2. Die Zielerreichung wird überprüft und diskutiert.
  3. Die Umsetzung der Massnahmen wird überprüft und diskutiert.
  4. Neue Ziele und neue Massnahmen werden beschlossen.

8
Netmapping mit weiteren Managementinstrumenten verknüpfen

In diesem Kapitel wird aufgezeigt, wie man die vielfältigen Managementaufgaben mit der Erfolgslogik lösen und dabei auch verschiedene andere Managementinstrumente integrieren kann. Die Gestaltung und Regelung eines komplexen Systems wie eines Unternehmens ist kein Selbstzweck, sondern dient immer dazu, dass sich Geschäfte, Kooperationen, Familien, Beziehungen zwischen Ländern etc. erfolgreich entwickeln.

8.1 Wieso Managementinstrumente verknüpfen?

Unterschiedliches Begriffsverständnis

Viele Managementinstrumente und -konzepte werden isoliert eingeführt und existieren nebeneinander, wie das Beispiel in der Einführung (Kapitel 1) gezeigt hat. Oft fehlt es schon an der notwendigen Einigung bei der Verwendung der Begriffe. Meinen beispielsweise alle Teammitglieder dasselbe, wenn sie von «Qualitätsmanagement» sprechen? Möglicherweise versteht der Marketingverantwortliche darunter, ein Produkt an spezifische Kundenbedürfnisse anzupassen, der Logistikverantwortliche meint die Senkung der Lieferzeit, der Personalchef will die Qualifikation der Mitarbeiter erhöhen und der Produktionschef möchte höherwertige Rohstoffe für die Herstellung verwenden. Missverständnisse sind programmiert, treten aber häufig erst zutage, wenn Ziele verfehlt werden oder Massnahmen nicht greifen.

Für eine erfolgreiche Einführung eines Managementinstrumentes ist es wichtig, sich zunächst auf ein gemeinsames Verständnis der verwendeten *Begriffe* zu einigen. Dafür eignet sich die Erstellung einer Erfolgslogik inkl. Glossar hervorragend.

Steigt man mit der Anwendung der Instrumente selbst anstatt mit der Definition der Begriffe ein, so besteht die Gefahr, dass

- es unbemerkte Überschneidungen mit anderen Managementinstrumenten gibt; häufig existieren mehrere Instrumente mit fast identischen oder sehr ähnlichen Anwendungsspektren nebeneinander,
- die Anwendung intransparent wird,
- man im Unternehmen «Modetrends» folgt und sich – aus Unzufriedenheit mit den bisherigen Methoden – immer wieder dem neuesten Instrument zuwendet,
- teure Ressourcen wie Arbeitszeit und Personal überflüssig gebunden werden und zu viel Bürokratie entsteht,
- man – und das ist sicher der schlimmste Fehler – nicht zielorientiert vorgeht, Ziele und Massnahmen begrifflich nicht klar sind, man sich nicht einig über sie ist oder sie sogar miteinander verwechselt.

Integration weiterer Management-Instrumente

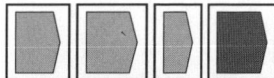

8.2   Die Managementaufgaben im Unternehmen

Wie in Kapitel 2 dargelegt, wird in diesem Buch unter «Management» das Gestalten und Regeln komplexer Systeme verstanden. Management bedeutet, Ziele vorzugeben und diese mit den verfügbaren Hebeln unter Berücksichtigung der externen Einflüsse und deren Zusammenspiel zu erreichen.

Mit anderen Worten: Management heisst, das Schiff von der Brücke aus zu steuern, um sein(e) Ziel(e) zu erreichen. Dem Kapitän müssen die Ziele und Prioritäten klar sein; er hat dafür zu sorgen, dass er pünktlich und sicher den Zielhafen erreicht.

Management umfasst die vier Teilaufgaben Planung, Organisation, Mitarbeiterführung und Controlling.

8.2.1   Vier Managementaufgaben

1. *Planung:* Unter Planung wird hier das Setzen von Zielen und das Formulieren von Massnahmen zur Zielerreichung verstanden. Abhängig von Zeithorizont und Konkretisierungsgrad wird zwischen strategischer und operativer Planung unterschieden.
2. *Organisation:* Organisationsaufgaben umfassen die Zuordnung von Zielen und Aufgaben zu Bereichen, Abteilungen und Stellen. Dabei geht es um die Gestaltung der Strukturen und Prozesse.
3. *Mitarbeiterführung:* Mitarbeiterführung heisst, Zusammenhänge und wichtige Informationen zu kommunizieren, Menschen für Ziele zu begeistern sowie sie zu motivieren, ihre Arbeitskraft im Sinne des Ganzen einzusetzen.
4. *Controlling:* Controllingaufgaben umfassen das ständige Im-Auge-Behalten der Zielerreichung und das Agieren bei Abweichungen.

Diese vier Teilaufgaben (vgl. ▶ Abb. 44) lassen sich rein logisch in einen Zyklus stellen. In der Praxis sind sie ineinander verwoben. Trotzdem lohnt es sich, sie gedanklich klar zu trennen.

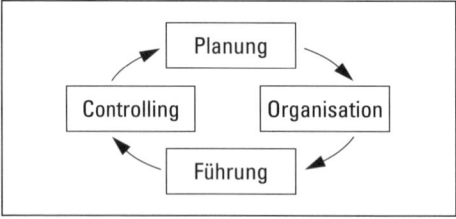

▲ Abb. 44   Managementaufgaben

Wieweit die Managementaufgaben formalisiert werden und entsprechende Instrumente zur Verfügung stehen, hängt vom Kontext ab; ein global tätiges Grossunternehmen erfordert beispielsweise einen höheren Formalisierungsgrad als ein Tennisclub. Es müssen aber immer alle Aufgaben in komplexen Systemen erfüllt sein, damit Management erfolgreich ist und die Ziele erreicht werden können.

| 8.2.2 | **Erfolgslogik als Basis** |

Netmapping sieht vor, alle Aufgaben in Unternehmen auf die Erfolgslogik abzustützen und somit inhaltliche und methodische Ordnung in der Management-Toolbox zu schaffen. Bestehende Planungsdokumente und -instrumente (zum Beispiel Vision, Mission, Leitbilder, Szenarien, Strategien, operative Planungen, Konzepte, Massnahmenpakete), Organisationsdokumente (zum Beispiel Organigramme, Funktionendiagramme, Stellenbeschreibungen als Instrumente der Aufbauorganisation und Prozessschemata für die Beschreibung der Ablauforganisation), Mitarbeiterführungsinstrumente (zum Beispiel Management by Objectives) und Controllingsysteme (zum Beispiel Management-Cockpits) greifen auf die gleiche Erfolgslogik zurück:

- Welche *Ziele* sollen erreicht werden? Alle Ziele sollten als Erfolgsindikatoren in der Erfolgslogik vertreten sein.
- Welche *Handlungsmöglichkeiten* bestehen? Die Hebel sind die Ansatzpunkte für Handlungen.
- Welche *Rahmenbedingungen* sind zu beachten? Diese sind als externe Einflüsse erkennbar.

Mit der Strategie wird beispielsweise festgelegt, welche Ziele langfristig erreicht werden sollen und welche Massnahmen dazu nötig sind. Die Gestaltung von Strukturen (zum Beispiel Profitcenter) ist eine stimmige Zuordnung von Aufgaben (zur Zielerreichung) zu Geschäftseinheiten, Abteilungen und Stellen. Die resultatorientierte Mitarbeiterführung (zum Beispiel Management bei Objectives) ist das Herunterbrechen und die Übertragung von Zielen aus der Erfolgslogik auf Teams und Mitarbeiter. Ganzheitliches Controlling (zum Beispiel mittels eines Management-Cockpits) ist die Erweiterung finanzieller Controllingdaten um die Erfolgsindikatoren in der Erfolgslogik. Mit anderen Worten:

Sämtliche Managementinstrumente – gleich welchen Managementaufgaben sie zuzuordnen sind – haben einen Bezug zu den Erfolgsfaktoren, die mit Hilfe der Erfolgslogik erarbeitet und in ihrer Vernetzung sichtbar gemacht werden. Netmapping liefert die Basis, um die Managementaufgaben Planung, Organisa-

Integration weiterer
Management-Instrumente

tion, Mitarbeiterführung und Controlling zu erfüllen. Dabei können die unterschiedlichen Managementinstrumente, die der Bearbeitung der jeweiligen Aufgaben dienen, mit Hilfe von Netmapping integriert werden.

Übergeordnete Plattform

Man könnte es auch so ausdrücken: Netmapping bietet – auf der Basis der Erfolgslogik – eine Art *übergeordnete Plattform*. Mit Hilfe der Erfolgslogik lassen sich die komplexen Zusammenhänge aufgaben- und instrumenteübergreifend erkennen, so dass zielorientiert gehandelt werden kann.

Durch den konsequenten Bezug auf die Erfolgslogik werden Managemententscheidungen «erfolgslogisch», das heisst, sie können rational begründet und nachvollzogen werden. Das bedeutet nicht, dass man diese Entscheidungen aus seiner eigenen Perspektive, also im Hinblick auf die Erreichung der persönlichen Ziele, zwangsläufig immer begrüsst, aber dass man sie aufgrund der Erfolgslogik begreift. Gelingt es, alle Managementaufgaben konsequent auf die Erfolgslogik auszurichten, ist die Chance gross, dass in komplexen Systemen die Ziele erreicht werden – und die Verantwortlichen auch wissen warum.

Die Managementaufgaben «Planung» und «Controlling» sind integriert in die Methode Netmapping: So wurde bereits in den Abschnitten 6.3 bis 6.5 dargestellt, wie auf der Basis der Erfolgslogik kurz- und langfristige Ziele sowie Massnahmen für deren Erreichung erarbeitet und terminiert werden (Planung). In Kapitel 7 wurde aufgezeigt, wie mittels regelmässiger Reviews die strategische Controlling-Aufgabe wahrgenommen wird.

Im Folgenden wird anhand von Praxisbeispielen aufgezeigt, wie die weiteren Managementaufgaben «Organisation» und «Mitarbeiterführung» mittels Netmapping und Erfolgslogik im Unternehmen integriert und aufeinander abgestimmt werden können. Zusätzlich wird gezeigt, wie ein Unternehmen bei der Einführung eines Qualitätsmanagementsystems von der Anwendung von Netmapping profitieren kann.

- Der Fall der Abteilung Gefahrenprävention im Schweizerischen Bundesamt für Umwelt (BAFU) macht deutlich, wie die Organisation auf der Basis von Erfolgslogik und zu erreichenden Zielen gestaltet werden kann (Abschnitt 8.2).
- Der Fall der Nüssli-Gruppe zeigt, wie sich Management by Objectives (Mitarbeiterführung) mit der Erfolgslogik und den Zielen verbinden lässt (Abschnitt 8.3).
- Die Rino Weder AG ist ein Beispiel dafür, wie sich Qualitätsmanagement mit Netmapping in das Unternehmen integrieren lässt (Abschnitt 8.4).

8.3 Erfolgslogik, Ziele und Organisation der BAFU-Abteilung Gefahrenprävention

Beispiel

Ausgangslage

Ende August 2005 – eine Woche nach dem grössten Hochwasser der letzten hundert Jahre in der Schweiz – entschied der Schweizerische Bundesrat, die Gefahrenprävention zu verstärken. Die Zusammenführung des Bundesamtes für Umwelt, Wald und Landschaft (BUWAL) mit Teilen des Bundesamtes für Wasser und Geologie (BWG) zum heutigen Bundesamt für Umwelt (BAFU) wurde beschlossen. Durch den Zusammenschluss der beiden Ämter ergaben sich organisatorisch neue Bereiche bzw. Abteilungen, in denen heterogene Teams aus den beiden ehemaligen Ämtern zusammenarbeiten.

Das Bundesamt für Umwelt hat unter anderem den Auftrag, die Bevölkerung und erhebliche Sachwerte vor Naturgefahren zu schützen. Die Abteilung Gefahrenprävention ist die Fachstelle des Bundes, welche Strategien und Massnahmen im Bereich Naturgefahren sowie die Störfallvorsorge auf nationaler Ebene koordiniert. Sie erstellt Richtlinien und Empfehlungen zur Beurteilung von Risiken und ist Ansprechpartnerin für die kantonalen Fachstellen, handelt es sich doch bei der Gefahrenprävention um eine Verbundaufgabe von Bund und Kantonen.

Aufgabenstellung

Hans Peter Willi, der beim BAFU die Abteilung Gefahrenprävention leitet, stand vor der Aufgabe, für seine neu gebildete Abteilung klare Ziele zu formulieren sowie eine dazu passende Organisationsstruktur zu entwickeln. Sein heterogenes Team, in dem unter anderem Versicherungsmathematiker, Chemiker, Biologen, Bauingenieure und Geografen zu einer Abteilung zusammengefasst wurden, bezeichnet er selbst als «Patchworkfamilie».

Nach der von übergeordneter Stelle ausgegangenen Reorganisation galt es zu klären, wie die Mitarbeiter trotz begrenzter Ressourcen möglichst wirkungsvoll eingesetzt werden und ihre Aufgaben erfüllen konnten und wo personelle Engpässe bestanden.

Durchgeführte Arbeiten

In einem ersten Workshop wurde die Betrachtungsebene (Abteilung Gefahrenprävention) bestimmt, das komplexe Thema formuliert (langfristiger Erfolg der Abteilung Gefahrenprävention) und mit der Erfolgslogik eine «Landkarte» zur wirkungsvollen Gefahrenprävention erstellt. Der Workshop wurde von einem externen Moderator geleitet, so dass Hans Peter Willi als Mitbeteiligter des Prozesses unbelastet seine Sichtweise einbringen konnte, während der Moderator das Team zielgerichtet führte. Das Team bestand aus je zwei Personen der verschiedenen Fachbereiche. Wegen der heterogenen und interdisziplinären Zusammensetzung des Teams war zunächst die Verständigung besonders schwierig, so dass das gemeinsam erstellte Glossar gute Dienste leistete.

Integration weiterer Management-Instrumente

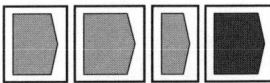

Beispiel (Forts.)

Im zweiten Workshop wurde das Cockpit erarbeitet; im dritten wurde nun der Hebel Organisation untersucht. Dazu wurde eine Aufgabenliste erstellt. Die methodische Frage lautete: «Welche Aufgaben müssen bei jedem Hebel erledigt werden, um die im Cockpit festgehaltenen Ziele zu erreichen?» Um darzustellen, wie die verschiedenen Beteiligten die identifizierten Aufgaben erledigen, wurde daraufhin ein Funktionendiagramm (vgl. dazu die Ausführungen unten) erstellt. Dieses diente als Basis für das Design verschiedener Organisationsvarianten, welche abschliessend in Bezug auf die Zielerfüllung bewertet wurden. So konnte eine Variante als die beste ausgewählt werden – basierend auf der Erfolgslogik, den Zielen, dem Cockpit und den zu erledigenden Aufgaben bei den Hebeln.

Erweiterung der Aufgabenstellung

Ein wichtiges Ziel des Organisationsprozesses war zudem die Klärung der Aufgabenteilung zwischen den Abteilungen Gefahrenprävention und Wald, da letztere einen Aufgabenbereich («Schutzwald») an die neu geschaffene Abteilung Gefahrenprävention abgegeben hatte. Nicht zuletzt ging es dabei auch um die Zuteilung der Verantwortung für einen dreistelligen Millionen-Kredit für Subventionen. Die Abteilung Wald durchlief den gleichen Prozess.

Auf der Basis der in beiden Abteilungen erstellten Funktionendiagramme ermittelten die Teams Übereinstimmungen und Uneinigkeiten hinsichtlich zu erledigender Aufgaben und Zuständigkeiten und einigten sich mehrheitlich auf die klare Aufgabenverteilung. Bei den wenigen Aufgaben, bei denen Uneinigkeit bestand, wurde für die Entscheidung die nächsthöhere Ebene einbezogen.

Funktionendiagramm

Beim Funktionendiagramm handelt sich um ein wertvolles Organisationsinstrument. In der Praxis wird es noch zu wenig genutzt. Wie Funktionendiagramme eingesetzt werden, wird im folgenden kurz erläutert.

Ein Funktionendiagramm hilft, das Zusammenspiel verschiedener Stellen bei der Aufgabenerledigung darzustellen und nötigenfalls neu zu gestalten (Klärung der Aufgabenteilung). Dazu werden in der ersten Spalte einer Matrix die zu erledigenden Aufgaben aufgeführt; in der ersten Zeile die beteiligten Stellen. Für jede Aufgabe wird festgehalten, wer entscheidet (E), wer ausführt (A), wer kontrolliert (K), wer ein Mitspracherecht (M) und wer ein Informationsrecht (I) hat. Falls die gleiche Stelle die Symbole E, A und K erhält, so setzt man ein X für Gesamtverantwortung (vgl. ▶ Abb. 45).

Funktion							
Aufgaben Abteilung Gefahrenprävention	**Abteilungschef**	**Stabsfunktion**	**Sektions- und Bereichsleitende**	**Fachspezialist geologische Risiken**	**Fachspezialist Lawinen, Steinschlag**	**Fachspezilist Wildbach, Hochwasserschutz**	**...**
Durchführung Ereignisanalyse (EA) für folgende Ereignisse: Hochwasser, Lawinen, Erdbeben, Massenbewegungen, Störfälle	E, K	I	A	A	A	A	M
Beratung: ■ proaktiv Beraten und Unterstützen der Vollzugsbehörden ■ Fördern der Umsetzung gesetzlicher Vorgaben und Normen aber auch weiterführende Aktivitäten der Vollzugsbehörden (Kantone) und von Privaten ■ Erteilen von Fachauskünften an Dritte	X	I	A	A	A	A	I
Vollzugshilfe: 1. Evaluation (inkl. Bedarfsausweis) bestehender Vollzugshilfen auf Aktualität, Qualität und Vollständigkeit 2. Ausarbeitung (Revision und Erstellung) von Vollzugshilfen im Einzelfall. 3. Unterstützen der Erstellung von Arbeitshilfen Dritt	Eg, K	I	En, K	A	A	A	M
Vollzugskontrolle: 1. Vollzugskontrolle in eigenen Politikbereichen 2. Mitwirkung bei Projekten Dritter 3. Monitoring der Indikatoren	Eg, K	M	En, K	A	A	A	I
Legende: E = Entscheidung, Eg = Entscheidung in Grundsatzfragen, En = Entscheidung im Normalfall, A = Ausführung, K = Kontrolle, M = Mitspracherecht, I = Informationsrecht, X = E + A + K							

▲ Abb. 45   Funktionendiagramm der Abteilung Gefahrenprävention (Ausschnitt)

Integration weiterer Management-Instrumente

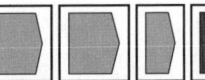

Beispiel (Forts.)

Aufbauorganisation

Im Anschluss konnte aufgrund der detaillierten Aktivitätenanalyse sowie der von übergeordneter Stelle vorgegebenen und einzuhaltenden Prozesse die Aufbauorganisation geklärt werden. Unterschiedliche Varianten wurden geprüft, so zum Beispiel funktionale und matrixartige Organisationsformen. Ein auf die Erfolgslogik abgestützter Kriterienkatalog erleichterte die Entscheidung für eine fachkompetenzbasierte Organisation; drei Arbeitsgruppen kamen unabhängig voneinander zum selben Ergebnis.

Da die Personalressourcen der Abteilung Gefahrenprävention knapp waren, wurde in einem weiteren Schritt der Aufwand für die Aufgabenerledigung eingeschätzt, um eine genaue Basis für die Diskussion mit übergeordneten Stellen zu erhalten. Bei jeder Aufgabe konnte jetzt darüber gesprochen werden, ob sie wichtig oder entbehrlich war oder ob sogar neue Stellen eingerichtet werden mussten. Man kam zu dem Ergebnis: Wenn die Abteilung allen Aufgaben gerecht werden soll, benötigt sie 40 Stellen, sie hatte aber nur 27 Stellen. Der Direktion des Amtes konnte die Situation «erfolgslogisch» dargelegt werden – mit dem Ergebnis, dass eine personelle Verstärkung bewilligt und auf die Erledigung gewisser Aufgaben bewusst verzichtet wurde. Die Rahmenbedingungen für die Aufgabenerfüllung verbesserten sich dadurch wesentlich, weil auch auf politischer Ebene zentrale Entscheidungen zur Stärkung der Gefahrenprävention gefällt wurden. Die Aufgabenanalyse leistete dabei wertvolle Dienste in der Begründung des Ressourcenbedarfs. So können jetzt in der Abteilung Gefahrenprävention die zentralen Aufgaben mit hoher Priorität verlässlich erfüllt werden.

Auch der gemeinsam erarbeitete Vorschlag für die Arbeitsteilung *zwischen* den beiden Abteilungen wurde der Direktion des Amtes unterbreitet, die auf dieser Basis entschied, wie die Aufgaben und der Etat verteilt werden.

Fazit

Mit Hilfe von Netmapping konnte folgender Nutzen erzielt werden:

- Die Aufbauorganisation der Abteilung Gefahrenprävention konnte systematisch und methodisch optimiert werden.
- Die Zusammenarbeit und Zuständigkeiten zweier Abteilungen sowie die Verantwortung für die verschiedenen Budgetposten wurden geklärt.
- Es entstand eine fundierte und systematische Grundlage (Erfolgslogik, Ziele, Aufgabenliste, Funktionendiagramm) für Diskussionen mit und Entscheidungen von benachbarten Abteilungen und übergeordneten Ebenen.
- Die zur Aufgabenerfüllung dringend erforderlichen Ressourcen konnten beschafft werden.
- Es wurde eine gemeinsame Sichtweise für die Aufgaben innerhalb der Abteilung gefunden und ein gemeinsames Verständnis geschaffen. (Aus der Patchworkfamilie wurde ein motiviertes Team).
- Es wurde sichergestellt, dass die Aufgaben mit den vorhandenen finanziellen und personellen Ressourcen erledigt werden können.

Das vernetzte Denken war eine grosse Hilfe bei der Erarbeitung des komplexen Themas. Es führte nicht nur zu einer klaren Ausrichtung des Teams auf die Ziele und zu einer gemeinsamen Sichtweise, sondern unterstützt auch langfristig unsere für die Bevölkerung so wichtige Arbeit der Gefahrenprävention im Umweltbereich. Wir sind uns jetzt über unsere Aufgaben im Klaren und können dafür die zur Verfügung stehenden Ressourcen bestmöglich nutzen. Überzeugt von der Wirksamkeit der Methode Netmapping werden wir die Vernetzung weiter pflegen. Review-Workshops sind bereits vereinbart.
Hans Peter Willi, Abteilungsleiter Gefahrenprävention im BAFU

Netmapping und Prozessmanagement

Beispiel

Einmal zeigte der Produktionsleiter eines grossen Industrieunternehmens riesige Ablaufschemata von Produktionsprozessen und fragte: «Sie unterrichten doch an der Universität St. Gallen. Sehen Sie auf Anhieb, was wir hier besser machen können?» Abgesehen davon, dass wohl selbst Prozessspezialisten nicht «auf Anhieb» Schwachstellen in einem Diagramm erkennen können, wäre Netmapping hierfür auch die falsche Methode. Deshalb war die Antwort: «Zum konkreten Prozess kann ich Ihnen auf die Schnelle keine Antwort geben, da ich kein Spezialist für Produktionsprozesse bin. Als Basis für Ihr Prozessmanagement empfehle ich Ihnen aber, sich zuerst Gedanken auf übergeordneter Ebene zu machen: Welches sind die Erfolgsfaktoren Ihrer Produktion? Welche externen Einflüsse unterstützen oder hemmen Ihren Erfolg? Welche Zielkonflikte bestehen? Wie setzen Sie die Prioritäten für die Ziele und welches sind die wichtigsten Hebel? Daran anschliessend würde ich bei diesen Hebeln die Prozesse gestalten, damit sie effektiv und effizient sind». Darauf meinte der Produktionsleiter: «Das brauchen wir alles nicht, das ist uns alles klar, wir müssen nur die Prozesse in den Griff bekommen.»

Es besteht die Neigung, sich auf die Details eines Prozesses – in diesem Fall der Ablauforganisation der Produktion – zu stürzen, anstatt zuerst zu fragen: Welche Prozesse sind die wichtigsten? Was müssen wir, abgesehen vom Prozessmanagement, noch tun, um Erfolg zu haben? Bei welchen Hebeln lohnt es sich, in die Tiefe zu gehen und dahinterliegende Prozesse zu analysieren? Eine zu schnelle Reduktion auf Details birgt die Gefahr, dass wichtige Aspekte des komplexen Ganzen, insbesondere «weiche» Faktoren, vergessen, Zusammenhänge nicht erkannt und Ziele verfehlt werden. So werden wertvolle Ressourcen vergeudet.

Immer wieder ist zu beobachten, dass direkt mit detaillierten Prozessanalysen begonnen wird, ohne vorher übergeordnete Zusammenhänge und Ziele zu klären. Es empfiehlt sich, *vor* dem Einstieg in die Prozessanalyse die Erfolgszusammenhänge und Ziele eines erfolgreichen Prozessmanagements zu klären.

Integration weiterer Management-Instrumente

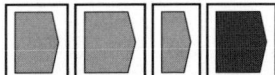

Netmapping und Projektmanagement

Netmapping kann hervorragend mit Projektmanagement kombiniert werden. Üblicherweise werden im Rahmen des Projektmanagements Netzpläne angefertigt, welche die einzelnen Aufgaben in eine logische Reihenfolge bringen. Ideal ist folgende Kombination: *Bevor* man mit dem Projekt selbst und mit der Netzplantechnik beginnt, entwickelt man eine Erfolgslogik zum Projekt. Das Erstellen der Erfolgslogik sowie die Klärung der Ziele und Hebel führt dazu, dass Einigkeit über die Erfolgsfaktoren besteht; ausserdem ist man sich der Zielkonflikte bewusst und kann Schwerpunkte setzen. Weiterhin wird klar, ob ein Projektteam genügend Handlungsspielraum hat (sichtbar an der Anzahl Hebel), um erfolgreich zu sein. Im Team entsteht Transparenz, bevor man in die (natürlich notwendigen) detaillierten Arbeiten des Projektmanagements einsteigt.

Projektlandkarte

Verschiedene Projekte lassen sich mit einer Erfolgslogik besser abgrenzen: Durch die visuelle Einordnung der laufenden und geplanten Projekte in einer Erfolgslogik ist erkennbar, welchen Beitrag sie zum Erfolg des Ganzen leisten. Auch ist auf den ersten Blick erkennbar, ob und wo sie sich überschneiden. So lassen sich unnötige Doppelarbeiten vermeiden. Ein weiterer Nutzen besteht im gemeinsamen Verständnis darüber, was zu einem Projekt gehört und was nicht; in einer frühen Phase lässt sich dies bereits mit dem Auftraggeber klären.

Netmapping ist bereits in der Initialisierungsphase diverser Grossprojekte zum Einsatz gekommen; es wurde auch schon etliche Male bei laufenden Projekten angewandt, die stecken geblieben waren, weil unter anderem kein gemeinsames Verständnis über die Erfolgsfaktoren und Zusammenhänge bestand. Auf der Basis der Erfolgslogik wurden klare Prioritäten gesetzt und somit die vorhandenen Zielkonflikte entschärft.

8.4   Erfolgslogik, Ziele und Mitarbeiterführung der Nüssli-Gruppe

Beispiel

Ausgangslage

Die Nüssli-Gruppe hat sich in den letzten 60 Jahren aus einem Zimmereibetrieb im Thurgau zu einem weltweit tätigen, im deutschsprachigen Raum führenden Anbieter von anspruchsvollen Problemlösungen für den internationalen Veranstaltungs- und Ausstellermarkt entwickelt. Die Nüssli-Gruppe vermietet, verkauft und montiert temporäre Bauinfrastrukturen. Im Kernmarkt, dem deutschsprachigen Europa, ist sie mit ihren Ländergesellschaften und deren Niederlassungen flächendeckend präsent. Im übrigen Ausland wird

Beispiel (Forts.)

häufig projektbezogen mit lokalen Partnern kooperiert. Nüssli ist regelmässig an Grossprojekten wie sportlichen und wirtschaftlich-kulturellen Veranstaltungen (Olympiaden, Weltmeisterschaften, Welt- und Landesausstellungen) beteiligt.

Die Nüssli-Gruppe hat eine Matrixstruktur (Ländergesellschaften Schweiz, Deutschland, Österreich) und ist in Sparten (Tribünen und Messebau) gegliedert. Sie beschäftigt rund 200 Mitarbeiter. Seit 2000 ist das oberste Management massgeblich finanziell an dem Familienunternehmen beteiligt.

Pragmatisches Managementsystem

Die Führungskräfte der Nüssli-Gruppe haben vorwiegend einen bautechnologischen Hintergrund. Das Unternehmen legt grossen Wert auf die Förderung der Managementkompetenzen. Es hat mittels Netmapping ein professionelles, der Unternehmensgrösse und -kultur entsprechend pragmatisches Managementsystem entwickelt. Die erarbeitete Erfolgslogik und das Management-Cockpit bildet dabei den integrierenden Bezugsrahmen für den Prozess der Managemententwicklung.

Die Nüssli-Gruppe wollte auf der Basis einer Erfolgslogik und gemeinsamer Unternehmensziele ein funktionsfähiges Mitarbeiterführungsinstrument entwickeln. Das Führungsverständnis basiert stark auf persönlichen Vertrauensbeziehungen und einem hohen Autonomiegrad der einzelnen Teams und Führungskräfte. Dies erschwerte es der Geschäftsleitung gelegentlich, den Überblick zu behalten. Die einzelnen Teams verfolgten zwar die Unternehmensinteressen in ihrem eigenen Bereich, aber Querschnittaufgaben wurden etwas vernachlässigt. Das neue Führungssystem sollte die stärkere Ausrichtung der einzelnen Abteilungen und Mitarbeiter auf die gesamten Unternehmensziele ermöglichen.

Mit Hilfe der Methode wurde zuerst ein gemeinsames Verständnis für den Erfolg der Nüssli-Gruppe geschaffen (Erfolgslogik für die Betrachtungsebene Nüssli-Gruppe als Ganzes). Anschliessend wurden die langfristigen und kurzfristigen Unternehmensziele definiert und auf die einzelnen Abteilungen und Mitarbeiter heruntergebrochen.

Die komplexe Fragestellung lautete: «Welche Zusammenhänge müssen wir beachten, damit sich die Nüssli-Gruppe als Ganzes langfristig erfolgreich entwickelt?»

Anspruchsgruppenanalyse

Ausgehend von der Fragestellung wurden die Ansprüche der wichtigsten Anspruchsgruppen analysiert, die von der Entwicklung der Nüssli-Gruppe betroffen und daran beteiligt sind: die Kunden, die Lieferanten und Kooperationspartner, die Mitarbeiter, das Management und die Eigentümer:

- Die Kunden legen grossen Wert auf die Termintreue, die Sicherheit und die Kosten der temporären Bauten.
- Für die Lieferanten und Kooperationspartner sind faire Konditionen, eine langfristige Zusammenarbeit und effiziente Informationsflüsse wichtig.
- Die Mitarbeiter sind an attraktiven Arbeitsbedingungen und einer Erfolgsbeteiligung, schlanken Strukturen, funktionsfähigen Prozessen sowie einer starken und integrierenden Unternehmenskultur interessiert.

Integration weiterer
Management-Instrumente

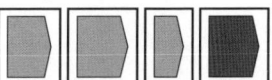

Beispiel (Forts.)

- Das Management möchte mit wirksamen Managementprozessen (Planung und Controlling, Führung, Strukturen und Prozesse) die Nüssli-Gruppe steuern und weiterentwickeln.
- Die Eigentümer sind an einer nachhaltigen Steigerung des Unternehmenswertes und an der finanziellen Unabhängigkeit der Nüssli-Gruppe interessiert.

Erfolgslogik

Schrittweise wurde anschliessend die Erfolgslogik der Nüssli-Gruppe erarbeitet (vgl. ▶ Abb. 46), welche die Wirkungsketten und Wirkungskreisläufe abbildet. So führt beispielsweise ein hoher Umsatz zu einem höheren Cashflow, dieser ermöglicht eine expansivere Investitionspolitik, welche über vielfältige Wirkungsketten in der ganzen Nüssli-Gruppe wieder zu mehr Aufträgen und damit mehr Umsatz führt.

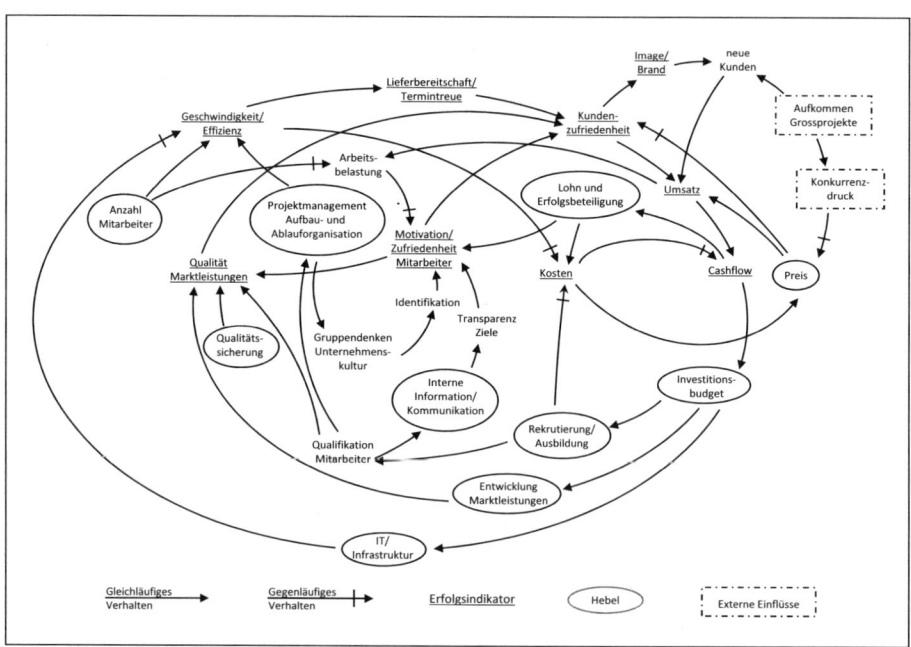

▲ Abb. 46   Erfolgslogik der Nüssli-Gruppe (Ausschnitt)

Management by Objectives (MbO)

An den Erfolgsindikatoren (unterstrichene Begriffe in der Erfolgslogik, vgl. ◀ Abb. 46) «dockte» das neue Mitarbeiterführungssystems an. Für die Erfolgsindikatoren wurden konkrete Ziele formuliert und gemeinsam mit der Firmenleitung *Management by Objectives* eingeführt (Führung durch Zielvereinbarung).

Beispiel (Forts.)

Dabei geht es darum, eine hohe Leistungs- und Ergebnisorientierung der Mitarbeiter sicher zu stellen. Die Führungskräfte müssen regelmässig und verbindlich Ziele mit ihren Mitarbeitern vereinbaren und deren Erreichungsgrad kontrollieren. Damit wird gewährleistet, dass jeder Einzelne seinen stufengerechten Beitrag zum Erfolg des gesamten Unternehmens leisten kann und seine Leistung von seinen Vorgesetzten bewusster gefördert und anerkannt wird.

Leider handelt es sich bei vielen sogenannten MbO-Systemen in der Praxis eher um «MbA-Systeme» (Management by Action), da oft Massnahmen zu Zielen gemacht werden. Erneut zeigt es sich auch bei diesem Instrument, ob Ziele und Massnahmen klar auseinandergehalten werden (können). Ein Klassiker der «Zielvereinbarung» ist zum Beispiel der «Besuch eines Seminars» (= Massnahmen für das Erreichen eines Ziels, eines Soll-Zustands). Statt sich gemeinsam darauf zu einigen, was die wirklichen Ziele eines solchen Seminarbesuchs sein sollen (zum Beispiel Beherrschung eine EDV-Software oder Verkaufsgespräche in englischer Sprache führen können = Soll-Zustand erreicht), legt man der «Einfachheit halber» Massnahmen fest – oft mit dem Argument, dass deren Umsetzung leichter zu messen seien als Ziele. Letzteres stimmt natürlich. Nur muss dann erneut die Frage erlaubt sein, ob wir messen sollten, was leicht messbar ist, oder ob wir nicht vielmehr messbar machen sollten, was sinnvoll ist. Es gibt nichts gegen die *zusätzliche* Vereinbarung von Massnahmen einzuwenden, nur sollten zuerst Ziele vereinbart werden, damit diese klar und bekannt sind.

Ziele und Massnahmen festlegen

Die Geschäftsleitung hat sich für ein erweitertes MbO-System entschieden, in dem bewusst Ziele *und* Massnahmen vereinbart werden –im Mitarbeitergespräch und auf dem Formular allerdings klar voneinander getrennt. Als Orientierung dient den Führungskräften die Erfolgslogik: Ziele werden nur bei den Erfolgsindikatoren vereinbart, Massnahmen bei den Hebeln.

Zweimal jährlich werden Gespräche zwischen zwei Hierarchiestufen durchgeführt und gemeinsam Ziele und Massnahmen für den Mitarbeiter festgelegt. Der Vorgesetzte schlägt zwei Ziele und der Mitarbeiter ein Ziel vor; gemeinsam werden die Sinnhaftigkeit und Erreichbarkeit der Ziele überprüft. Der Vorgesetzte sorgt allenfalls dafür, dass die Rahmenbedingungen für die Zielerreichung geschaffen werden. Sechs Monate später wird der Erfolg diskutiert.

Die Ziele und Massnahmen werden auf einem einfachen Formular schriftlich festgehalten und gemeinsam unterzeichnet. Ebenfalls wird darauf im nächsten Gespräch der Erfolg der Zielerreichung eingeschätzt und festgehalten. Diese Unterlagen dienen dem Vorgesetzten auch dazu, den Mitarbeiter zu beurteilen und «nicht aus den Augen zu verlieren», und sie sind eine mögliche Grundlage für Beförderung und Leistungslohn.

**Integration weiterer
Management-Instrumente**

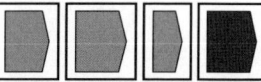

Beispiel (Forts.)

Im Folgenden wird die konkrete Ziel- und Massnahmenvereinbarung, die der Vorsitzende der Geschäftsleitung mit einem Geschäftsleitungsmitglied im Bereich Mitarbeiterführung und Organisation abgeschlossen hat, dargestellt. Es wird dabei sichtbar, wie Unternehmensziele auf individuelle Ziele heruntergebrochen werden können.

Ziel- und Massnahmenvereinbarung: GL-Mitglied A

Unternehmensziele	Individuelle Ziele	Individuelle Massnahmen	Termine
Effizienz/ Geschwindigkeit/ Termintreue	Funktionsfähigkeit der Spartenorganisation erhöhen	Funktionendiagramme erarbeiten	31. Januar 200X
	Tagesaktuelle Transparenz über Termintreue	Terminüberwachungssoftware einführen	30. Juni 200X

▲ Abb. 47   Ziel- und Massnahmenvereinbarung

Beurteilung

Die Anwendung von Netmapping hat es ermöglicht, ein grundlegendes Verständnis für die Notwendigkeit eines ziel- und ergebnisorientierten Führungssystems zu erreichen. Die Erfolgslogik dient als Landkarte für die Ableitung von Zielsetzungen von Führungskräften und Teams. Das Bewusstsein ist gestiegen, dass individuelle Ziele nur dann einen Sinn machen, wenn damit ein klarer und plausibler Beitrag zur Erreichung der Ziele des ganzen Unternehmens geleistet werden kann.

Die Einführung des MbO-Systems auf der Grundlage der Erfolgslogik hat sich sehr bewährt: Erstens fällt es jetzt Führungskräften leichter, in der Perspektive des Gesamtunternehmens zu denken, zweitens erkennen die Führungskräfte, dass zwischen allen ihren individuellen Zielen und Aktivitäten und den Unternehmenszielen ein klarer Zusammenhang bestehen muss und drittens konnte die Führungsdisziplin erheblich gesteigert werden, weil jetzt vieles transparenter ist.

Roland Zürcher, ehemaliger CEO Nüssli-Gruppe.

Netmapping und Anreizsysteme

Mit Hilfe der Erfolgslogik kann nicht nur die Mitarbeiterführung organisiert werden, sondern können auch Anreizsysteme sinnvoll konfiguriert werden. In Abschnitt 6.7.2 wurde bereits anhand eines Beispiels gezeigt, wie ein Bonussystem, das eigentlich die Kundenzufriedenheit erhöhen sollte, sich völlig kontraproduktiv auf das ganze System auswirkte. Wichtig ist es, sich auch bei Anreizsystemen an vereinbarten Zielen anstatt an durchgeführten Massnahmen auszurichten.

8.5 Erfolgslogik, Ziele und Qualitätsmanagement der Rino Weder AG

Beispiel

Ausgangslage

1980 begann der Unternehmensgründer Rino Weder im St. Galler Rheintal mit der Produktion von Kunststoff-Fenstern. Der Metall-, Fenster- und Wintergartenbau hat sich mittlerweile zum Kerngeschäft mit einem Anteil am Gesamtumsatz von rund sechzig Prozent entwickelt. In den 1990er-Jahren wurde die Produktion um ein Pulverbeschichtungswerk erweitert. Das Unternehmen sucht ständig nach neuen Lösungen für Kundenprobleme. So entstehen laufend neue Geschäftsfelder, die auf den Kernkompetenzen des Unternehmens aufbauen, wie beispielsweise Robotik für die gewerbliche Käselagertechnik, Apparatebau für Warenpräsentationssysteme oder Fassadenreinigungsrobotik.

Die Rino Weder AG beschäftigt heute rund 120 Mitarbeiter und ist damit ein regional gut verankertes mittelständisches Unternehmen. Diese Stellung konnte nur durch ein grosses familiäres Engagement, betriebstreue Mitarbeiter und langjährige Kunden- und Lieferantenbeziehungen erreicht werden.

Die Rino Weder AG setzt Netmapping dafür ein, ein gemeinsames Verständnis für die relevanten Zusammenhänge des Erfolgs zu entwickeln, klare langfristige und kurzfristige Ziele zu haben sowie zielorientierte Massnahmen abzuleiten und umzusetzen. Wie in der

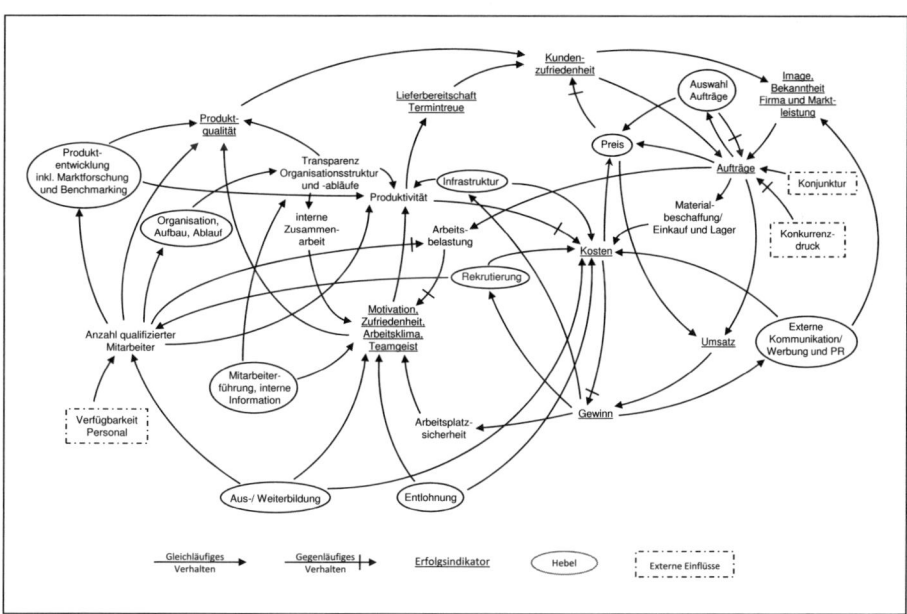

▲ Abb. 48   Erfolgslogik der Rino Weder AG (Ausschnitt)

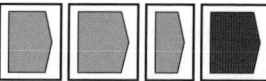

Integration weiterer Management-Instrumente

Beispiel (Forts.)

Abteilung Gefahrenprävention beim Bundesamt für Umwelt (vgl. Abschnitt 8.3) wurden zuerst Organisationsfragen geklärt. Zusätzlich sollte nun ein ganzheitliches Qualitätssystem aufgebaut werden.

Die komplexe Fragestellung lautete: «Welche Zusammenhänge müssen wir beachten, damit sich die Rino Weder AG langfristig erfolgreich entwickelt?»

Wie beim Netmapping üblich, wurde zunächst eine Anspruchsgruppenanalyse durch-geführt und eine Erfolgslogik für die Rino Weder AG als Ganzes (Betrachtungsebene) entwickelt, die anschliessend als Ordnungsrahmen für das ganzheitliche Qualitätssystem verwendet werden konnte.

Auf der Basis der Erfolgslogik und der identifizierten Hebel (vgl. ◄ Abb. 48) wurden folgende Prozesse als qualitätsrelevant identifiziert: Produktions-, Entwicklungs-, Beschaffungs-, Verkaufs-, Mitarbeiter- und Führungsprozesse sowie Supportprozesse.

Managementaufgaben

Für diese Prozesse wurden mit den verantwortlichen Führungskräften und Mitarbeitern die Qualitätsziele festgelegt. Aufgrund einer Analyse des Ist-Zustandes (Stärken/Schwächen) sowie der externen Einflüsse (Chancen/Gefahren) wurden konkrete Verbesserungsmassnahmen einschliesslich Zuständigkeiten und Termine vereinbart.

Qualitätsmanagement für den Produktionsprozess der Rino Weder AG			
Produktionsprozess			
Qualitätsziele	**Heutige Stärken**	**Heutige Schwächen**	**Korrekturmassnahmen**
... Lieferbereitschaft Termintreue ...	... Flexibilität/«Improvisationstalent» Bereitschaft der Mitarbeiter zu Extraleistungen ...	... Abteilungsübergreifende Koordination funktioniert nicht immer ...	... Bestimmen eines Terminkoordinators mit Weisungsrecht ...

Beurteilung

Ganzheitliches Qualitätsmanagement wird durch die Abstützung auf die Erfolgslogik plausibel und kommunizierbar. Die Ergebnisse lassen sich anschliessend ohne Weiteres in normierten und zertifizierbaren Qualitätssystemen wie beispielsweise den ISO-Normen niederlegen oder können zur Bewertung und Evaluation von Qualität wie beispielsweise für das Excellence-Modell der European Foundation for Quality Management (vgl. EFQM 1996) herangezogen werden.

Die Entwicklung des ganzheitlichen Qualitätssystems auf der Basis unserer Erfolgslogik war sehr wertvoll. Geschäftsleitung und Führungskräfte arbeiten enger zusammen. Vorgesetzte und Belegschaft sind sich bewusst, dass bereichsübergreifendes Denken und Handeln wesentliche Voraussetzungen sind, um den Erfolg unseres Unternehmens langfristig zu sichern.

Susanne Weder, Mitglied der Geschäftsleitung Rino Weder AG

8.6 Wiederum: Dranbleiben!

Auch die Integration von Managementinstrumenten wird in den regelmässigen Netmapping-Reviews überprüft, um das System *up to date* zu halten und zu überprüfen, ob die Methoden und Inhalte noch passen (vgl. dazu Kapitel 7).

8.7 Nutzen der Netmapping-Phase «Managementinstrumente integrieren»

Verschiedene Managementinstrumente mit Netmapping zu integrieren, hat folgende Vorteile:

- Netmapping unterstützt das Verständnis, alle Managementaufgaben als Systemlenkungsaufgaben zu sehen und die Komplexität bei jeder Aufgabe in den Bereichen Planung, Organisation, Mitarbeiterführung und Controlling zu berücksichtigen.
- Mit der Erfolgslogik (Visualisierung von Zusammenhängen, Identifikation von Erfolgsindikatoren, Hebeln, relevanten externen Einflüssen), dem Management-Cockpit (Ziele, Soll-Ist-Vergleich, Signalfarben) und dem Glossar als «Arbeitsplattform» verfügt man über eine Orientierung im Dschungel der Managementinstrumente mit ihren diversen Begriffen und heterogenen methodischen Ansätzen.
- Man gewinnt Sicherheit, dass die Instrumente im Rahmen eines einheitlichen Konzeptes integriert, richtig und «massgeschneidert» eingesetzt werden.
- Ziele und Massnahmen werden deutlich getrennt, somit die Verwechslung beider als einer der Kardinalfehler im Management vermieden. Damit werden Umsetzungsprobleme und die Einschränkung von Handlungsspielräumen vermieden.

Integration weiterer Management-Instrumente

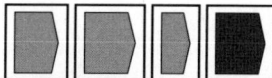

8.8   Zusammenfassung der Schritte: Managementinstrumente integrieren

Gleich worin die Managementaufgabe besteht und welches Managementinstrument eingesetzt werden soll, das Vorgehen ist im Prinzip immer das folgende:

- Festhalten der Betrachtungsebene («Flughöhe»)
- Erarbeitung der Erfolgslogik mit Erfolgsindikatoren, Hebeln und externen Einflüssen
- simultane Entwicklung eines Glossars für die Erfolgsfaktoren
- Entwicklung eines Glossars für die relevanten Begriffe des jeweiligen Managementinstruments (zum Beispiel aufbau- und ablauforganisatorische Werkzeuge, Projektmanagement, Managements by Objectives, Anreizsysteme)
- Einordnen des Managementinstruments in den Gesamtzusammenhang der Netmapping-Methode
- inhaltliche Abstimmung zwischen den Netmapping-Resultaten und dem zu integrierenden Managementinstrument
- regelmässige Reviews zur methodischen und inhaltlichen Aktualisierung

Teil III

Anhang

Komplexitätsmanagement ist wie Jonglieren

Beim Jonglieren können wir körperliche und geistige Erfahrungen machen, die uns helfen, mit Komplexität leichter umzugehen und ihren Charakter einfacher zu erfassen. Ausserdem macht es sehr viel Spass!

Jonglieren ist ein gutes Training für iterative (sich wiederholende) Lernprozesse: Wissen ist in Handeln zu übersetzen und aus den Ergebnissen des Handelns können immer wieder neue Erkenntnisse abgeleitet werden. Es zeigt, dass man Komplexität erfolgreich managen kann, wenn man sich zuerst bewusst mit den Zusammenhängen und Mechanismen auseinandersetzt, und dass sich mit der Zeit eine intuitive Kompetenz im Umgang mit Komplexität entwickelt – auch im Team.

Mich fasziniert, wie Netmapping für ein Managementteam zu Beginn intellektuell anspruchsvoll und teilweise auch anstrengend ist, aber nachher im täglichen Handeln deutliche Erleichterung im Umgang mit komplexen Fragestellungen schafft. Die Qualität und die Effektivität der Kommunikation nimmt spürbar zu. Einmal gefällte Entscheidungen sind für das Team besser kommunizierbar und entfalten dadurch eine stärkere Durchsetzungsenergie.
Olaf Hartmann, Touchmore GmbH, Geschäftsleiter

«Ich muss mit allem Möglichen jonglieren.» Das haben wir alle schon einmal gesagt oder gedacht – insbesondere wenn wir mit der Vernetzung komplexer Zusammenhänge beschäftigt waren. Oft ist diese Aussage Zeichen einer Überforderung, weil wir das Gefühl haben, dass mehr Dinge auf einen zukommen, als man bewältigen kann. Möglicherweise wussten wir gar nicht, wohin wir unsere Aufmerksamkeit zuerst lenken sollen, und hatten Angst, etwas Wesentliches zu vergessen.

In der Tat hat gekonntes Jonglieren viel mit einem erfolgreichen Komplexitätsmanagement zu tun: Beim Jonglieren (Komplexitätsmanagement) besteht das grundsätzliche Problem, dass man immer mehr Bälle (Themen) handhaben muss, als man Hände (Ressourcen) hat. Ebenso hat man bei komplexen Herausforderungen oft den Eindruck, dass man es mit mehr Erfolgsfaktoren und Vernetzungen zu tun hat, als man überschauen und «handhaben» kann. Doch keine Angst: Das Jonglieren mit Bällen kann man genauso erlernen wie das ganzheitliche Handeln in komplexen Zusammenhängen. Beides beginnt mit Verstehen, danach verlagert sich der Schwerpunkt zur Veränderung des Verhaltens und des kontinuierlichen Verbesserns (Review).

Konzentration aufs Werfen

Am häufigsten scheitert man beim Jonglieren, weil man seinen Fokus auf den falschen Punkt richtet. Anfänger machen oft den Fehler, sich darauf zu konzentrieren, keinen Ball *fallen* zu lassen, statt sich auf die Präzision des Wurfes zu konzentrieren. Sie verbringen mehr Zeit damit, schlechte Würfe durch Hinterherrennen zu korrigieren (Symptombekämpfung), statt zu lernen, exakt zu werfen (Konzentration auf den Hebel). Durch den falschen Fokus fallen die Bälle erst recht zu Boden. Der Fokus muss darauf liegen, die Bälle richtig zu *werfen,* das heisst zielorientiert zum richtigen Zeitpunkt. Werden die Bälle richtig geworfen, so lassen sie sich «automatisch» auffangen – sie fallen einem geradezu in die Hände.

Konzentration auf richtige Hebel

Ähnliches passiert häufig beim Management komplexer Systeme: Tritt ein Problem auf, wird sofort gehandelt. Die hastig eingeleiteten Massnahmen führen selten zum Ziel, weil sie nichts weiter als Symptombekämpfung sind. Das Problem taucht bald von neuem wieder auf, und manchmal entstehen sogar weitere Probleme.

Man sollte den Mut haben, zuerst eine Erfolgslogik zu entwickeln, um im Gesamtzusammenhang die relevanten Hebel zu erkennen und damit ein bestimmtes Ziel zu erreichen (Effektivität).

Den Rhythmus finden

Ein Anfänger macht beim Jonglieren häufig den Fehler, dass er die Bälle *zu schnell* wirft, weil er glaubt, sie blieben sonst nicht in der Luft – mit dem Ergebnis, dass der Ablauf des Werfens und Fangens «aus dem Ruder läuft» und immer schwieriger zu managen ist; darin zeigt sich die Tendenz zur Übersteuerung. Die Kunst besteht darin, gelassen zu bleiben und die Bälle in einem gleichbleibenden Rhythmus zu werfen.

Ähnliches Verhalten ist auch in Unternehmen und Institutionen immer wieder zu beobachten: Taucht unerwartet ein komplexes Problem auf, so werden hektisch einige Massnahmen beschlossen, weil man glaubt, das Ganze durch Schnelligkeit in den Griff zu bekommen. Man sucht den Komfort des Handelns. Dabei bewährt sich auch im Umgang mit Komplexität, sich der Zusammenhänge bewusst zu sein sowie Gelassenheit und Geduld zu üben.

Man sollte mit Netmapping als Methode nicht erst anfangen, wenn es irgendwo im Unternehmen schon «brennt», sondern dann, wenn die Probleme noch klein oder gar nicht sichtbar sind. Seinen eigenen Rhythmus im Umgang mit Komplexität findet ein Unternehmen durch regelmässige Reviews.

Das Ganze im Auge behalten

Der ungeübte Jongleur konzentriert sich auf einen einzelnen Ausschnitt: Weil er glaubt, nicht alle drei Bälle gleichzeitig im Blick behalten zu können, achtet er zu sehr auf einen einzelnen Ball – mit dem Ergebnis, dass er ihn gar nicht wirft oder zum Beispiel viel zu hoch und so den Gesamterfolg (das rhythmische Jonglieren) gefährdet.

Zusammenhänge berücksichtigen

Ähnlich ist häufig der Umgang mit komplexen Fragestellungen: Aus Angst, nicht alles im Blick haben zu können, negiert man die Komplexität und verfährt so, als ob es sich nur um ein kompliziertes oder einfaches Problem handelte. Man sieht eine einzelne Ursache und leitet daraus eine einzelne Wirkung ab; man glaubt zum Beispiel, mit einer bestimmten Massnahme eine einzige genau kalkulierte Wirkung erzielen zu können. Die Vielfalt der Ursache-Wirkungs-Beziehungen und der Rückkopplungen untereinander wird jedoch übersehen – und so kommt es, dass die eingeleitete Massnahme nicht die erwünschte Wirkung hat oder dass ungewollte Neben-, Fern- und Rückwirkungen eintreten und dadurch neue Probleme entstehen.

Es ist menschlich und verständlich, dass man Angst davor hat, das Feld der eigenen Expertise zu verlassen, die vertrauten Zusammenhänge zu hinterfragen und seinen Blickwinkel zu erweitern. Langfristig erfolgreiches Komplexitätsmanagement ist aber ohne eine Erweiterung des Blickfelds des Managementteams nicht möglich (Helikoptersicht).

Die Betrachtung eines Systems im Gesamtzusammenhang ist vielleicht zuerst verwirrend. Man hat vorübergehend den Eindruck, die Anzahl der Faktoren und ihre Vernetzungen nicht mehr überschauen zu können. Durch Übung und Routine bei der Arbeit mit der Erfolgslogik stellt sich aber bald das Gefühl von Sicherheit ein: Sicherheit beim Setzen tragfähiger Ziele, Sicherheit bei der Herleitung zielführender Massnahmen und Sicherheit im Umgang mit unvorhergesehenen äusseren Einflüssen, die das System aus dem Gleichgewicht bringen können. Diese Sicherheit ist viel mehr wert als die «Scheinsicherheit», die resultiert, wenn man nur Teile des komplexen Systems überblickt und lieber nicht so genau hinschaut, um den vertrauten Bereich nicht verlassen zu müssen.

Es liessen sich noch weitere Analogien zwischen dem Jonglieren und dem Umgang mit komplexen Fragestellungen herleiten, denn: Mit Bällen jonglieren ist Komplexitätsmanagement. Die folgenden zehn goldenen Regeln der Jonglage lassen sich darum auch aufs Komplexitätsmanagement übertragen.

Die Erfolgsfaktoren des Jonglierens sind den Erfolgsfaktoren im Umgang mit Komplexität sehr ähnlich. Sie haben sich in beiden Fällen bewährt.[1]

1. Schritt für Schritt

Teilen Sie den Weg in kleine Ziele und Schritte. Bleiben Sie in Ihren Zielen realistisch. Setzen Sie sich kontinuierlich kleine Ziele, und Sie werden weiterkommen, als Sie je geträumt haben.

2. Erkennen Sie die grossen Zusammenhänge

Ihre Aufmerksamkeit auf zu viele Details zu verschwenden führt dazu, das Wesentliche aus den Augen zu verlieren.

3. Es geht nur leicht

Begeben Sie sich auf die Suche nach der Leichtigkeit. Da, wo es leicht geht, da geht´s lang. Quantensprünge in der Leistung entstehen nicht durch mehr Anstrengung, sondern durch mehr Bewusstsein für das Wesentliche.

4. Der richtige Moment

Identifizieren Sie den richtigen Moment einzugreifen und setzen Sie die Impulse mit der richtigen Intensität. Zu viel ist genauso schlecht wie zu wenig. Zu früh und zu hektisch führt genauso wenig zum gewünschten Ergebnis wie zu spät und zu langsam.

---

1   Aus «The Power of Balance», www.jonglierset.de, abgedruckt mit freundlicher Genehmigung der Touchmore GmbH.

5. Sagen Sie AHA!

Sagen Sie «aha», nicht «Entschuldigung»! Jeder macht Fehler. Sie sind Teil des Weges. Fehler zeigen uns nur, was fehlt, und sind deshalb die Wegweiser für unseren Erfolg.

6. Entwickeln Sie ein klares Bild Ihres Erfolgs

Innere Bilder leiten unser Handeln. What you see is what you get!

7. Schauen Sie nicht zurück

Dinge, die Sie getan haben, haben Ihre Hand verlassen und gehören der Vergangenheit an. Sie können sie nicht mehr korrigieren. Der einzige Grund, sie anzuschauen, ist der herauszufinden, was Sie das nächste Mal anders machen wollen.

8. Erforschen Sie Ihre Möglichkeiten

Nutzen Sie jede Gelegenheit, Ihre Komfortzone zu verlassen. Wachstum findet immer an der Grenze statt, niemals innerhalb.

9. Im richtigen Moment loslassen

Hängen Sie Ihr Herz nicht an Dinge, die Sie im Moment haben – sie blockieren den Platz für Neues.

10. Denken Sie an die Radieschen

Ein Radieschen wächst auch nicht schneller, wenn man daran zupft. Geben Sie sich selber Zeit für Wachstum und Entwicklung. Alles braucht seine Zeit und man kann Wachstum nicht erzwingen, sondern nur durch Investitionen und Bewusstsein entstehen lassen. Wie schon erwähnt, macht dann der Erfolg das, was er am besten kann: Er folgt!

Wer gleich jetzt Lust bekommen hat, jonglieren zu lernen, findet im Anschluss eine Anleitung für die Drei-Ball-Jonglage. Probieren Sie es!

Jonglieren lernen in 60 Minuten[1]

Sie können später praktisch überall jonglieren. Zum Lernen ist eine helle, ruhige Umgebung mit viel Platz und möglichst wenig zerbrechlichen Gegenständen ideal. Alternativ können Sie natürlich die Umgebung als Teil der Herausforderung definieren. Jonglieren fördert laut den Gehirnforschern auch die Kreativität – Sie können sich in dem Fall schon mal Gedanken über die kreative Verwendung von zerbrochenem Geschirr machen …

Sorgen Sie für ausreichend Platz und Frischluftzufuhr; vielleicht können Sie auch Musik hören. Musik unterstützt den natürlichen Rhythmus des Jonglierens.

Körperhaltung

Richten Sie jetzt Ihre Füsse parallel schulterbreit aus und stehen Sie weich in den Knien, entspannen Sie Ihre Schultern und heben Sie Ihre Unterarme, bis sie mit dem Oberarm einen rechten Winkel bilden. Das ist die Grundstellung beim Jonglieren; wie bei Kung-Fu oder anderen Kampfsportarten kehrt man nach jeder Aktion wieder zu dieser Ausgangsstellung zurück.

Beginnen Sie damit, Ihre drei Bälle hochzuhalten und lassen Sie zwei fallen … Ein Ball verbleibt in Ihrer rechten oder linken Hand.

---

1 Aus «The Power of Balance», *www.jonglierset.de*

Fangen mit Materialtest

Jetzt wenden wir uns dem zu, was die meisten Anfänger irrtümlicherweise als das Wichtigste beim Jonglieren sehen: dem Fangen. In Wirklichkeit ist das Fangen, wie Sie später sehen werden, ein Nebeneffekt eines exakten Wurfes. Trotzdem lohnt es sich, einen Moment das Fangen zu betrachten. Nehmen Sie Ihren Ball und halten Sie ihn mit dem Handrücken nach oben etwas höher als Ihren Kopf (▶ Abb. 1).

Die andere Hand halten Sie entspannt genau unter den Ball. Jetzt öffnen Sie Ihre Hand und lassen den Ball gerade nach unten in Ihre andere Hand fallen (▶ Abb. 2).

Gehen Sie dem Ball nicht entgegen, sondern lassen Sie das Fangen automatisch geschehen.

Sie können also Ihre Hand getrost auf ihn warten lassen, denn beim Jonglieren ist Zeit sehr wertvoll und je mehr Sie dem Ball entgegengehen, desto kürzer ist die Zeit, die er in der Luft ist. Seien Sie unbesorgt – er kommt schon früh genug.

Jetzt wiederholen Sie diese Übung mehrere Male mit der gleichen Hand, bis Sie den Ball mühelos fangen (lassen). Zum Finale schliessen Sie die Augen und lassen den Ball, ohne die Augen zu öffnen, in Ihre Hand fallen (▶ Abb. 3).

Machen Sie das mehrmals, bis Sie wirklich Vertrauen aufgebaut haben, dass der Ball immer nach unten kommt und Sie praktisch nichts tun müssen, um ihn zu fangen, ausser Ihre Hand an die richtige Stelle zu halten. Dann sind Sie bereit für die nächste Übung.

▲ Abb. 1 Übung: Materialtest Nr. 1   ▲ Abb. 2 Übung: Materialtest Nr. 2   ▲ Abb. 3 Übung: Materialtest Nr. 3

Der erste Ball

1. Werfen Sie den Ball gerade hoch, ca. 20–30 cm höher als Ihren Kopf, und fangen Sie ihn mit der gleichen Hand wieder auf (▶ Abb. 4).
   Machen Sie das 5-mal hintereinander, sodass Sie das Gefühl haben, dass Sie den Punkt sehen können, an dem der Ball scheinbar einen Moment in der Luft stillsteht und danach wieder fällt.

2. Wenn Sie diesen Punkt 3- bis 4-mal hintereinander ungefähr (beim Jonglieren gibt es keine Perfektion) an der gleichen Stelle sehen, wechseln Sie die Hand und wiederholen die Übung (▶ Abb. 5).

Diese beiden Punkte, die Sie gesehen haben, markieren die Ecken Ihrer so genannten Jonglierbox nach oben. Alles, was nun folgt, findet innerhalb dieser Jonglierbox statt. Jetzt stellen Sie sich innerhalb Ihrer Jonglierbox zwei spitze Flugkurven vor (▶ Abb. 6).
Die eine beginnt in der Mitte vor Ihrem Körper und geht in die linke obere Ecke Ihrer Jonglierbox und fällt dann steil wieder ab in Ihre gegenüberliegende Hand. Die andere Spitze geht von der Körpermitte aus in die rechte obere Ecke der Jonglierbox und endet steil in Ihrer linken Hand. Diese beiden Kurven sind die Ideallinie für das Jonglieren. Sie geben uns genug Zeit und verhindern, dass Bälle auf Kollisionskurs kommen. Wichtig! Die Bälle werden aussen gefangen, nach innen geführt und vor der Körpermitte geworfen.

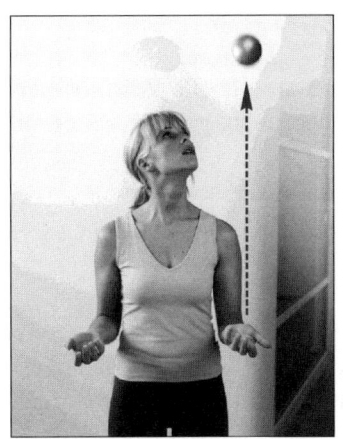
▲ Abb. 4 Der erste Ball Teil 1

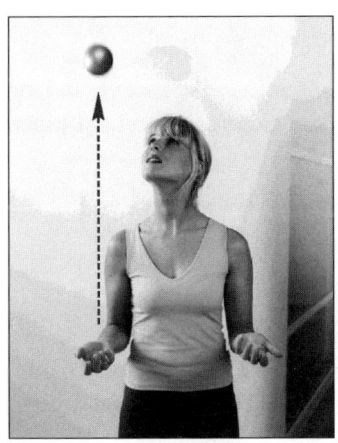
▲ Abb. 5 Der erste Ball Teil 2

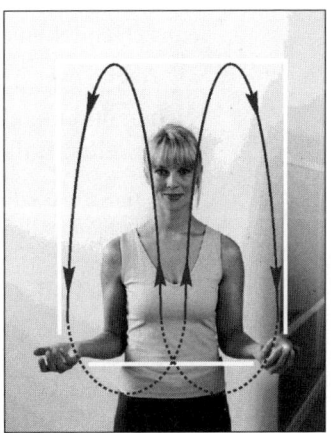
▲ Abb. 6 Der erste Ball Teil 3

3. Nehmen Sie jetzt einen Ball in Ihre Hand, begeben Sie sich in Ihre Grundposition, entspannen Sie sich, atmen einmal tief durch, und werfen Sie dann den Ball auf einer steilen Flugkurve in die gegenüberliegende Ecke (▶ Abb. 7). Dann werfen Sie mit der anderen Hand auf die gleiche Weise in die andere Ecke, sodass ein Muster entsteht wie in ▶ Abb. 8. Machen Sie das so lange, bis Sie fünfmal hintereinander die gleiche Höhe auf beiden Seiten haben und der Ball jedes Mal mühelos in Ihrer Hand gelandet ist.

4. Jetzt konzentrieren Sie sich auf den höchsten Punkt der Flugbahn. In dem Moment, in dem der Ball an seinem höchsten Punkt angekommen ist, klatschen Sie locker in die Hände, bevor Sie ihn wieder fangen.

Der Rhythmus ist also Werfen, Klatschen, Fangen. Machen Sie das drei Mal hintereinander und achten Sie darauf, dass Sie erst klatschen, wenn er am höchsten Punkt ist – nicht vorher und nicht nachher! Wie gesagt, es gibt keine Perfektion beim Jonglieren. Hier ist nur wichtig, dass Sie wirklich wahrnehmen, dass der Ball an seinem höchsten Punkt ankommt und Sie nicht klatschen, weil Ihre Hände frei sind …

Jetzt sagen Sie bitte laut «Wurf», genau in dem Moment, in dem der Ball Ihre Hand verlässt. Dadurch hören Sie den Rhythmus Wurf, Händeklatschen, Fangen. Üben Sie solange, bis diese 3 Geräusche im gleichen Rhythmus hörbar sind.

Wurf, Händeklatschen, Fangen – Pause
Wurf, Händeklatschen, Fangen – Pause
Wurf, Händeklatschen, Fangen – Pause

Wenn Sie fünfmal hintereinander locker und präzise die gleiche Wurfhöhe erreichen und ungefähr im richtigen Moment klatschen können, geht es weiter mit dem zweiten Ball.

Wer am Ende sehr schnell laufen will,
sollte seine ersten Schritte langsam machen.   *Japanisches Sprichwort*

Der zweite Ball

5. Nehmen Sie je einen Ball in jede Hand. Der erste Wurf kommt aus Ihrer schwachen Hand. Linke Hand bei Rechtshändern und rechte bei Linkshändern. Fokussieren Sie auf die Ihrer schwachen Hand gegenüberliegende Ecke Ihrer Jonglierbox.

Bevor Sie werfen, stellen Sie sich vor, wie Sie den Ball sauber durch die Körpermitte geführt, steil nach oben in die Ecke werfen. In dem Moment, in dem Sie vorher geklatscht haben, werfen Sie den zweiten Ball aus der anderen Hand in die gegenüberliegende Ecke der Jonglierbox.

Wichtig ist, dass der zweite Ball genauso hoch geworfen wird wie der erste. Haben Sie den Mut zum Wurf! Das Werfen ist wichtig, das Fangen erfolgt beinahe automatisch. Jonglieren besteht zu 90% aus exaktem Werfen und zu 10% aus einem Fangreflex. Konzentrieren Sie sich auf den exakten Wurf aus beiden Händen. Das Fangen kommt später automatisch dazu – es passiert einfach. Wenn Sie eine klare Vorstellung haben von dem, was sie wollen, legen Sie los und sagen Sie wieder laut «Wurf», wenn Sie werfen und achten Sie auf das Geräusch, das die Bälle machen, wenn sie in Ihre Hände fallen.

«Wurf», «Wurf», Fangen, Fangen. Trainieren Sie den Zweiballaustausch so lange, bis Sie es schaffen sechsmal hintereinander beide Bälle sauber zu werfen, und die Bälle danach mühelos in Ihre offenen Hände fallen. Beim Zweiballaustausch keinen Ball von der einen Hand in die andere übergeben! Wenn Ihnen das automatisch passiert, konzentrieren Sie sich nur auf das Werfen und lassen Sie bewusst beide Bälle fallen. Hauptsache, Sie werfen beide Bälle gleich hoch und nacheinander! Wenn das klappt, lassen Sie die Bälle nacheinander in Ihre Hände fallen (▶ Abb. 9).

Tipps

Achten Sie auf das Geräusch, das die Bälle beim Auftreffen in Ihrer Hand machen. Wenn Sie kein Klatschen hören, heisst das, dass Sie dem Ball beim Fangen entgegengehen und sich so selber Zeit stehlen. Fangen Sie auf Hüfthöhe. Achten Sie darauf, dass die Flugkurven so steil sind, dass Sie Ihre Hand beim Fangen nur hinhalten müssen.

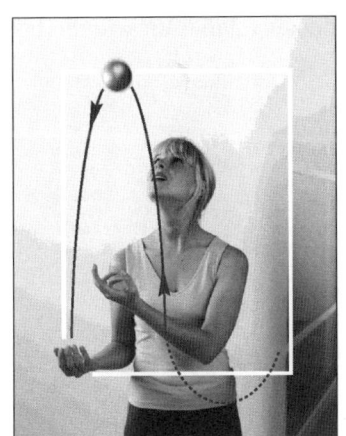  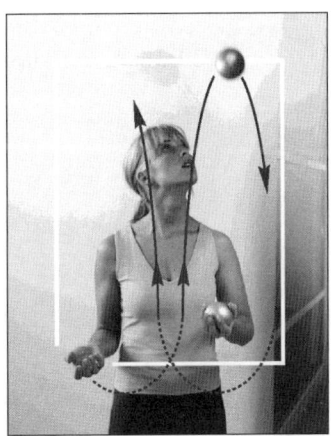

▲ Abb. 7   Der erste Ball Teil 4   ▲ Abb. 8   Der erste Ball Teil 5   ▲ Abb. 9   Der zweite Ball

Der dritte Ball

Sie sind schon beim dritten Ball angelangt und es ist der Moment gekommen, das Geheimnis der Drei-Ball-Jonglage zu lüften: Beim Jonglieren von 3 Bällen sind maximal 2 Bälle in der Luft! Meist ist sogar nur einer in der Luft und zwei Bälle befinden sich in Ihren Händen. Erst wenn der eine an dem höchsten Punkt seiner Flugkurve angelangt ist, wird der nächste geworfen, und für einen kurzen Moment sind zwei Bälle in der Luft. Keine Angst, das werden Sie gleich verstehen … Alles bleibt gleich. Wurfbewegung, Timing und Körperhaltung. Nur da, wo Sie vorher aufgehört haben, wird einfach der nächste Ball geworfen. Denken Sie jetzt an das, was wir eingangs gesagt haben. Mehr Leisten hilft jetzt nicht weiter – mehr Aufmerksamkeit ist der Schlüssel.

Als Vorübung nehmen Sie zwei Bälle in Ihre schwache und einen Ball in Ihre starke Hand (▶ Abb. 10).

Werfen Sie aus der Hand mit den zwei Bällen zuerst und werfen Sie ein paar Mal den Zweiballaustausch, wie gehabt, damit Sie sich an den Abwurf des ersten Balls gewöhnen. Jetzt stellen Sie sich vor, wie Sie, wenn der zweite Ball an seinem höchsten Punkt ankommt, den dritten Ball auf der gleichen Flugbahn wie den ersten steil nach oben werfen (▶ Abb. 11).

Der Wurf des dritten Balls ändert also nichts, denn er ist einfach die Wiederholung des ersten Wurfs! Sagen Sie wieder laut «Wurf», wenn Sie werfen. Sie hören jetzt in einem gleichmässigen Rhythmus «Wurf», «Wurf», «Wurf».

Automatisch werden die meisten Anfänger hektisch, wenn der dritte Ball ins Spiel kommt, denn sie denken, dass es spätestens jetzt schnell und damit schwer wird. Wenn Sie ruhig bleiben und sich auf das Werfen im richtigen Moment konzentrieren, ist die Geschwindigkeit von drei Bällen genauso langsam wie die bei 2 Bällen, nur, dass ein Ball mehr geworfen wird.

▲ Abb. 10 Der dritte Ball Teil 1

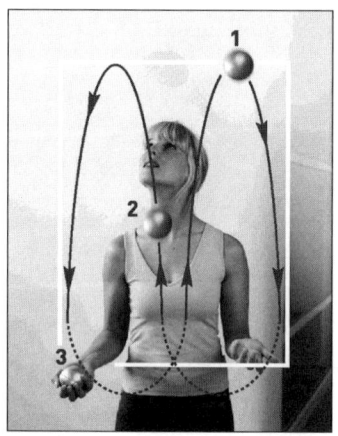

▲ Abb. 11 Der dritte Ball Teil 2

Jetzt gilt es, alle drei Bälle so präzise zu werfen, dass sie automatisch in Ihre wartenden Hände fallen. Wenn Sie es schaffen, die drei Bälle je einmal zu werfen und wieder zu fangen, haben Sie das erste Mal jongliert. Also los geht's!

Wenn Sie die drei Bälle sauber werfen und sauber fangen können, gibt es eigentlich nichts Neues mehr zu lernen, ausser, wie man weitermacht. Und das geht so: Wenn der dritte Ball an seinem höchsten Punkt ankommt, werfen Sie von dieser Seite den nächsten Ball. Jedes Mal, wenn Sie einen Ball an seinem höchsten Punkt sehen, werfen Sie den nächsten präzise und mindestens so hoch wie den vorherigen.

«Wurf», «Wurf», «Wurf», «Wurf», «Wurf», «Wurf», «Wurf», «Wurf», «Wurf», «Wurf», «Wurf», «Wurf»…

Wichtig ist, dass jeder Ball genauso hoch geworfen wird, wie der vorherige, weil sonst das Muster immer schneller wird. Jedes Mal, wenn ein Ball an seinem höchsten Punkt ankommt, wird der nächste geworfen, sodass die meiste Zeit nur ein Ball klar in der Luft ist und beachtet werden muss.

Stellen Sie sich vor – Sie jonglieren!

Setzen Sie sich Ziele und zählen Sie mit, wie viele Würfe Sie schaffen: 5, 10, 30 … 150.

Jetzt gilt es, Ihre Bewegungen von allem Ballast zu befreien und immer präziser mit immer weniger Aufwand zu werfen, denn Vereinfachung macht Wiederholung leichter.

Wichtig

Wenn Sie an dieser Stelle den Faden verlieren, dann gehen Sie zum Zwei-Ball-Austausch zurück, optimieren Sie den Bewegungsablauf und nehmen dann wieder 3 Bälle. Haben Sie den Mut zum Wurf. Hören Sie erst auf, wenn alle Bälle auf der Erde liegen, aber werfen Sie sauber und präzise. Und denken Sie daran: Es geht nur leicht! Wenn Sie merken, dass Sie sich verkrampfen, atmen Sie tief durch und setzen Sie neu an.

Pannenhilfe und Tipps

Schauen Sie immer auf die obere Hälfte Ihres Jongliermusters und fokussieren Sie nicht zu stark auf einen Punkt, sondern versuchen Sie, das ganze Muster zu sehen.

Halten Sie Ihre Hände beim Fangen auf Hüfthöhe. Es ist fast unmöglich, mit den Händen über dem Kopf anständig zu werfen.

Übergeben Sie den Ball nicht von der einen in die andere Hand. Fast alle machen das zu Beginn, aber es ist eine Sackgasse, wenn Sie drei Bälle jonglieren möchten.

Wenn Sie Linkshänder sind, sollten Sie mit der rechten Hand beginnen.

Wenn Sie feststellen, dass Sie Ihre Bälle vorwärts werfen und deshalb ungewollt längere Strecken hinter sich bringen, jonglieren Sie vor einer Wand oder stellen sich an den Rand einer Klippe.

Versuchen Sie, in Zeitlupe zu jonglieren. Das Timing der ersten beiden Würfe ist sehr wichtig. Anfänger werfen oft zu schnell, weil sie die Bälle schnell wieder loswerden wollen.

Die ersten beiden Würfe sollten gleich hoch sein. Wenn der zweite Wurf etwas schwach auf der Brust ist, versuchen Sie beim zweiten laut «Wurf» zu sagen. Das hilft!

Wenn Sie Probleme haben, den dritten Ball loszulassen, konzentrieren Sie sich darauf, die ersten beiden gleichmässig hoch zu werfen. Wenn Sie sich dabei sicher fühlen, werfen Sie den dritten Ball, egal wohin – Hauptsache Sie werfen. Haben Sie den Mut zum Wurf! Danach gleichen Sie den dritten Wurf Stück für Stück den anderen Würfen an, bis er in Ihrer Hand landet.

Wenn die Bälle zu weit auseinander fliegen und damit unkontrollierbar werden, nehmen Sie die Hände vor Ihrem Körper ca. 20 cm entfernt voneinander, und achten Sie darauf, dass die Wurfbewegung kurz ist und Sie die Bälle fast senkrecht nach oben werfen.

Geben Sie nicht auf! Sehen Sie es als persönliche Herausforderung an Ihre Ausdauer und Geduld und Lernfähigkeit, dann werden Sie es schaffen.

Glossar

Auf der Website zum Buch *www.netmap.ch* finden Sie ein vollständiges Glossar, das laufend erweitert wird und unentgeltlich abgefragt werden kann.

Wenn man zwei Stunden lang mit einem netten Mädchen zusammensitzt, meint man, es wäre eine Minute. Sitzt man jedoch eine Minute auf einem heissen Ofen, meint man, es wären zwei Stunden. Das ist Relativität.   *Albert Einstein*

Aktion

Der Begriff Aktion wird als Oberbegriff verwendet für

- Massnahmen (kleinere, leichter umsetzbare Tätigkeiten mit Verantwortlichkeit und Umsetzungstermin),
- ▷ Projekte und
- Handlungsanweisungen (ab sofort gültige Regeln mit Verantwortlichkeit, aber ohne «Verfallstermin»).

Es handelt sich dabei um Aktivitäten, die ergriffen werden, um ▷ Ziele (Soll-Zustand) zu erreichen bzw. eine festgestellte Soll-Ist-Lücke zu schliessen.

Balanced Scorecard (BSC)

Die BSC misst die Erreichung strategischer Ziele über ein Kennzahlensystem und stellt dies durch die Scorecard grafisch dar. Dabei sollen nicht nur finanzielle Kennzahlen, sondern auch kunden-, prozess- und mitarbeiter-/entwicklungsorientierte Kennzahlen einbezogen werden. Ausserdem sollen die Kennzahlen sowohl monetärer als auch nicht-monetärer Natur sowie vergangenheits- und zukunftsbezogen sein.

Betrachtungsebene

Komplexität kann auf verschiedenen «Flughöhen», Abstraktions- oder Betrachtungsebenen analysiert werden. Es empfiehlt sich, pro Ebene die Methode Netmapping anzuwenden – analog zu den verschiedenen Massstäben von Landkarten.

Ceteris-paribus

Beim *Erstellen* einer ▷ Erfolgslogik ist der Zusammenhang zwischen zwei ▷ Erfolgsfaktoren unter Ceteris-paribus-Bedingungen zu betrachten, das heisst unter Konstant-Halten oder momentanem «Einfrieren» aller übrigen Erfolgsfaktoren, Ursachen und Wirkungen. Sobald die ▷ Erfolgslogik fertiggestellt ist, lässt man diese Regel fallen. Man «taut» quasi die übrigen Faktoren auf, damit das Modell zum Leben erweckt und der ▷ Komplexität der abgebildeten Situation gerecht wird.

Controlling

Die ▷ Managementaufgabe Controlling umfasst das ständige Im-Auge-Behalten der Zielerreichung und das Agieren bei Abweichungen (neue Aktionen ableiten, eventuell Ziele anpassen etc.).

Effektivität

Die richtigen Dinge tun («Do the right things» nach Peter F. Drucker). ▷ Aktionen sind dann effektiv, wenn sie die gewünschte Wirkung erzeugen. Man könnte Effektivität darum auch mit Zielorientierung übersetzen.

Effizienz

Die Dinge richtig tun («Do things right» nach Peter F. Drucker). Man könnte Effizienz auch mit Produktivität übersetzen.

Einfache Systeme/ Fragestellungen/ Probleme

Einfache Fragestellungen sind durch wenige Einflussgrössen und geringe Verknüpfung gekennzeichnet.

Erfolgsfaktor

Element einer ▷ Erfolgslogik. Die Erfolgsfaktoren werden durch das Hineindenken in die verschiedenen Anspruchsgruppen ermittelt. Die methodische Frage zur Identifikation der relevanten Erfolgsfaktoren lautet: Welches positive oder negative Interesse haben die Anspruchsgruppen am gewählten Thema?

Erfolgsindikator

Klassifizierte Erfolgsfaktoren, die einen Hinweis darauf geben, dass eine komplexe Herausforderung erfolgreich gemanagt wird. Die methodische Frage zur Identifikation der Erfolgsindikatoren lautet: Welche Begriffe in der ▷ Erfolgslogik eignen sich zur Bewertung des Erfolgs? Diese können quantitativer oder qualitativer Natur sein. Ein Erfolgsindikator wird anschliessend durch Herunterbrechen und Formulierung eines Soll-Zustandes zum ▷ Ziel.

Erfolgskreislauf

Erster selbstverstärkender (aus gleichläufigen Ursache-Wirkungs-Beziehungen bestehender) Kreislauf, der anschliessend zu einer ▷ Erfolgslogik ausgebaut wird.

Erfolgslogik

Eine Erfolgslogik visualisiert als «Management-Landkarte» die relevanten Zusammenhänge einer komplexen Fragestellung. Dazu werden die ▷ Erfolgsfaktoren mittels Ursache-Wirkungs-Kreisläufen verknüpft. Zu einer Erfolgslogik gehört auch die ▷ Kategorisierung der Erfolgsfaktoren und deren Wirkungen.

Erfolgsspirale

Ein ▷ Erfolgskreislauf im Zeitablauf betrachtet.

Externer Einfluss

Externe Einflüsse wirken auf das betrachtete System von aussen ein. Es kann sich um Umfeldfaktoren handeln oder um Einflüsse von anderen Ebenen.

Ganzheitliches Denken und Handeln

Die Fähigkeit, auf einer bestimmten Betrachtungsebene in Zusammenhängen zu denken, relevante externe Einflüsse zu berücksichtigen, Zielkonflikte zu erkennen, diese bewusst zu optimieren und zielorientiert zu handeln.

Gap-Analyse

Im Rahmen der Methode Netmapping wird die «Lückenanalyse» (Soll-Ist-Vergleich) bei der Konkretisierung der ▷ Erfolgsindikatoren angewandt.

Hebel (= Lenkbarkeit)

Ein Hebel ist ein Ansatzpunkt für Massnahmen. Hier greift das Management der betreffenden Betrachtungsebene handelnd ins System ein und steuert es. Synonyme für Hebel sind Lenkbarkeit, Steuer oder Stellgrösse. Lenken und Steuern werden in diesem Buch synonym verwendet.

Indikatoren-Stammblatt

Das Indikatoren-Stammblatt (Teil der Netmapping-Phase «Management-Cockpit») enthält alle wesentlichen Informationen zur Organisation der Datenerhebung und -auswertung.

Kategorisierung der Erfolgsfaktoren

Die Erfolgsfaktoren einer ▷ Erfolgslogik werden unterteilt in:
- ▷ Hebel
- ▷ Erfolgsindikatoren
- ▷ Externe Einflüsse

Kategorisierung der Wirkungen

Die Pfeile einer Erfolgslogik werden nach Zeit (sofort, kurz-, mittel- oder langfristig wirkend) und Intensität (schwach, mittel oder stark wirkend) unterteilt.

Key Performance Indicators (KPI)

Kennzahlen, mit denen die Zielerreichung gemessen werden soll. Bei der Methode Netmapping könnte man die durch das Definieren und Herunterbrechen der ▷ Erfolgsindikatoren gewonnenen Kennzahlen «KPI» nennen.

Komplexe Systeme/ Fragestellungen/ Probleme

Komplexe Systeme sind durch viele, stark verknüpfte Einflussgrössen und hohe Dynamik gekennzeichnet. Komplexe Herausforderungen zeichnen sich durch ein «Eigenleben» aus.

Komplizierte Systeme/Fragestellungen/Probleme

Komplizierte Systeme sind durch viele, stark verknüpfte Einflussgrössen gekennzeichnet. Die Zusammenhänge sind zwar schwierig zu verstehen, aber stabil.

Leitbild

Ein Leitbild ist ein öffentlich zugängliches Dokument, in welchem die ▷ Werte eines Unternehmens oder einer Institution festgehalten sind.

Lenken	Bei den lenkbaren Grössen (Hebel) kann das Management direkt ins System eingreifen. Synonym für Steuern.
Lineares Denken	Auf Teilausschnitte (lineare Ursache-Wirkungs-Verknüpfungen) beschränktes Denken (zum Beispiel mittels eines sogenannten Fishbone-Diagramms). Lineares Denken bei komplizierten Systemen durchaus Sinn machen. Für das Managen komplexer Herausforderungen ist es aber unzureichend, da keine Kreisläufe in die Betrachtung einbezogen werden.
Management	Das Gestalten und Regeln komplexer Systeme. Management hat dafür zu sorgen, dass ▷ Ziele vorhanden sind und diese mit den verfügbaren ▷ Hebeln (▷ Lenkbarkeiten) unter Berücksichtigung der ▷ externen Einflüsse erreicht werden – also quasi die Gesamtheit der Hebel auf der Basis einer laufenden Überprüfung der Zielerreichung richtig «einzustellen».
Management-aufgaben	▷ Management kann in die vier Teilaufgaben ▷ Planung, ▷ Organisation, ▷ Mitarbeiterführung und ▷ Controlling unterteilt werden.
Massnahme	Eine ▷ Aktion/Aktivität, die (idealerweise) getätigt wird, um ein Ziel zu erreichen.
Mission	Die Mission beschreibt die Rolle einer Unternehmung oder einer Institution, welche sie im selbst definierten Weltbild einnimmt.
Mitarbeiterführung	Mitarbeiterführung heisst, Zusammenhänge und wichtige Informationen zu kommunizieren, Menschen für ▷ Ziele zu begeistern sowie sie zu motivieren, ihre Arbeitskraft im Sinne des Ganzen einzusetzen.
Netmapping	Eine Methode, um komplexe Zusammenhänge auf einer bestimmten ▷ «Flughöhe» zu verstehen und zu managen. Sie kann alleine oder im Team angewandt werden. Die Methode Netmapping verbindet die ▷ Erfolgslogik (Management-Landkarte) systematisch und stringent mit weiteren strategischen Instrumenten wie ▷ Szenarioarbeit, Management-Cockpit, ▷ Ziel- und Aktionsfindung, ▷ Organisation, ▷ Mitarbeiterführung, Früherkennung, Simulation, Qualitätsmanagement.

Organisation

Organisationsaufgaben umfassen die Zuordnung von ▷ Zielen und Aufgaben zu Bereichen, Abteilungen und Stellen. Dabei geht es um die Gestaltung der Strukturen und Prozesse.

Planung

Unter Planung wird hier das Setzen von Zielen und das Formulieren von Massnahmen zur Zielerreichung verstanden. Abhängig von Zeithorizont und Konkretisierungsgrad wird zwischen strategischer und operativer Planung unterschieden

Projekt

Projekte überlagern die permanente Organisationsstruktur und die Prozesse. Sie werden für neuartige, bereichsübergreifende Vorhaben mit klar definiertem Anfang und Ende initiiert. Projekte sind meist komplexer Natur, weshalb die Methode ▷ Netmapping auch zur Initialisierung von Projekten eingesetzt wird. Sie ersetzt nicht das Projektmanagement, sondern ist diesem idealerweise vorgelagert.

Projektmanagement

In Analogie zur Begriffsdefinition ▷ «Management» kann unter Projektmanagement das Gestalten und Regeln eines ▷ Projekts verstanden werden. Das Projektmanagement stellt sicher, dass klare Projektziele formuliert sind und diese mit den verfügbaren Hebeln unter Berücksichtigung der externen Einflüsse erreicht werden – also die Gesamtheit der Hebel auf der Basis einer laufenden Überprüfung der Zielerreichung richtig «einzustellen». Auch Projektmanagement kann in die vier Teilaufgaben ▷ Planung, ▷ Organisation, ▷ Mitarbeiterführung und ▷ Controlling unterteilt werden.

Regeln/Regelung

Die Regelung ist eine übergeordnete Tätigkeit, welche das Erreichen von ▷ Zielen (Soll-Zustand) durch das Betätigen der ▷ Hebel (Lenkbarkeit) bezweckt. Dies unter Berücksichtigung der momentanen Zielerreichung, der ▷ externen Einflüsse sowie deren Zusammenhänge (Ursache-Wirkungs-Kreisläufe bzw. -Rückkoppelungen in der ▷ Erfolgslogik). Das erfolgreiche ▷ Management komplexer Systeme setzt ein Verständnis für diese Regelungtätigkeit voraus.

Signalfarbe

Bei den ▷ Erfolgsindikatoren wird mittels Signalfarben festgehalten, ob man auf Zielkurs ist (Signalfarbe «grün») oder ob ein kleiner («gelb») oder grosser Handlungsbedarf («rot») besteht. Es wird bei der Anwendung der Methode ▷ Netmapping situationsbezogen definiert, ab welcher Soll-Ist-Abweichung gelb oder rot vergeben wird.

Steuern

Synonym für ▷ Lenken.

Strategie

Im Gegensatz zu operativen Zielen und Massnahmen werden in einer Strategie langfristige Ziele und Massnahmen festgelegt. Je nach Branche variiert die Definition von «langfristig» (zum Beispiel zwischen 5 und 15 Jahren).

SWOT-Analyse

SWOT ist eine Abkürzung für Strengths-Weaknesses-Opportunities-Threats (Stärken-Schwächen-Chancen-Gefahren). Im Rahmen der Methode Netmapping wird die SWOT-Analyse nicht als isoliertes Instrument angewandt, sondern integriert: die Stärken-Schwächen-Analyse bei der Bearbeitung der ▷ Hebel, die Chancen- und Gefahren-Analyse im Rahmen der ▷ Szenarioarbeit (Ordnung in der Management-Toolbox).

System

Ein System ist eine Einheit von mehreren Elementen, die eine spezifische Funktion für das Ganze übernehmen und miteinander in Beziehung stehen. Das System grenzt sich von seiner Umwelt ab, steht aber mit ihr in Austausch (Input und Output). Eine besondere Funktion ist die Steuerfunktion, welche die Elemente intern und das System mit der Umwelt koordiniert.

Szenarioarbeit

Szenarien sind Zukunftsbilder. Die Szenarioarbeit ermöglicht es, die Entwicklung der wichtigsten nicht lenkbaren Faktoren und deren Wirkung auf die ▷ Erfolgsindikatoren einzuschätzen. In der Regel werden für einen bestimmten Zeithorizont (zum Beispiel 5 Jahre) drei Szenarien entwickelt: ein optimistisches, ein pessimistisches und ein wahrscheinliches, jeweils inkl. einer Einschätzung der Chancen und Gefahren. Das wahrscheinliche Szenario dient im weiteren ▷ Netmapping-Prozess dem Formulieren realistischer ▷ Ziele, resp. dem Überprüfen vorhandener Ziele und dem Ableiten von ▷ Aktionen.

Vision

Die Vision einer Unternehmung oder einer Institution beschreibt das Weltbild, an das sie glaubt und in dem sie lebt oder gerne leben würde.

Werte/ Wertvorstellung

Werte halten fest, was einem wichtig ist. Sie sind handlungsleitende Maximen und dienen als Entscheidungshilfe für erwünschte Verhaltensweisen.

Ziel

Ein Soll-Zustand. Zu den ▷ Erfolgsindikatoren in der ▷ Erfolgslogik werden konkrete ▷ Ziele definiert.

Literaturverzeichnis

Beer, Stafford: Cybernetics and Management. English Universities Press: London 1959

Bleicher, Knut: Das Konzept Integriertes Management. Campus: Frankfurt a. M. 1992

Bossel, Hartmut: Modellbildung und Simulation – Konzepte, Verfahren und Modelle zum Verhalten dynamischer Systeme: ein Lehr- und Arbeitsbuch. Vieweg: Braunschweig, Wiesbaden, 2. Auflage 1994

Deming, W. Edwards: Out of Crisis. MIT Press edition 2000: Cambridge 2000

Dörner, Dietrich: Die Logik des Misslingens – Strategisches Denken in komplexen Situationen. Rowohlt: Reinbek bei Hamburg, 13. Auflage 2000

Drucker, Peter F.: The Practice of Management. Rev. ed. Elsevier Butterworth-Heinemann: Oxford 2007

EFQM: Selbstbewertung. Richtlinien für Unternehmen. European Foundation for Quality Management: Brüssel 1996

Gomez, Peter: Modelle und Methoden des systemorientierten Managements. Paul Haupt: Bern 1981

Gomez, Peter: Frühwarnung in der Unternehmung. Paul Haupt: Bern 1983

Gomez, Peter/Malik, Fredmund/Oeller, Karl-Heinz: Systemmethodik – Grundlagen einer Methode zur Erforschung und Gestaltung komplexer soziotechnischer Systeme. Paul Haupt: Bern 1975

Gomez, Peter/Probst, Gilbert J. B.: Vernetztes Denken im Management – Eine Methode des ganzheitlichen Problemlösens. Schweizerische Volksbank (Hrsg.): Die Orientierung. Nr. 89, Bern 1987

Gomez, Peter/Probst, Gilbert J. B.: Die Praxis des ganzheitlichen Problemlösens – Vernetzt Denken, Unternehmerisch handeln, Persönlich überzeugen. Paul Haupt: Bern, Stuttgart, Wien, 3. Auflage 1999

Greischel, Peter (Hrsg.): Balanced Scorecard – Erfolgsfaktoren und Praxisberichte. Vahlen: München 2003

Honegger, Jürg: Vernetztes Denken als Hilfsmittel für Unternehmensgründer. In: Jenewein, Wolfgang P./Dinger, Helmut (Hrsg.): Erfolgsgeschichten selber schreiben – Unternehmer, die es geschafft haben. Carl Hanser: München, Wien 1998, S. 251–259

Honegger, Jürg: Die Komplexität entwirren. Vom Umgang mit Zielkonflikten. In: Alpha – Der Kadermarkt der Schweiz, Ausgabe vom 24./25.03.01. Tamedia: Zürich 2001

Honegger, Jürg: Employability statt Jobsicherheit. In: Straub, R. (Hrsg.): Personalwirtschaft – Magazin für Human Resources. Ausgabe 6/2001, S. 50–54. Luchterhand: Kriftel 2001

Honegger, Jürg: Vernetztes Denken und Handeln – Ein Hilfsmittel zur Visualisierung, Bewertung und Gestaltung von Komplexität. In: Fuchs, Jürgen/Stolorz, Christian (Hrsg.): Produktionsfaktor Intelligenz – Warum intelligente Unternehmen so erfolgreich sind. Gabler: Wiesbaden 2001, S. 275–288

Honegger, Jürg: Wissensmanagement: Vernetzt denken und handeln. In: Schweizerische Technische Zeitschrift, TECHNIK, 7/8 01, Zürich 2001

Honegger, Jürg/Heiniger, Urs: Fallstudie King Point Lodge, Lake Creek, Alaska. Langfristiger Erfolg durch systematisches Komplexitätsmanagement. In: Seitz, Erwin/Rossmann, Dominik: Fallstudien zum Tourismus-Marketing. Marketingerfolg trainieren. Vahlen: München, 2. Auflage 2007, S. 81–98

Honegger, Jürg/Kehl, Thomas: Reicht ein perfektes Cockpit zum Fliegen? – Der Beitrag des «Vernetzten Denkens und Handelns» zur BSC. Aufgezeigt anhand der Zürcher Höhenklinik Davos. In: Greischl, P. (Hrsg.): Balanced Scorecard – Erfolgsbeispiele und Praxisberichte. Vahlen: München 2003, S. 173–189

Honegger, Jürg/List, Stephan: TQM und vernetztes Denken – Einheitliche Wahrnehmung dank ganzheitlicher Betrachtung. ioManagement: Ausgabe 9/1998, Zürich 1998

Honegger, Jürg/Vettiger, Hans: Ganzheitliches Management in der Praxis. Versus: Zürich 2003

Imhasly, Bernhard: Löst ein Megaprojekt Indiens Wasserproblem? Neue Zürcher Zeitung vom 25.02.03, Zürich 2003

Kaplan, Robert S./Norton, David P.: Using the Balanced Scorecard as a Strategic Management System. Harvard Business Review, Vol. 74, Nr. 1, Jan.–Feb., S. 75–85, Boston 1996

Krieg, Walter: Kybernetische Grundlagen der Unternehmungsgestaltung. Paul Haupt: Bern 1971

Malik, Fredmund: Strategisches Management komplexer Systeme. Paul Haupt: Bern 1977

Müllner, Markus/Honegger, Jürg: Komplexe Situationen im Key Account Management meistern. In: Zupancic, D./Belz, Ch./Bussmann, W.F. (Hrsg.): Best Practice im Key Account Management. Redline Wirtschaft: Frankfurt am Main 2005, S. 60–69

Müri, Peter: Chaos Management: Die kreative Führungsphilosophie. Heyne: München, 2. Auflage 1992

Peters, Tom: Das Tom Peters Seminar – Management in chaotischen Zeiten. Campus: Frankfurt a.M. 1995

Probst, Gilbert J. B.: Kybernetische Gesetzeshypothesen als Basis für die Gestaltungs- und Lenkungsregeln im Management. Paul Haupt: Bern 1981

Probst, Gilbert J. B./Gomez, Peter: Vernetztes Denken. Ganzheitliches Führen in der Praxis. Gabler: Wiesbaden, 2. Auflage 1991

Rüegg-Stürm, Johannes: Das neue St. Galler Management-Modell. Paul Haupt: Bern 2002

Schaffner, Adrian: Markenführung von Onlinemarken – eine externe Perspektive. In: Backhaus, Klaus/Hoeren, Thomas (Hrsg.): Marken im Internet – Herausforderungen und rechtliche Grenzen für das Marketing. Vahlen: München 2007, S. 41–64

Schulz, Axel/Brennemann, Greg: Fluggesellschaften im Umbruch. In: Seitz, Erwin (Hrsg.): Fallstudien zum Tourismusmarketing – Marketingerfolg trainieren. Vahlen: München 2001, S. 113–146

Senge, Peter M.: Die fünfte Disziplin – Kunst und Praxis der lernenden Organisation. Klett-Cotta: Stuttgart, 8. Auflage 1999

Senge, Peter: The fifth discipline: The art and practice of the learning organization. Doubleday/Currency: New York 1990

Senge, Peter/Kleiner, Art/Roberts, Charlotte u.a.: Das Fieldbook zur «Fünften Disziplin». Klett-Cotta: Stuttgart 1996

Ulrich, Hans: Die Unternehmung als produktives soziales System. Paul Haupt: Bern 1968

Ulrich, Hans/Probst, Gilbert J. B.: Anleitung zum ganzheitlichen Denken und Handeln – Ein Brevier für Führungskräfte. Paul Haupt: Bern, 3. Auflage 1991

Vester, Frederic: Ausfahrt Zukunft. Heyne: München 1990

Watzlawick, Paul: Menschliche Kommunikation: Formen, Störungen, Paradoxien. Huber: Bern 1985

Stichwortverzeichnis

Abbildungsverzeichnis

Danksagung

Ein grosser Dank gebührt meinen Auftraggebern und Workshopteilnehmern. In über 700 Workshops durfte ich in den letzten 18 Jahren Unternehmer und Manager dabei begleiten, sich im Management-Dschungel zu orientieren, gemeinsam ihr Wissen und ihre Erfahrungen zu reflektieren, neue Ideen zu entwickeln und zu verwirklichen. Ihre Bedürfnisse und Anregungen sind in die Entwicklung der Methode Netmapping eingeflossen.

Auch viele Ideen aus spannenden Kontakten mit Studierenden und Dozierenden an der HSG im Rahmen meiner Lehraufträge zum Thema «Interdisziplinäres Problemlösen» leisteten wertvolle Beiträge zu diesem Buch.

Herzlichen Dank gebührt Max Manuel Vögele (Vorsitzender der Geschäftsleitung und VR-Delegierter der Karl Vögele AG), der freudig zugestimmt hat, die Fallstudie Vögele Shoes als Praxisbeispiel zu verwenden, sowie Max Bertschinger (Mitglied der Geschäftsleitung der Karl Vögele AG), der den Prozess der Netmapping-Anwendung massgebend unterstützt.

Ich danke ebenfalls herzlich Hans Peter Willi (Leiter der Abteilung Gefahrenprävention im Bundesamt für Umwelt, BAFU), Susanne Weder (Mitglied der Geschäftsleitung Rino Weder AG) und Roland Zürcher (ehemaliger CEO der Nüssli-Gruppe) dafür, dass ich anhand ihrer Beispiele die Verknüpfung von Netmapping mit weiteren Managementinstrumenten schildern darf. Besonders danken möchte ich auch Andreas Schaffner (Geschäftsleiter Ringier Print Adligenswil) für seine wertvollen Ideen zur Weiterentwicklung der Methode.

Besonderer Dank gebührt zudem meinen akademischen Lehrern an der Universität St. Gallen (HSG), insbesondere Prof. Dr. Peter Gomez und Prof. Dr. Robert Staerkle. Beide überzeugen als Persönlichkeiten und motivieren und unterstützen mich.

Als Assistent von Prof. Dr. Peter Gomez habe ich damals auch an seinem Standardwerk «Die Praxis des ganzheitlichen Problemlösens: Vernetzt denken – Unternehmerisch handeln – Persönlich überzeugen» mitarbeiten dürfen. Unsere Zusammenarbeit erfreut und inspiriert mich bis heute!

Spezieller Dank gilt Dominik Hug (Leiter Marketing und Verkauf bei der Ringier Print Adligenswil). Er hat sich detailliert dem Manuskript angenommen. Aufgrund seiner konstruktiven Feedbacks, seiner Erfahrung mit Netmapping und seiner Ideen führten wir zahlreiche befruchtende Diskussionen. Adrian Schaffner (evoq communications AG) danke ich für den inspirierenden Austausch zum Thema Vision, Mission und Werte sowie für die Entwicklung des Bildkonzeptes auf der Basis des Netmapping-Gedankens. Olaf Hartmann (Geschäftsleiter Touchmore GmbH) hat mich mit seinen Jonglierkünsten und Ideen nicht nur dazu angeregt, Parallelen zwischen dem Jonglieren und dem erfolgreichen Umgang mit komplexen Herausforderungen herzustellen, sondern hat ebenso wertvolle Inputs zur Weiterentwicklung der Methode Netmapping gegeben. Auch Manfred Peters (Peters & Partner GmbH) und Prof. Dr. Emil Annen (Institut für Marketing und Handel an der HSG) danke ich ganz herzlich für den stets inspirierenden Gedankenaustausch. Hubert Bienz-Wey (Mehrsicht.net) möchte ich für seinen wertvollen Input zur Verwendung von Planungswänden danken.

Der Künstlerin Patricia de Zutter danke ich für das Malen der inspirierten Bilder, welche die Inhalte der einzelnen Kapitel veranschaulichen und verstärken sollen.

Anne Buechi und Judith Henzmann vom Versus Verlag danke ich herzlich für die professionelle und sympathische Zusammenarbeit.

Zuletzt – aber nicht weniger herzlich – danke ich Dr. Sonja Ulrike Klug (Buchagentur Netzwerk) für ihre wertvolle Unterstützung bei der Erstellung dieses Buches.